자동차 보수도장과 조색의 실무 지식

-도장 기술자, 도료 제조, 판매 담당자를 위한 결정판-

이상덕 저

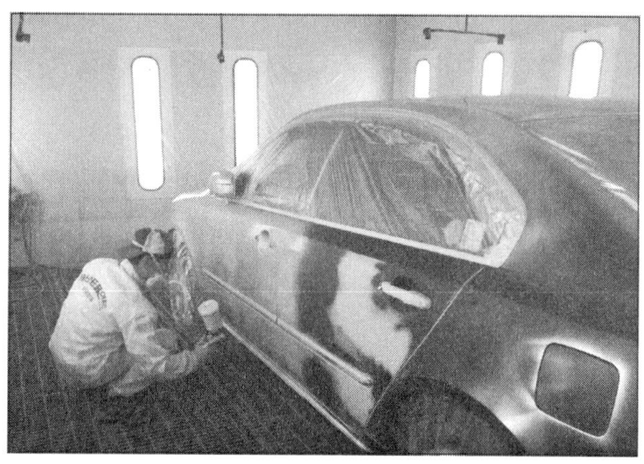

KIHANJAE 도서출판 기한재

책을 내면서

태어나 극장에서 흥부가 박을 톱으로 자르자 제비가 날아 제비표페인트로 아름다운 세상으로 변화시키는 광고를 본 적이 있으신가요? 사람은 누구에게나 자신만의 재능을 가지고 태어난다고 합니다. 저는 어쩌면 자동차 보수용 도료와 관련한 달란트를 주셨는지도 모르겠습니다. 대학교를 졸업하고 처음이자 마지막 직장이라는 각오로 입사한 곳이 제비표페인트의 기술연구소에서 사원시절에는 KS규격도료, 건축, 목공, 중방식, 운동장 바닥제 도료까지 다양하게 공부하였지만 계장 때부터 본격적으로 자동차 보수도료 담당 연구원으로 임원이 될 때까지 연구하였습니다.

페인트가 무엇인지 아무것도 알지 못하고 새롭게 접하면서 많은 것을 알게 되었고, 자동차 보수용 도료 연구원으로 출발하여 자동차 정비공장(Body-Shop)을 방문하는 A/S, B/S 업무까지 담당하면서 도장 기술의 표준화와 신기술 도입의 중요성을 알게 되었고, 도장 작업 방법을 쉽게 표준화하고, 도료의 품질을 개선하면서 새로운 많은 신제품을 개발하였지만 현업의 도장기술자와 새로운 도장기술의 변화에 의한 차이로 많은 애로사항을 느끼기도 하였습니다.

도장작업 표준화와 새로운 기술을 소개하기 위해서 계간지로 "자동차 도장 뉴스"지를 1993년 5월 1일 발행을 시작하여 1999년 1월에 최종호(통권 33호)로 마감하였지만 지속적으로 발행하지 못한 아쉬움이 많았습니다.

자동차 보수도료 관련 업무 32년간의 경험을 바탕으로 도장을 알고자 하는 사람에게 도움이 될 수 있기를 바라면서 기술 자료를 정리하게 되었습니다.

세상의 아름다움을 선사할 수 있는 페인트, 고장이 나고 더러워진 외관을 신차처럼 새롭게 변화를 시키는데 매력을 가지기도 했지만, 인체에 해로운 유기용제와 이소시아네이트 등 유해물질을 사용하면서 보다 환경 친화적이고, 인체에 조금이라도 덜 해를 끼치는 도료를 개발하고자 꾸준히 노력하여 왔습니다.

자동차 보수도료와 도장은 친환경제품에 대한 개발과 시장의 변화에 따라 국내 외 유명 도료 회사들은 꾸준히 수용성도료와 관련 제품들을 계속해서 개발하고 적용하려는 노력을 이어가고 있는 추세에 있습니다. 아울러 신차 도료도 친환경 도료인 수용성 도료를 적용하면서 고급화 및 도막의 고기능성에 맞는 고도의 도장기술이 요구되고 있는 것 또한 사실입니다. 날로 변화하고 개발되는 도료 및 도장기술에 비해 자동차 보수도장에서의 응용기술과 그 흐름은 작업장 및 사업장, 또 작업자와 그 환경 조건 등에 따라 천차만별이기 때문에 동일 제품을 사용하면서도 도장 품질의 결과는 다를 수밖에 없어 정확하게 이것이 도장 방법의 표준공법이다 라고 할 수 있는 것들이 없었다는 것이 바로 우리의 현실입니다.

해서 이 책을 통해 도료에 대한 지식과 관련된 도장 공법과 조색의 실무 지식을 소개하면서 특히 자동차보수도장에 관심을 갖고 도장기술자로 입문하고자 하는 초심자에게는 정확한 기본 도장 공법을 습득할 수 있는 책이며, 현재 도장기술자로써 현업에서 도장을 하고 있는 숙련자들에게는 표준 공법을 습득하여 도장 기술자로서의 강사 능력을 갖출 수 있는 정확한 정보를 제공하여 오랜 경험과 경력을 변화 시켜서 고객을 만족 시킬 수 있는 최고의 도장 기술자로 거듭나게 될 것입니다.

또한 도료를 판매하는 영업자에게는 기본 지식을 습득하게 해 줄 것을 확신하는 마음에서입니다.

앞으로도 도료 개발에 따른 도장 기술을 지속적으로 개발하여 도장 기술인들에게 새로운 도장 기술과 조색 기술을 소개하면서 널리 알리기 위한 방법으로 인터넷에 새로운 자료를 업그레이드 하는 시스템도 검토하고 있습니다.

또한, 도장 용구 및 설비의 취급 요령과 환경, 안전관리에 대해서는 중요한 사항으로 별도의 "도장 환경과 안전 관리"라는 책(정보)에서 용구 및 설비에 대한 제조업체와 협의하여 새로운 지식을 전할 수 있었으면 합니다.

이 책을 만들 수 있도록 검, 교정을 도와주신 한국폴리텍Ⅱ대학의 김약동 교수와 미래산업과학고등학교의 성낙천 선생님께 감사를 드리면서 Win-Win하는 사회, 서로가 함께 나눌 수 있는 사회, 도장 기술의 발전을 기대하면서 도장 기술 향상을 위해 기억해 주시기 바랍니다.

목 차

PART [I] 자동차 보수도장

PART [Ⅱ] 조색의 지식

PART [Ⅲ] 도막결함과 용도별 도장 시스템

PART [Ⅳ] 용어 해설

PART Ⅰ

자동차 보수도장

PART Ⅰ에서는 도료의 기초지식을 습득하고자 한다. 가장 이상적인 도막 품질은 도료, 도장기술자, 도장방법 이 세가지 요소가 일치해야 하므로 우선 도료의 제조 과정과 도료의 성상과 특징을 잘 알아야 도막 품질에 맞게 공정별 도료를 선택할 수 있기 때문이다.

제1장 도료의 기초 지식

1.1 도료의 제조 공정

도료 개발 담당자가 작성한 제조기술표준에 의해 대부분의 도료가 다음공정에 의해 제조되지만 투명 도료의 경우는 5항인 안료의 분산 공정이 없다.

도료의 제조 공정도

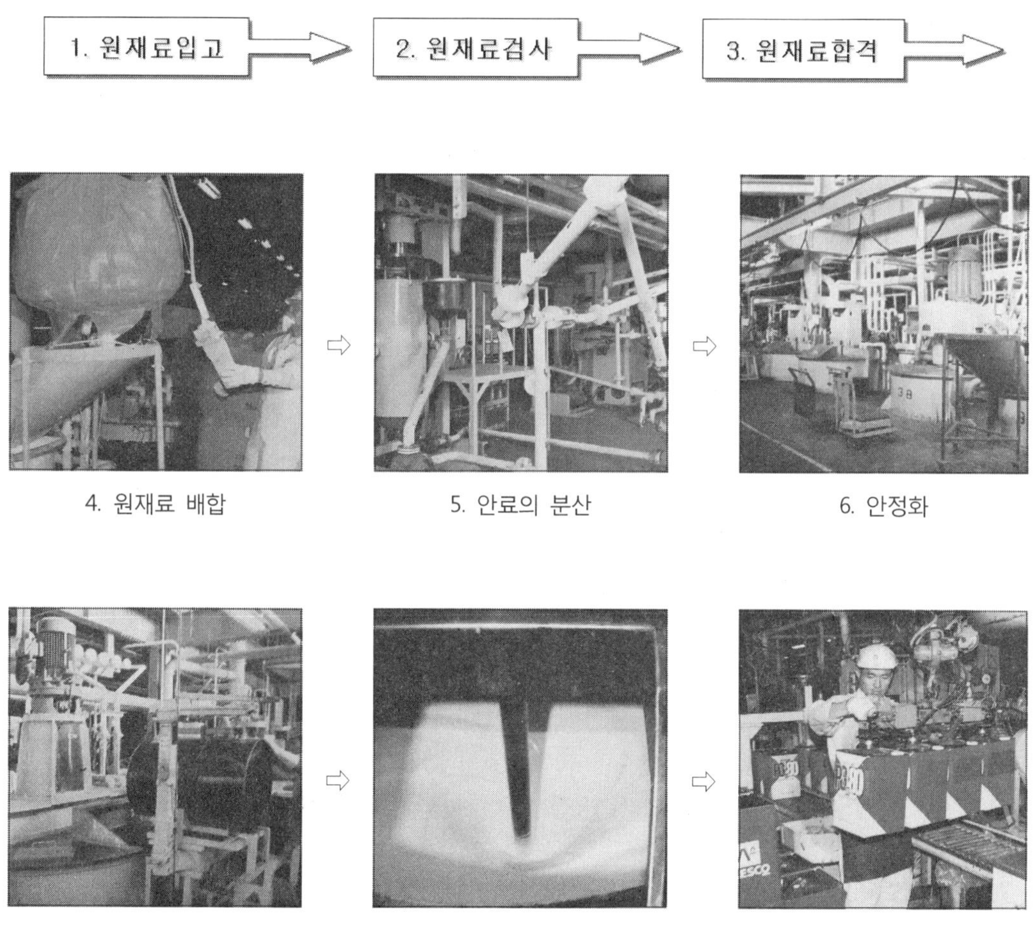

10. 검사

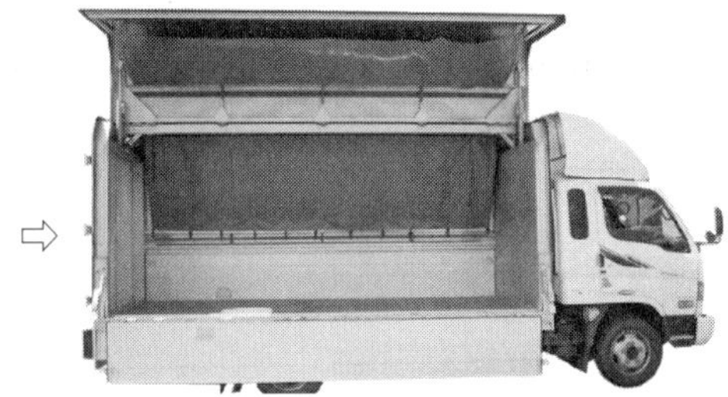
11. 합격품 출하

1.2 도료의 성분

도료의 구성 요소는 4가지로 이루어지며, 각 구성 요소에 대한 성분에 의해서 도료의 특징과 품질 수준이 결정되어지므로 도료 설계 시 목적에 맞는 원재료를 선택해야 하고 도장 기술자는 도료의 특성을 이해하여 선택해야 한다.

도료의 성분

도료의 구성 요소	안료	도막의 색이나 충진효과를 부여하며 물이나 용제에 녹지 않는 분말로 입자크기가 일반적으로 0.01~100㎛ 정도
	수지	안료를 균일하게 분산, 도막의 광택, 부착성, 내구성, 내식성 등을 부여시키고 도료의 품질을 결정하는 요소
	용제	수지를 용해하고 안료와 수지를 잘 혼합되게 하는 액체로 점도와 작업성을 조절하는데 사용되는 요소
	첨가제	도료 및 도막의 기능과 성능을 부여하는 물질

1. 안료

안료는 도료의 색상을 나타내는 착색안료와 금속안료가 있으며, 도막 두께와 육지감과 작업성 등을 보완하기 위한 체질안료, 그리고 내식성과 방청성을 부여하기 위한 방청안료가 있다. 종류와 특징은 다음과 같다.

안료의 종류와 특징

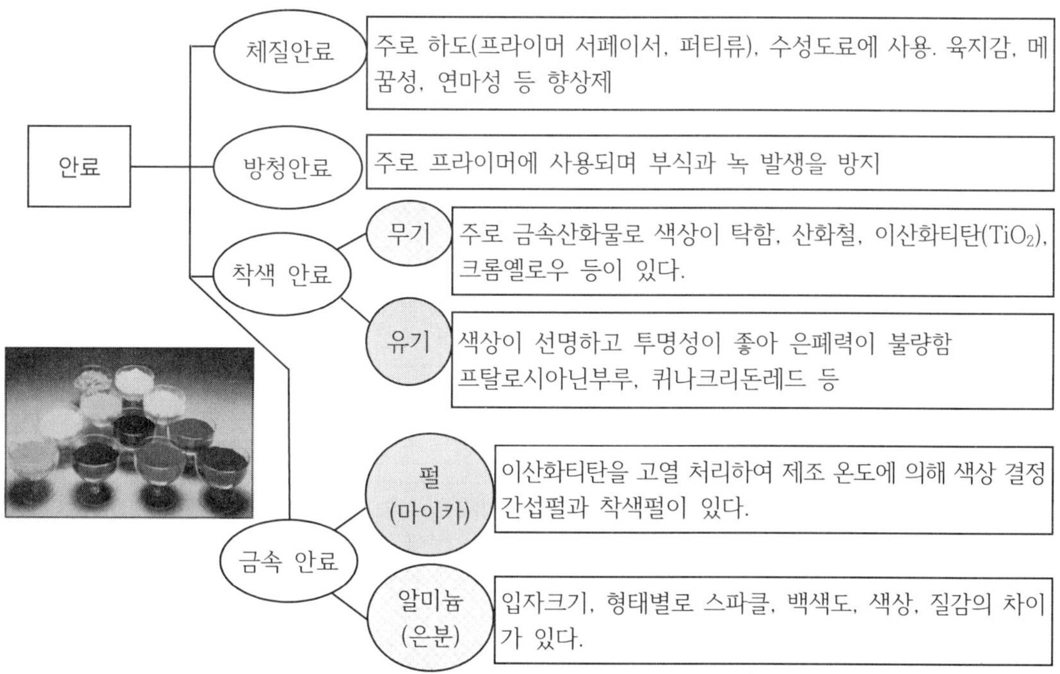

주) * 육지감이란 도막이 두껍게 도포된 것처럼 보이는 것이며, 스파클은 입자가 반짝 빈짝 빛나 보이는 것을 말한다.

2. 수지(Resin)

수지는 크게 천연수지와 합성수지로 분류되며 도막의 특성과 품질을 결정하는 중요한 요소이다. 자동차 보수용 도료에서 상세하게 설명하겠지만 내화학적 물성이 우수한 에폭시 수지계 도료, 광택과 내후성 등이 우수한 아크릴 우레탄 수지계 도료 등이 있으며 다음과 같다.

수지의 종류와 특징

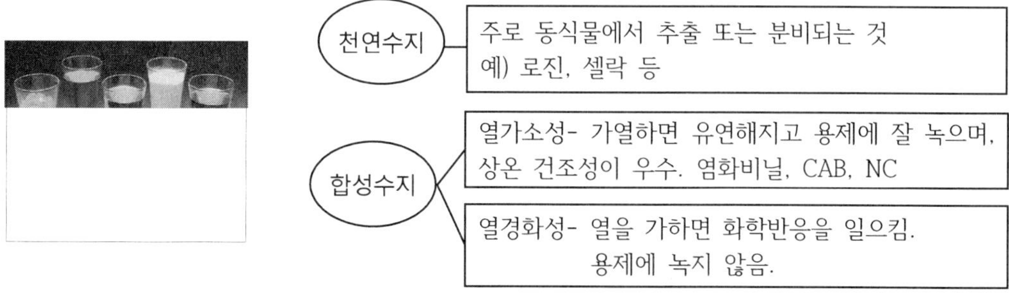

* 열경화성 수지에는 에폭시 수지, 불포화폴리에스테르 수지, 폴리에스테르 수지, 아크릴우레탄 수지, 멜라민수지, 우레아수지, 실리콘수지, 불소수지, 수용성인 에멀전수지, 폴리우레탄디스퍼전(PUD)수지, 아

크릴우레탄디스퍼전(AUD)수지 등이 있다.

3. 경화제

경화제란 도막을 형성시키기 위한 요소로서 우레탄용과 불포화 폴리에스테르용, 에폭시용으로 분류된다.

경화제의 종류와 특징

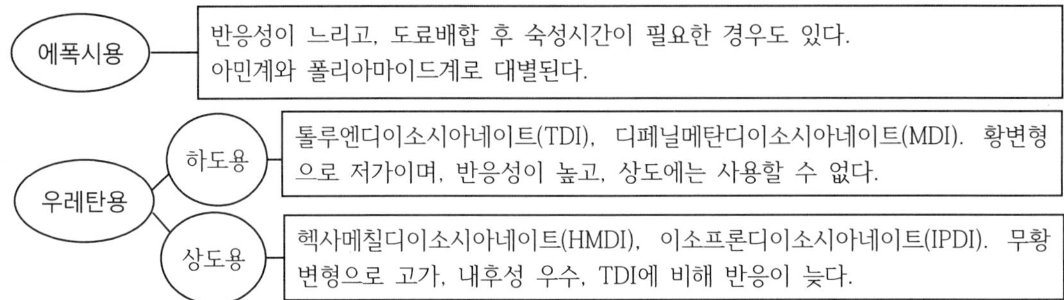

- 우레탄용 경화제는 물과 반응하므로 수분 혼입을 피하고, 알코올, 락카계 신나를 사용하지 말아야 한다.
- 하도용 경화제는 황변(외부환경에 의해 변퇴색)하므로 상도에 사용할 수 없다.

불포화폴리에테르용 (퍼티류)	유기 과산화물질로 라디칼 중합반응(발열)을 한다. 판금용 : BPO(벤조일 퍼옥사이드) - 변화하고 있다. 일반용 : CHPO(사이크로헥사논퍼옥사이드) 또는 MEKPO(메칠에틸케톤퍼옥사이드) * 아연퍼티와 일반용의 장점을 살린 퍼티가 개발되고 있다.

4. 용제(Solvent)

용제는 도료를 제조하는데 중요한 요소일 뿐 아니라 도장작업 시 점도를 조절하는 희석제로 사용되어지는 요소이다. 용제는 비점에 의한 것과 화학구조에 의한 것으로 분류되며 다음과 같다.

1) 비점(Boiling point)에 의한 분류

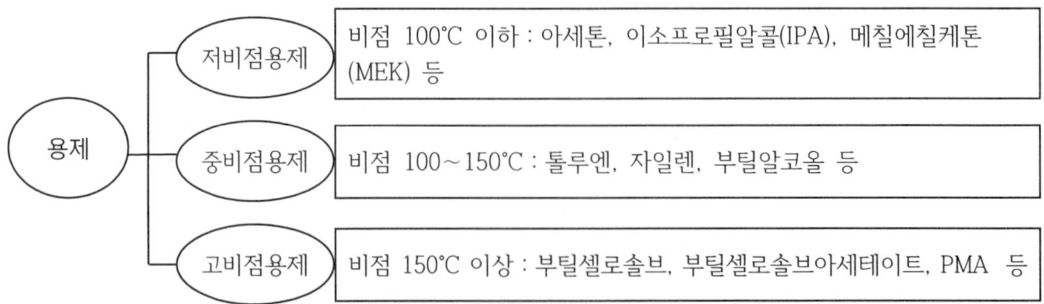

2) 화학구조에 의한 분류

① 알콜류 - 메칠알콜, 에틸알콜, 이소프로필알콜(IPA), 부틸알콜 등

② 에스테르류 - 초산에틸(EA), 초산부틸(BA) 등

③ 에테르류 - 에틸셀로솔브, 부틸셀로솔브 등

④ 케톤류 - 아세톤, MEK, MIBK 등

⑤ 탄화수소류에는 지방족, 방향족, 할로겐류로 구분된다.

ⓐ 지방족류 - 석유벤젠, 가솔린, 등유 등

ⓑ 방향족류 - 톨루엔, 크실렌 등

ⓒ 할로겐류 - 트리클로로에틸렌, 사염화탄소 등

3) 용제의 증발 속도

용제 증발속도는 그래프와 같으며, 도료의 작업성, 용해성, 건조성(증발) 등에 영향을 미치므로 도료 설계 시 조성에 따른 용해도(Solubility parameter)와 점도를 고려해야 하며, 희석제 제조 시에도 신중히 선택해야 한다.

대표적인 용제의 증발 속도

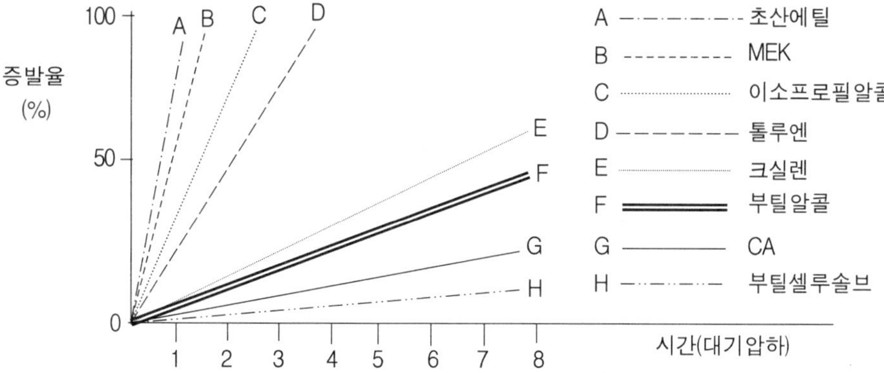

5. 첨가제(Additives)

도료의 안정성, 도막의 성능 향상, 작업성 등에 영향을 주는 중요한 요소로서 다음과 같은 첨가제가 용도에 따라서 사용되어진다.

① 가소제 : 도막의 유연성 내한성 등을 향상시킨다. 주로 락카계 도료에 사용한다.

② 건조제 : 드라이어라고 부르며, 산화중합형 도료에 첨가해서 산화중합 건조를 촉진시킨다. 주로 알키드에나멜 도료에 사용된다.

③ 안료의 분산제 : 안료의 분산을 쉽게 하고, 분산된 안료가 재응집하는 것을 방지한다.

④ 침강방지제 : 안료가 수지와 분리되어 침전하는 것을 방지하고, 도료의 점도와 칙소성을 높이는데 사용하기 쉽다.

⑤ 색분리 방지제 : 여러 가지 조색제(원색 포함)를 혼합(조색)하였을 때 색상이 분리되어 일어나는 현상을 방지한다. 도료의 분산 기술이 발전하면서 색분리 현상이 거의 생기지 않는다.

⑥ 레벨링제 : 도료의 퍼짐성을 좋게 하여 도막의 오렌지필 현상을 방지하고 도막외관을 향상시킨다.

⑦ 소포제 : 도료 내의 기포를 제거하며, 도장 시에 도막의 퍼짐성을 좋게 한다.

⑧ 핀홀방지제 : 도막이 건조될 때 바늘 구멍과 같은 현상이 발생하지 않도록 한다.

6. 희석제(신나)

유성계 도료에서는 신나라고 불러왔지만 수용성 도료가 사용되면서 유기용제를 거의 사용하지 않으므로 도장 작업성을 좋게 하기 위해 첨가하는 물질을 희석제라고 한다.

따라서 도료와 도장의 특성에 맞게 용해도(Solubility parameter)와 건조성, 도막외관 등과 피도물의 형상 · 도장시의 온도 · 도장 기기 등을 충분히 이해하여 우수하게 설계되므로 도료 제조회사의 추천 희석제를 사용하는 것이 좋으며, 일반적으로 다음과 같은 성분으로 되어 있다.

대표적인 희석제의 조성 예

구분	조성
락카용	톨루엔, 초산에틸(EA), 이소프로필알콜(IPA), 메틸에틸케톤(MEK), 부틸셀로솔브(BC) 등이 사용되고 있다.
아크릴우레탄용	크실렌, 톨루엔, 초산에틸, 셀루솔브아세테이트(CA), 부틸아세테이트(BA) 등이 사용되어 왔지만, 친환경 도료로 BTX(벤젠, 톨루엔, 크실렌)을 사용할 수 없게 되었다.
열경화아크릴용	크실렌, 톨루엔, 초산에틸(EA), 부틸알콜(B-OH), 부틸셀로솔브(BC), 에틸셀로솔브(EC) 등
수용성용	물(정제 또는 증류된 물), 이소프로필알콜(IPA) 등

1.3 도료의 분류

도료는 일반적으로 기능과 조성에 의한 분류가 되며 다음과 같다

1. 도료의 기능에 의한 분류

요철메꿈용, 부착력 향상과 방청력을 부여하기 위한 초벌 도장용인 하도(Primer), 구도막을 보호하고 작은 요철 메꿈, 상도의 평활성, 층간 부착력 등을 향상시키는 상도도료의 적합성과 아름다운 외관을 향상시키는 중도(Primer surfacer), 상도도료는 색상도료와 투명으로 분류되며 다음과 같다.

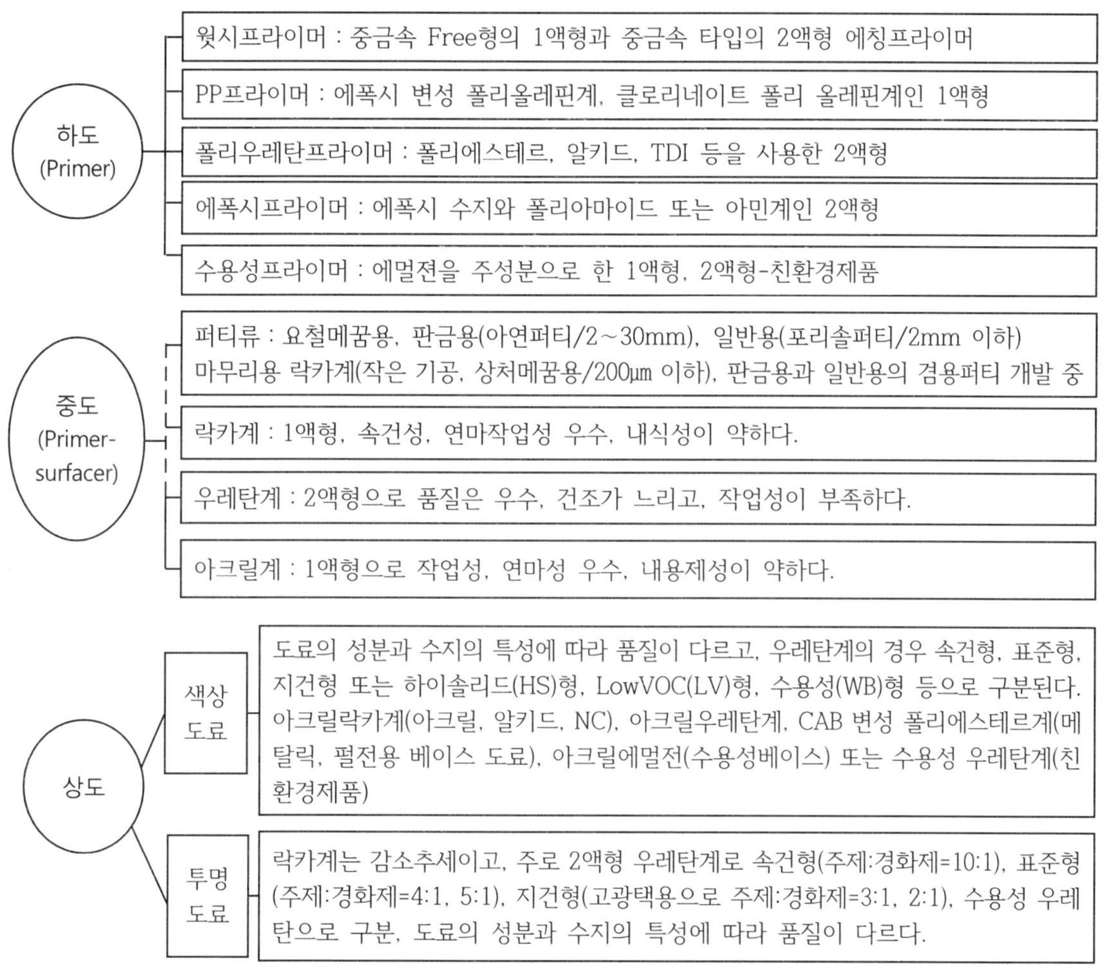

2. 상도 도료의 종류와 조성

종류 \ 조성	NC	CAB	알키드	아크릴	불소	PE	멜라민	에멀전	PUD	가소제	경화제
하이솔리드락카	○		○	○			○			○	
NC변성 아크릴 락카	○		(○)	○						○	

종류 \ 조성	NC	CAB	알키드	아크릴	불소	PE	멜라민	에멀전	PUD	가소제	경화제
CAB변성 폴리에스테르계		○		(○)		○	(○)			○	
아크릴 우레탄				○							○
속건아크릴우레탄		(○)		○							○
2K 우레탄		(○)		○		(○)					○
불소수지도료					○		(○)				○
열경화 아미노 알키드			○				○				
열경화 아크릴				○			○				
1액형 수용성 색도료								○	○		
2액형 수용성 우레탄									○		○

* 수용성 우레탄의 경우 폴리우레탄디스퍼전(PUD) 대신 아크릴우레탄디스퍼전(AUD)을 사용하거나 혼합해서 사용할 수 있다.

3. 수용성 베이스(WB) 도료

수용성 베이스(색상 도료)가 개발되면서 친환경 제품으로서 향후 본격적으로 사용되어야 하므로 유성 도료에 비교해서 특징(장점)과 관련 제품을 소개하고자 한다.

특징	(1) 우수한 작업성(칼라편차가 거의 없음) (2) 재 도장 시 이색 불량 최소화 (3) 생산성 증가 (4) 탁월한 건 세척성 (5) 추가설비의 최소화 (6) 친환경 도료(냄새가 거의 없다 - 제3세대 제품)

조색제의 종류	유성보다 적은 수의 조색제로 칼라 매칭성이 우수하다. 조색제 : Solid colors - 30여종, Metallic colors - 7여종 Pearl colors - 26종, 수지 1종(666), 입자조절제 1종(777) 계 65여종 * 신규 색상 개발에 따라 조색제의 종류가 늘어날 수 있다.

색상도료 도장법	초벌 도장 후 25℃에서 공기불어내기로 5분 건조 후 색 도장 1~1.5회 실시 투명 도장 가능시간 : 25℃에서 공기불어내기로 5~15분 건조 후 24시간 내 단, 공기불어내기(건조 설비)를 할 경우는 5분 후 도장 가능 * 주의사항 - 주위의 온도와 공기의 흐름, 상대습도에 따라 차이가 있다. - 20±5℃가 최상의 작업 조건으로 습도 30% 미만일 때 수용성베이스 희석제를 20%까지 사용하여 최상의 스프레이 작업성을 유지할 수 있다. - 습도 80% 이상일 경우 건조시간이 느려지므로 수용성베이스 희석제를 첨가하지 말 것

수용성도료 관련 제품의 분류

예) A사 탈지제

① 수용성 탈지제 : 모든 구도막의 소금기, 땀, 먼지 등을 제거할 수 있지만, 기름, 그리스, 타르 등은 유성 탈지제로 탈지 후 건조시킨 다음 수용성 탈지제로 탈지해야 한다.

② 건 세척제 : 유기용제가 함유된 물 세척제로 재사용이 가능하다.

③ 응고제 : 오염된 건 세척제에 1~2% 첨가하여 도료를 응고시킴으로 건 세척제를 재사용하여 폐기물을 대폭 줄일 수 있다.

④ 도료 보관(온장고) : 온도가 높으면 가스가 발생하여 오염되거나 온도가 영하 5℃ 이하로 내려가면 얼어서 사용할 수 없게 되므로 8~16℃로 보관할 수 있는 온장고가 필요하다.

수용성 도료 보관용 온장고

⑤ 수용성 도료의 배합 : 조색제를 상하·좌우로 흔들어 사용하고, 용기는 플라스틱 용기를 사용한다.

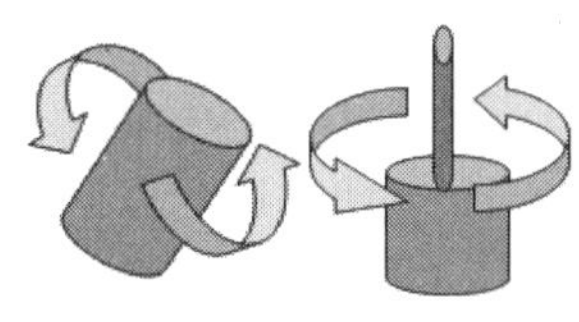

⑥ 보관 및 수명(Self life) : 10~35℃로 보관하는 것이 좋으며, 수명은 조색제 별로 다르므로 도료에 대한 기술자료(TDS)를 참조한다.

⑦ 수용성 베이스의 배합비율 : 온도, 점도와는 관계가 없고, 습도와 관계가 있다. 상대습도 80% 이상에서는 수용성 희석제를 사용하지 않는다. 단, 흑색의 경우는 0~5% 사용한다.

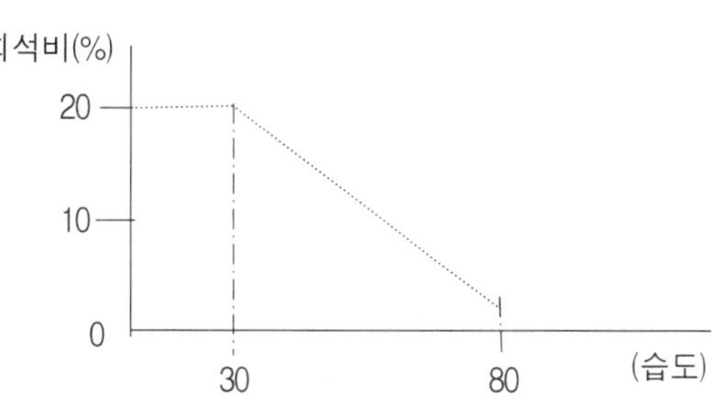

⑧ 여과기 : 종이 여과기(125µm~160µm)로 내수성 필터가 되어야 하며, 플라스틱 여과기(100µm~160µm)는 재사용할 수 있다.

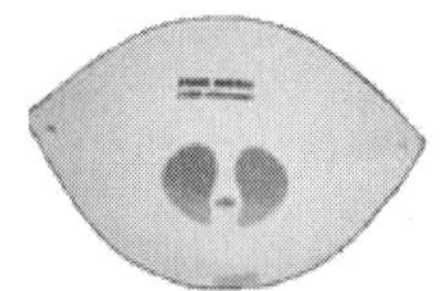
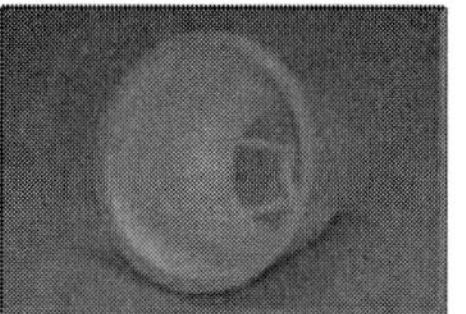

종이 여과지 　　 플라스틱 여과기

⑨ 스프레이 건 : 유성 타입과 별도의 제품은 아니며, 노즐 구경이 1.2~1.4mm로 전용으로 사용해야 한다. 주로 1~2기압에 사용하는 하이 볼륨 로우 프레저(HVLP) 건을 사용한다.

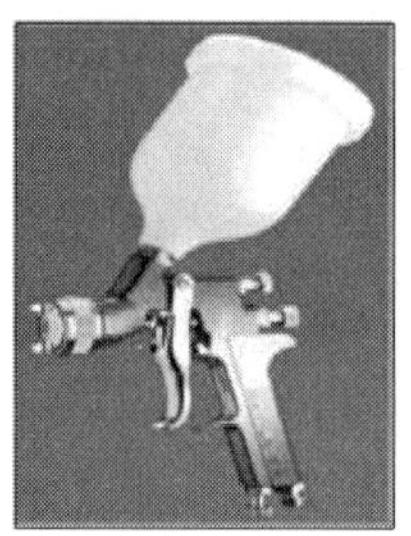

⑩ 재 도장 가능시간 : 주위의 온도와 공기 흐름, 습도에 영향을 받지만 25℃에서 15분 후에서 24시간 내에 도장해야 한다.

⑪ 공기불어내기 건조 설비(수용성 도료 사용 설비) : 수용성 도료는 에어(Air) 작용(Movement)에 지배적으로 영향 받는 건조조건이므로 스프레이 부스는 최적의 에어흐름(Air flow)이 있어야 한다. 설비로는 에어젯(오리발 모양), 스탠드, Airwave system 또는 Full booth systems 등이 있다.

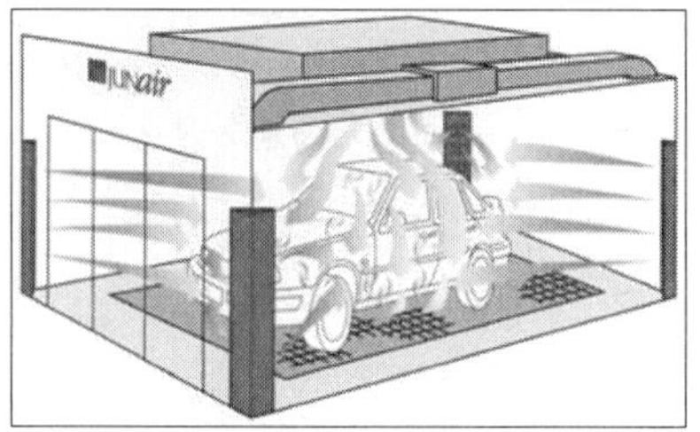

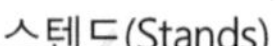
스텐드(Stands) 　　 에어웨이브 시스템 　　 풀 부스 시스템

* 스탠드(Stands)형이나 오비발(Air Jet)형은 주로 부품도장이나 부분보수도장(Fade out) 시에 사용한다. 에어웨이브 시스템(Airwave system)은 천정 내부에 에어 공급 파이프가 설치되고 사진과 같이 천정 아래 부

분에 일정한 높이에 에어 각도를 조절하는 장치가 6~10개 설치하는 시스템으로 공기불어 내는 각도가 차 전체를 불어내기 할 수 있는 각도와 배기 되도록 되어 있어서 먼지 오염이 거의 없는 설비이다.

⑫ 수용성도료의 유성도료와 비교 시 장점

조색배합 상의 적은 조색제(토너) 사용 수	빠르고 쉬운 믹싱 - 믹싱 실수를 줄임, 효율성 증대
유성 베이스코트와 비슷한(쉬운) 작업성	적응하기 쉽고, 쉽게 익힐 수 있음 - 효율성 변동 없음
친환경 제품	냄새가 적고 피부에 무해함 - VOC 만족, 공장 PR효과
균형된 불투명도와 정확한 칼라 매칭	적은 조색 횟수로 만족스러운 결과 도출 - 효율적 작업, 고객만족 증가 색상의 은폐력을 최대화 - 쉬운 부분 보수 도장, 생산성 향상
주름(Wrinkle)의 위험이 없고, 구도막의 적응성 우수	재 도장이 쉬움 - 효율적인 작업
휘젓지 않아도 되는 조색제(토너)	유성과 같이 매일 믹싱 머신기로 믹싱하지 않아도 됨 - 추가 투자가 필요 없음
안정화된 시스템	유성에 비해 최소한의 변화 - 도장방법은 유성과 동일 - 최소의 변화(공기불어내는 설비 필요)
높은 색상 구현력 - 다원화 색상의 조색용이	최상의 색상 매칭 - 사전조색품(RM도료) 거의 필요 없음 - 작업과정의 방해요소 없음

1.4 도료의 건조 기구

도료를 도장한 다음 도막이 되도록 건조시키는 방법은 다음과 같다.

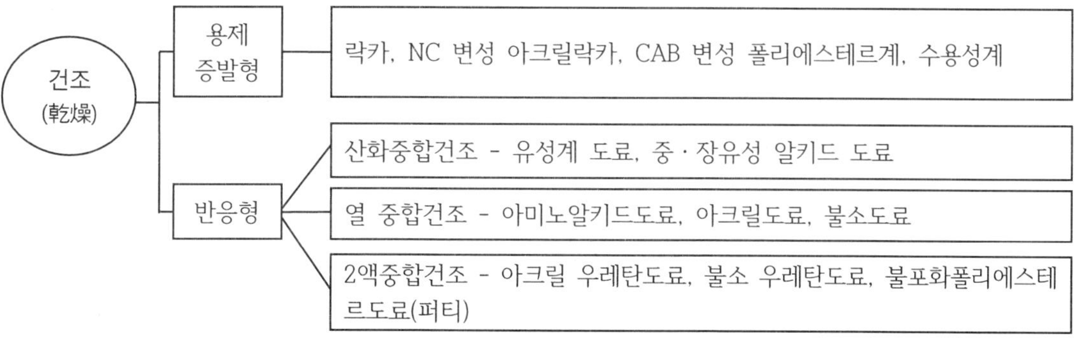

* 에어드라이형 - 수용성 도료로 공기불어내기하여 물과 소량의 용제를 날려 보낸 후 경화, 반응시킨다.

1.5 도료의 도막 성능 비교

우리 주위에서 사용하는 도료의 종류는 다양하지만 대표적인 계통별 도막의 품질 성능은 다음과 같다.

불량 ×-△-○-◎ 우수

계통 \ 특징	내후성	내용제성	내변색성	내크랙성	건조성	도장 작업성
아크릴 락카계	△	×	×	△후막도장	◎	◎
CAB변성 폴리에스테르계	○	△	○	○	○	○
수용성 에멀전계	○	○	○	○	△	◎
아크릴 우레탄계	◎	◎	◎	◎	○	△
수용성 우레탄계	◎	◎	◎	◎	△	○
알키드에나멜	×	×	×	○	×	◎
아크릴계(신차도막)	◎	◎	○	◎	×	○

1.6 환경 대응과 도료

자연 환경을 오염시키는 물질 중에서 자동차의 매연과 더불어 도료도 심각하게 오염시키고 있으므로 환경개선을 위해 제어설비(스프레이 부스, 스프레이 건, 집진설비 등)가 발전하고 있지만 도료도 친환경제품 개발에 노력하고 있다. 도료의 발전을 위해서 도장기술과 작업자의 인식도 변화되어야 한다.

향후 발전되어야할 도료를 대기, 토양, 수질부분으로 나누어 생각해 보면 다음과 같이 나눌 수 있다.

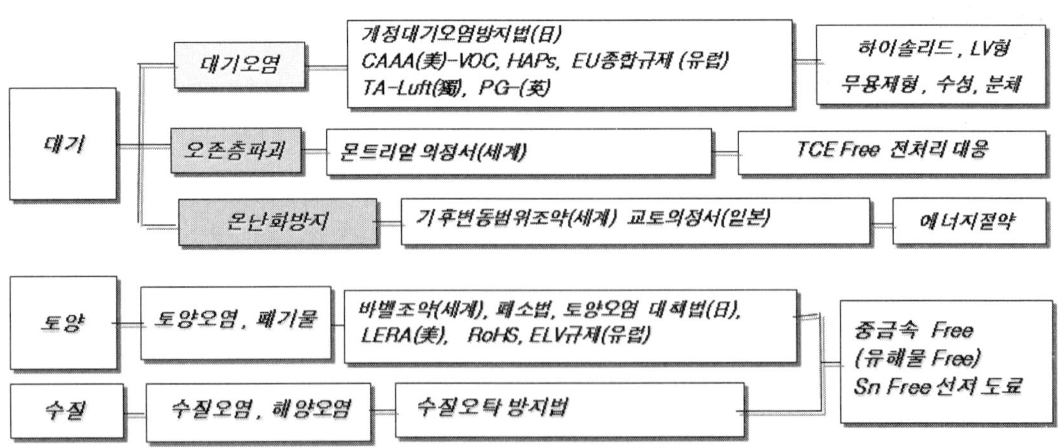

제2장

도장의 기초 지식

2.1 도장의 목적

도장의 목적은 물체(피도체)의 보호, 부가가치 창출, 물체의 미장(외관의 아름다움), 기타 등을 목적으로 도장을 행한다.

1. 물체의 보호

철의 발청, 부식, 물질의 부패, 소재의 보호 등 큰 손해로부터의 보호

예 자동차, 맥주 캔, 음료수 캔, 물탱크, 건축물 등

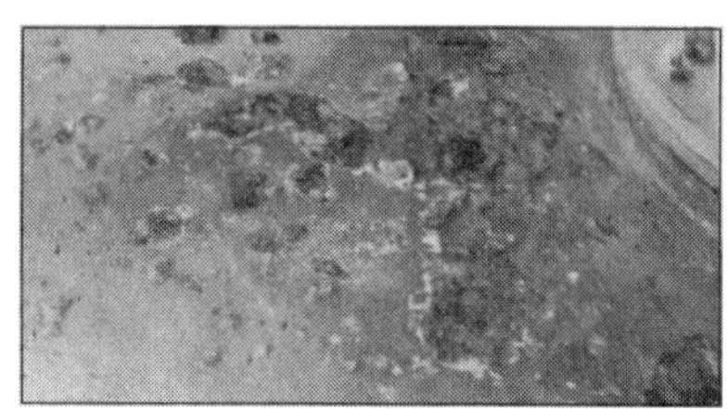

2. 부가가치 창출

소재 표면을 개질[항균성, 도전성, 전자파차폐성, 기능성(촉감, 온도 표시, 미끄럼 방지, 단열, 방수 등)] 하여 부가가치를 높인다.

예 스마트폰, 합성피혁(가죽 옷), 등산복, 축구공, 신발, TV 등

3. 물체의 미장

아름다운 색상, 외관의 개질(변형), 광택 조절 등으로 상품가치의 극대화, 기업 이미지를 나타내기 위한 코퍼레이션 색상에도 이용한다.

4. 기타

색상 표시에 따른 위험을 구분, 파이프 배관 내의 내용물 판별을 용이하게 하기 위한 표시 등이 있다.

2.2 도장의 변천사

도장의 어원은 목선(나무 배)을 주로 사용할 때 어부들이 나무가 썩는 것을 방지하기 위해 생선에서 나오는 기름을 바르고, 종이 장판이 상하는 것을 막기 위해 콩기름을 바르던 것이 아닐까 추측할 수 있지만 그 이전에 벽화에 색을 내었고 황토벽에 황토를 바르던 것이 원조가 아닐까 생각도 해본다.

이런 방법들이 변해 기본적으로 도구를 사용한 년대를 살펴보면 다음과 같다.

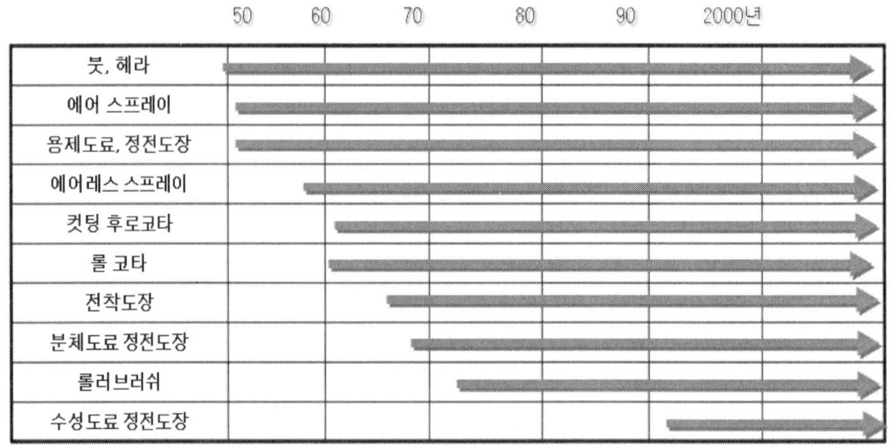

2.3 도료의 성상과 도장

도장 기술의 변화도 신 개발품 도료에 의해 함께 변화되고 있지만 도장 방법에 따른 도료가 적용되고, 도장설비도 개발되고 있다. 이에 따른 도장 방법에 따른 도장 과정은 미립화법(微粒化法)과 액체와 분체로 구분되며 다음과 같다.

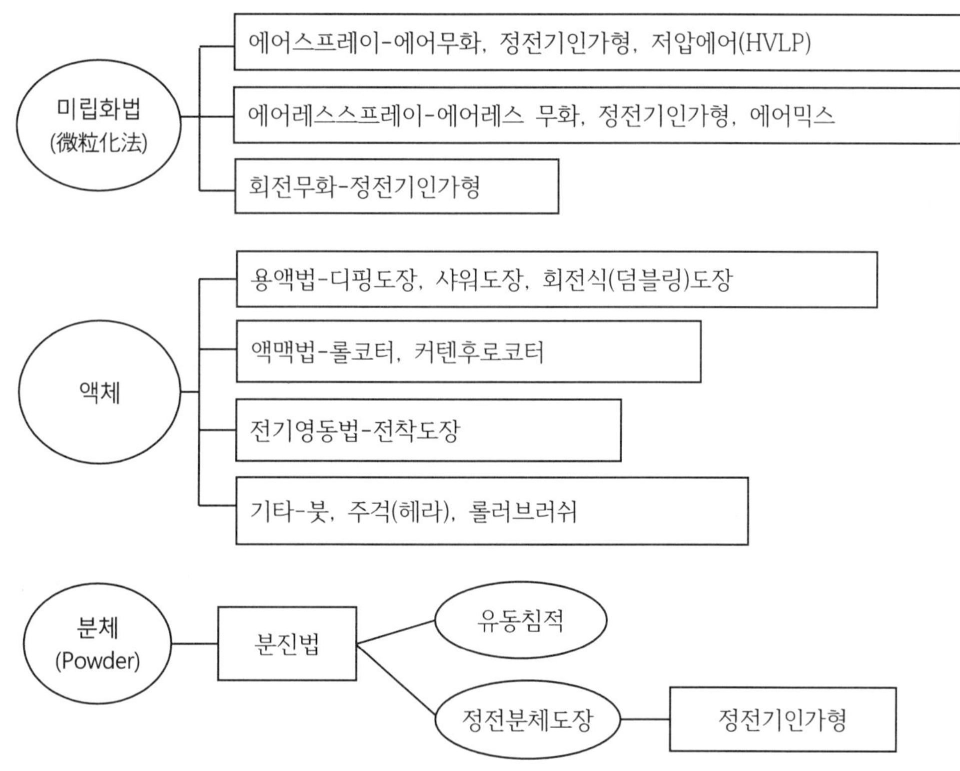

2.4 도장의 방법

도장의 방법은 도장할 피도체(소재)의 형상, 소재의 종류, 도장 수량, 도장효율, 설비비 등을 고려해서 결정해야 하므로 다음의 사항을 이해하여야 한다.

* 일반적으로 많이 채용되고 있는 도장 방법으로 원리, 특징, 용도에 대해 알아본다.

1. 에어스프레이 방법

가장 일반적으로 많이 사용하는 도장 방법이다.

원리(原理)	도료를 압축공기의 힘으로 분사하는 것
특징(特徵)	모든 도료에 적용이 가능하며, 저가이고 취급이 간편하다. 종류로는 중력식, 흡상식, 압송식이 있고, 노즐구경이 0.8~3.0mm(보수용 상도에는 주로 1.3mm가 사용)이 있다.
용도(用途)	모든 도장 분야에 적용되며 보급률이 가장 높다. 특히 소형 피도물에 적합하다. 주용도 - 자동차 부품, 자동차, 가구, 플라스틱 도장 등

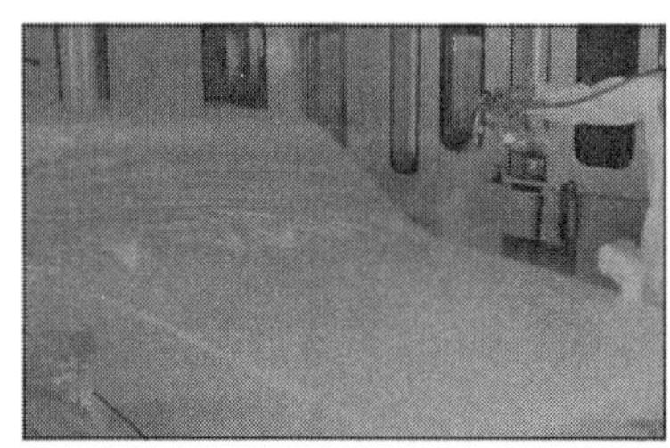

2. 에어레스 스프레이 방법

원리(原理)	도료에 고압을 가해서 작은 구멍으로 분출시켜 무상(霧狀)으로 도장. 수도의 압력을 상승시켜 호스의 끝을 누르면 분사되는 원리와 같다.
특징(特徵)	작업 능률이 우수하며, 고 점도의 도료 도장이 가능하다. 도료의 도착효율이 우수하여 손실이 적고 환경 측면에서 유리하다.
용도(用途)	대형 피도물의 도장에 적합 : 배, 교량, 탱크, 건축물 내면과 자동차 차체(Body)의 하부, 샤시 등

* 토출량이 많고 작은 피도체의 도장이 어려우며 에어스프레이보다 도막외관이 나쁘다.
* 에어스프레이와 에어레스스프레이의 장점을 가진 에어믹스 스프레이 건이 있다.

3. 정전 도장 방법

스프레이 할 소재(피도물)에는 양극을 도료 분무장치에는 음극을 주어 자석이 쇠 입자를 잡아당기듯이 도료가 소재에 달라 붙는 도장법이다.

원리(原理)	피도물(+), 도료분무장치(-), 고전압(-60~-120KV)의 정전계로 분무한 도료입자(-), 피도물을(+)로 해서 흡착시키는 방법이다.
특징(特徵)	작업 능률이 양호하고, 연속도장에 적합하며, 특히 메탈릭 색상의 마무리 도장이 양호하며, 도료의 손실이 적다.
용도(用途)	자동차와 약전(弱電)관계의 양산도장에 적합하다. * 수동식 에어무화 정전 도장기 - 모든 분야에 사용 * 에어무화 정전 도장기 - 메탈릭 색도료 사용 * 회전무화 정전도장기 - 솔리드 색상, 투명

* 약전관계란 : 에어무화에 의한 피도물에는 저전압의 ⊕전하를, 분무하는 도료에 ⊖전하를 주어 도장하는 방법으로 양산도장에 작합한 도장법을 말한다.

4. 기타 도장법

앞에서 이야기한 에어스프레이, 에어레스스프레이, 정전도장 이외에도 다양한 도장 방법이 있으므로 대표적인 것을 간단히 소개하면 다음과 같다.

도장방법	원리	특징	용도
디핑도장	피도물 침적	* 한번에 전체면을 도장 * 도료의 손실이 적다.	자동차 부품, 파이프 등의 외관이 중요하지 않은 것
샤워도장	펌프로 도료를 보내 노즐에서 피도물로 흐름	* 한번에 앞면 도장 * 도료의 손실이 적다. * 디핑도장보다 비축량이 적다.	자동차 부품, 파이프 등
전착도장	직류 전기를 통전시켜 도장	* 한번에 전체면을 도장 * 도료의 손실이 적다. * 디핑보다 흐름이 없고 도막두께 조절 용이	금속제품의 각종 부품류
롤 도장	롤 사이를 피도물이 통과	* 도장 효율이 양호 * 도료의 손실이 적다(도료의 회수).	칼라강판, 프로아, 프런트 합판
분체도장	분말 도료로 정전기 이용	* 양산도장에 적합 * 도료 회수 -재사용	자동차 부품 금속부품

2.5 도료의 건조 방법

앞에서 도료의 건조 기구에 대해 간단히 설명하였지만 자동차 도료와 관련하여 좀 더 구체적으로 알아보면 도료의 건조조건에는 도막 형성 기구에 따른 용제 증발형과 반응형이 있고, 도막 건조 방법에 따른 상온건조 방법, 강제건조 방법, 가열건조 방법이 있으며 다음과 같다.

1. 건조조건

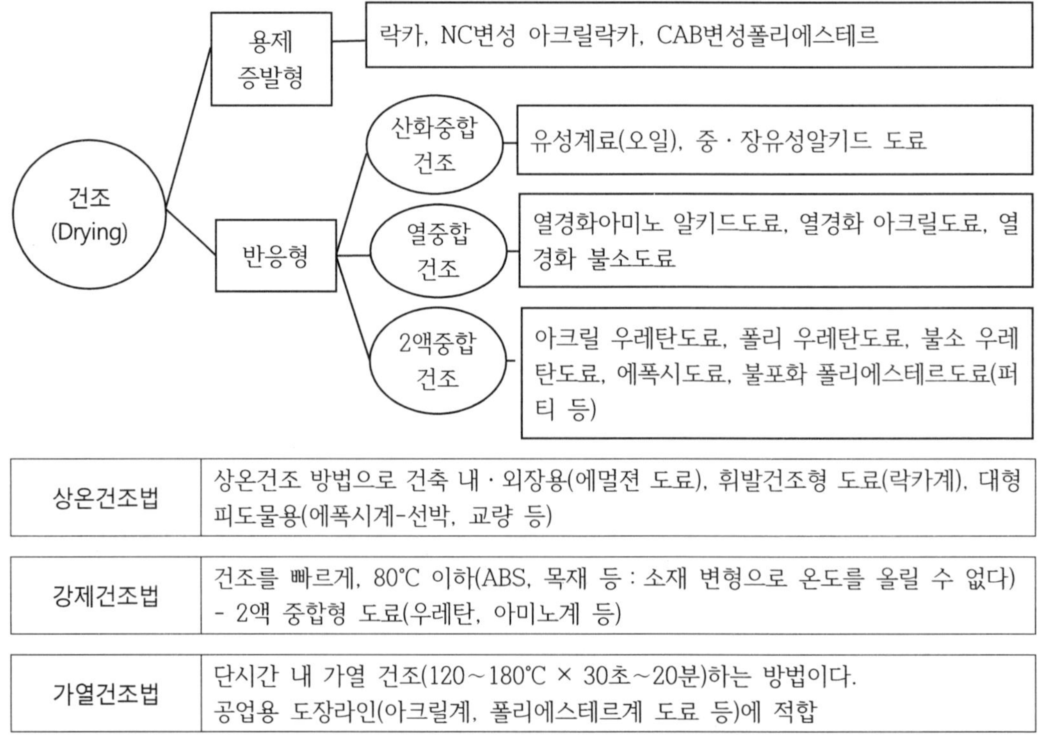

상온건조법	상온건조 방법으로 건축 내·외장용(에멀젼 도료), 휘발건조형 도료(락카계), 대형 피도물용(에폭시계-선박, 교량 등)
강제건조법	건조를 빠르게, 80℃ 이하(ABS, 목재 등 : 소재 변형으로 온도를 올릴 수 없다) - 2액 중합형 도료(우레탄, 아미노계 등)
가열건조법	단시간 내 가열 건조(120~180℃ × 30초~20분)하는 방법이다. 공업용 도장라인(아크릴계, 폴리에스테르계 도료 등)에 적합

2. 건조로의 형상

피도물의 종류가 다양하므로 어떤 소재를 도장할 것이냐에 따라 건조할 수 있는 설비를 선택해야 도장 효율을 높일 수 있으며 다음 사항을 참조하여 선택해야 한다.

터널형 건조로	도장물이 콘베어에 의해 이동, '로(爐)'를 통과하여 건조. 공업용 라인도장 시 적합하다. 예) 자동차, 자동차 부품용 등	

상자형 건조로	빳치방식으로 문은 좌 · 우 여닫이와 상 · 하 식으로 문을 열어 도장물(피도물)을 넣고 닫은 후 가열하는 방식이다. 문의 개폐에 따른 로내 온도의 손실 문제가 있다. 예) 자동차 보수도장용	
스탠드형	스포트, 부분 보수 건조, 취급이 간편하다. 신차도장라인의 터치업, 자동차 부분 보수 도장에 적합	

3. 건조로의 가열방식

건조로의 가열 방법은 다양하지만 조건은 크게 복사식과 대류식으로 분류되며 다음과 같다.

복사식 건조설비	* 일광욕의 원리로 복사열에 의한 도료의 건조 방식 * 적외선 램프 사용 - 가스적외선, 원적외선, 근적외선 등이 있다. 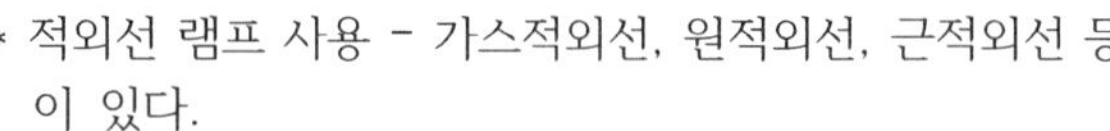	
대류식 건조설비	* 가열된 공기가 순환에 의한 건조 방식 * 균일한 건조, 형상이 복잡한 것에 효과 * 자동차 보수용, 부품의 건조에 적합 * 수용성 건조 시 필수 설비이다.	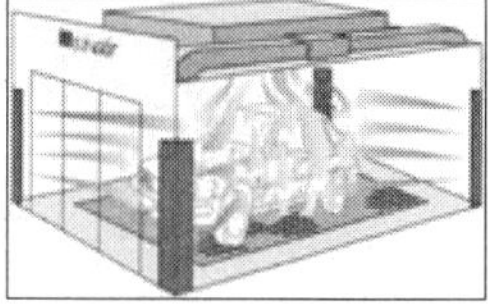

4. 도막의 색과 온도관계

도막의 색에 따라서 흡수율이 다르기 때문에 건조 속도가 차이가 있으며 다음과 같다.

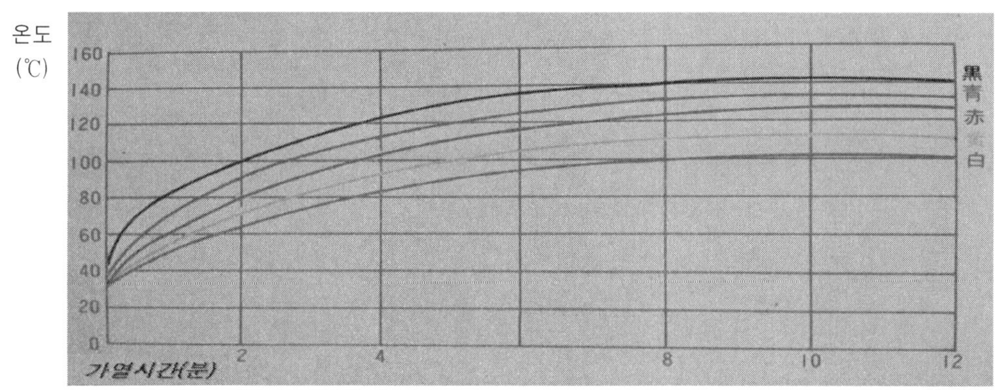

흑색은 흡수율이 높고 백색은 흡수율이 낮다, 약 30% 차이(적외선 램프)가 난다.

＊ 소재 기준 : 0.8㎜ 철판, 도막두께 30㎛, 방사조도 0.25W/㎠

2.6 신차 도장 방법

지피지기는 백전백승이라고 하듯이 자동차 보수도장을 습득하려면 신차가 만들어지는 공정도 알아야 하므로 도장 공정을 습득해야 한다.

1. 표면처리 공정

표면처리 방법으로는 디핑법과 샤워법, 양자 병용법이 있으며, 방청력, 내수성, 도막 성능향상을 위해 매우 중요한 공정이다.

화성피막 처리 두께 : 4~5㎛[자동차 보수도장에서는 철판까지 연마되는 철판 부분에 에칭프라이머(웟시프라이머로 도막두께 : 5~10㎛)를 사용한다.]

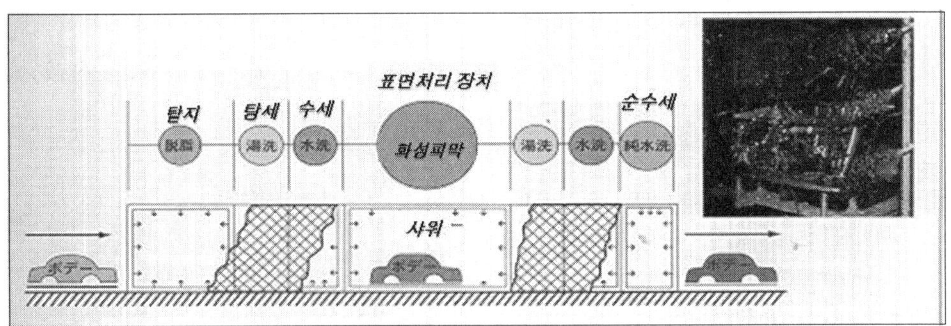

2. 하도공정(전착 도장 순서)

차체(Body)를 전착도료 욕조에 침적시켜 강판을 완전히 일정한 도막두께로 도장하는 방법으로서 이 도장법이 이용되면서 방청력이 크게 향상되었다.

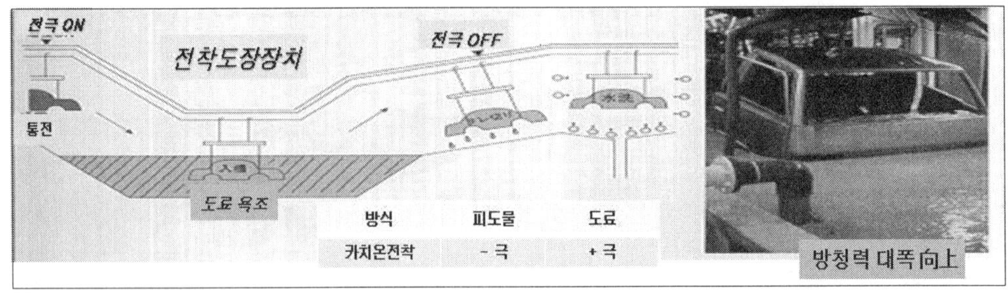

3. 중도 공정

중도는 일반적으로 자동차 정전도장설비가 사용되고 있다. 이 설비로 도장이 미비한 차체 앞·뒤나 기둥(Piller) 부위는 보정하는 스프레이 전담자가 도장한다.

최근에는 이 작업도 로봇이 실시한다. 또한 주행 중에 모래, 자갈, 염분(제설용 염화칼슘)을 함유한 얼음 등의 충격에 도막 손상을 방지하기 위해서 필요한 부분(하단 부분 등)에 중도 도장 전에 내칩핑성 프라이머를 도장한다.

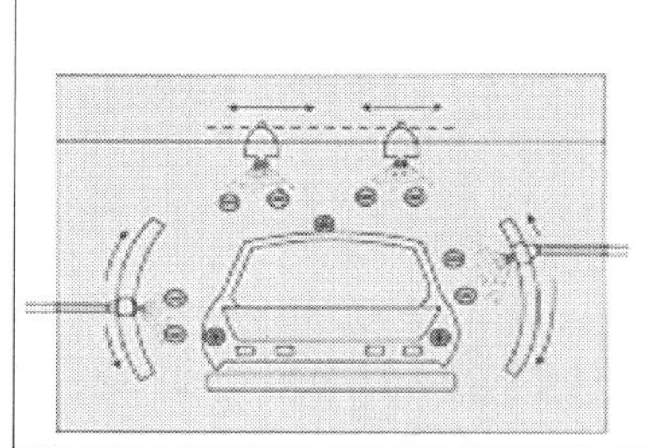

* 신차 도장 라인은 색상중도를 사용하면서 메탈릭 및 펄 도막두께(15～20㎛)가 얇아지고, 수용성 도료를 사용하면서 색상 이색이 발생하여 보수도장이 점점 어려워지고 있다.

4. 승용차의 도장 라인 공정 순서

1. 차체공장
화이트바디 조립

2. 탈지, 화성처리-기름완전
제거, 부착력 방청력 향상

3. 하도(전착도장)
20~30㎛, 160℃×20분

4. 언더코트
방음, 방진, 방청, 내칩핑성
역청질, 염화비닐계도료

5. 차체 실링작업
물 침투방지, 실링제 충진

6. 아스팔트 시트깔기
방음, 방진 효과

7. 중도도장
육지감, 평활성 향상
30~40㎛, 140℃×20분

8. 연마
#600~1000번 연마지
수(水)연마

9. 상도 도장
미장, 내구성 향상
솔리드, 투명:30~40㎛,
메탈릭: 15~20㎛

6. 승용차의 상도도장 순서

솔리드 색상, 메탈릭 색상의 각각의 색상이 컴퓨터 조작으로 입력된 프로그램에 따라 색상 변경 방법에 의해 중도 도장 공정과 같이 자동 도장 설비로 도장한다. 정전도장기의 개발이 진전되면서 도착효율이 우수해지고, 양호한 마무리 도막외관이 얻어지지만, 수용성 도료가 적용되면서 환경에(습도, 풍속, 건조조건 등) 의해 이색이 발생되고 있다.

1) 솔리드 색상 도장 순서

전보정 ⇨ 자동기 도장 ⇨ 후보정 ⇨ 건조

2) 메탈릭 색상

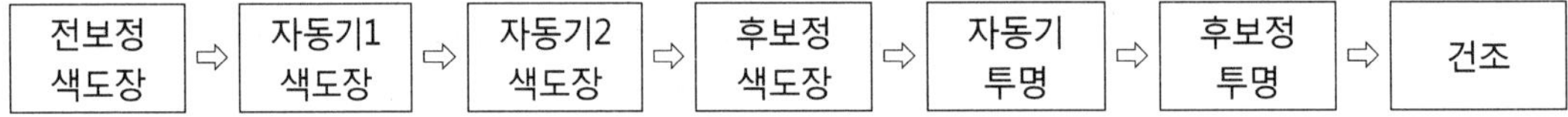

* VOC 관련 수용성 도료가 적용되고, 기능성도료로 내산성 도료(산성비), 고경도용 도료(내스크래치성)가 적용되고 있다.

* 최근의 자동차 산업의 목표는 내구성 향상 추구가 가장 큰 목표로서 카치온 전착, 스톤 가이드코트, 칩핑 프라이머, 방청강판이 채용되어 방청력은 비약적으로 향상되고 있다. 또한 자동차 스타일은 평면과 직선 스타일이 곡선으로 아름답고 에너지 절감을 위한 변화와 함께 도장의 질감도 광택이 우수하고, 깊은 색감, 금속 질감 등을 표현하는 도료 재질과 공법 등이 검토되어지고 있다.

제3장 자동차 보수도료와 도장

3.1 자동차 보수용 도료

자동차 보수용 도료는 하도 도료로서 강판과 PP범퍼 등의 부착력 향상과 내식성, 방청성을 위한 프라이머, 요철 메꿈용인 퍼티, 중도 도료로서 철판, 구도막, 퍼티면 등에 부착력, 구도막보호, 표면 조정을 위한 프라이머 서페이서, 도막의 기능성 부여를 위한 실러, 색상과 광택을 표현하는 상도도료(색, 투명), 보조재료 그 외 도료로 구분되어진다. 도료의 선택이 도막 품질을 향상 시킬 뿐만 아니라 고객만족으로 사업이 번창할 수 있음을 인식하고 다음에 소개된 도료의 종류에서 제품을 숙지하고 신중히 검토하여 선택해야 한다.

1. 하도도료(Primer) - 부착력 향상

하도도료는 1액형 비닐부치랄계, 아크릴락카계, 폴리프로필렌계와 2액형 폴리우레탄계, 에폭시계 프라이머로 자동차 보수용에 많이 사용하는 제품은 다음과 같은 특징이 있다.

에칭프라이머 (워시프라이머)	비닐부티랄 수지, 징크크로메이트(방청안료)와 첨가제(인산)를 사용한 2액형 도료로 철판을 부식(신차의 전처리와 동일한 방법)시켜 부착력을 우수하게 한다. 최근에는 친환경 도료로 중금속이 없는 1액형 에칭프라이머가 개발되어 있다. * 구도막에 도포되거나 후막(10㎛ 이상) 도장하면 부착력이 저하된다.

에폭시 프라이머	2액형 도료로 에폭시 수지와 아민 경화제을 사용 하는 제품 - 건조는 느리지만 부착력, 방청력, 내화학적 물성이 우수하다.

PP 프라이머	클로리네이트 폴리올레핀계 수지를 주성분으로 한 1액형 도료 폴리프로필렌(PP) 소재에 부착력 향상을 위해 도장하는 프라이머 - 추천 건조도막두께 : 3~15㎛으로 제품마다 차이가 있으므로 회사별 기술자료(TDS)를 확인해야 한다.

2. 퍼티(Putty) - 요철메꿈용

자동차 보수용 퍼티에는 주로 가장 많이 사용하는 불포화 폴리에스테르계로 판금용과 사상용이 있으며, 소재의 방청력과 부착력이 우수한 에폭시계가 있고, 작은 상처 메꿈용으로 아크릴락카계 퍼티가 있으며 특징은 다음과 같다.

폴리에스테르계 퍼티	불포화 폴리에스테르 수지와 유기 과산화물을 경화제로 한 2액형 페이스트 상의 도료 - 판금용(판금 퍼티/아연 퍼티) → 30㎜까지 도포 가능 - 일반용(포리솔 퍼티 → 2㎜ 이하)

에폭시 퍼티	에폭시 수지와 아민계 물질을 경화제로 한 2액형 도료 - 방청력, 각종 금속에 부착력이 우수하며 용접 부위에도 적합하다. - 건조성, 연마성 불량 - 추천 건조도막 두께 2~5㎜

락카 퍼티	초화면과 알키드 수지를 주성분으로 한 1액형 락카계 페이스트상의 도료 - 추천 건조도막 두께 0.2㎜ 이하로 주로 프라이머 서페이서 도장 후 작은 기포, 연마자국 등 제거에 사용하며, 부풀음, 부착불량, 균열 등이 발생할 수 있으므로 가능한 적게 사용해야 한다.

3. 중도 도료(프라이머 서페이서) – 도막외관 보호, 평활성과 부착력 향상

프라이머 서페이서는 아크릴락카계, 폴리우레탄계, 폴리에스테르계 등이 있으며 특징은 다음과 같다.

아크릴락카계 프라이머 서페이서	* 1액형 도료로 주성분이 초화면(NC), 아크릴, 알키드 수지이며, 스프레이 작업성, 연마성, 건조성(20℃×1시간)이 우수 * 내방청성, 내약품성이 부족하다.

우레탄계 프라이머 서페이서	2액형 도료로 폴리에스테르, 아크릴 수지, 폴리이소시아네이트(경화제)가 주성분이며, 내용제성, 눈메꿈성 우수하다. 일반용, 도막외관이 우수한 샌딩프리, 칼라빌드, 수용성 등이 있다.

알키드계 프라이머 서페이서	1액형 도료로 산화중합형 알키드 수지가 주성분으로 건조가 느리고, 내용제성이 약하다. 알키드에나멜 서페이서(대형 구조물, CV차량 등)

4. 실러(Sealer)

실러는 도장 공정과 도막의 특성에 따라 사용하는 재료로 색블리딩 방지제, 주름방지제, 층간부착력 향상제 등이 있으며 특징은 다음과 같다.

색블리딩 방지제	도장 시 구도막이 용해되어 구도막 색상이 도막 위로 떠오르는 것을 막기 위한 알콜계 용제와 셀락 바니쉬(수지)가 주성분인 도료로 락구니스라고도 한다.

주름 방지제	* 셀락수지를 주성분으로 한 1액형 도료 - 알콜계 용제를 사용하여 구도막을 녹이지 않음 * 2액형 우레탄계 프라이머 서페이서로 약용제를 사용하여 구도막을 약간 녹일 수 있게 함 - 적합성 검토가 필요하다.

층간부착력 향상제	1액형 특수합성 수지계로 상도도료의 품질에 따라 역효과 발생 가능하므로 사전(미리) 체크한 후 사용해야 한다.

5. 상도도료 – 색, 투명

상도도료에는 색도료로 주로 사용하는 것이 1액형 폴리에스테르계와 아크릴우레탄계이지만 점차적으로 수용성계인 에멀젼계와 폴리우레탄디스퍼젼계가 사용되어지고 있다. 투명류에는 아크릴우레탄계가 주로 사용되고 있지만 친환경 도료인 아크릴우레탄디스퍼젼계가 지속적으로 개발되어지고 있다.

NC변성 아크릴락카	* 1액형으로 하이솔리드화(아크릴 락카계)한 도료로 트럭, 상용차, 버스, 기차, 중고차 등에 적용되었으나 우레탄 도료의 사용으로 감소하고 있다. * 도막 성능 향상을 위해 우레탄 경화제를 사용하여 2액형 아크릴 락카로 사용하지만 재 도장 시 주름 발생 등의 불만으로 사용이 거의 없다.

폴리에스테 변성CAB계 (1액우레탄)	1액형 폴리에스테르, CAB, 멜라민 수지계 도료(베이스코트) 투명성이 우수하여 메탈릭, 펄 색상의 전용 도료 용도 : 내후성 우수하여 신차, 중고차, 모든 차량에 사용하며 필히 투명을 도장하여 광내기 작업을 해야 한다.

수용성계	수용성 에멀젼, AUD, PUD계로 친환경 제품 지질오염 방지를 위한 폐수처리설비, 온·습도 조절 설비 필요 색도료로 칼라 매칭성, 광택, 도막외관 우수, 가격상승과 작업성 부족

속건아크릴 우레탄	2액형, 주성분은 아크릴 수지, 폴리이소시아네이트(경화제) 초기 건조가 빠름, 신차 보수, 도장 관련 설비 불충분한 곳에서 사용 → 전체 도장 시 오렌지 필, 광택 부족 발생이 쉽다. 초속건형(10:1), 속건형(5:1)로 솔리드, 메탈릭 겸용이다.

우레탄계	2액형, 아크릴 수지와 폴리이소시아네이트(경화제)가 주성분 건조가 늦으므로 부스 및 건조 설비가 필요하다. 부분, 전체 보수도장용으로 솔리드 색상의 최고급형인 친환경 제품(주제:경화제=2:1), 고급형(3:1), 하이솔리드화 투명류가 있다. 친환경 수용성 투명 - 육지감, 살오름성, 초고광택 우수

6. 보조재료

보조 재료는 도장 시 공정에 따라 필요한 도막박리제, 탈지제, 콤파운드, 경화촉진제 등이 있으며 각각의 특징은 다음과 같다.

도막 박리제	염소화 탄화수소가 주성분으로 산, 알카리, 파라핀 함유 박리 후 수세처리 ➡ 탈지 ➡ 하도 도장 용기 내 상태 : 액상과 젤리상 두가지이며, 강산으로 피부에 화상 등 위험하므로 사용 시 주의해야 한다.

탈지제	공정마다 탈지 시 꼭 필요한 제품 : 탈지제(실리콘오프)로 적당한 용해력과 증발속도로 설계된 제품으로서 자동차 보수도장 공정별과 소재 탈지 시 필수품이며 플라스틱 소재에는 대전 방지 효과도 있다.

콤파운드	연마, 광내기 작업의 필수품으로 실리콘이 함유된 것은 사용하지 말 것(크레터링의 원인이 됨) 1000, 2000, 3000번 등 용도별로 구분하여 사용해야 한다.

경화촉진제	우레탄 도료에 소량(도료 100Gr.에 0.01～1.0Gr.) 첨가해서 도막의 경화건조 시간을 단축시키는 주석 화합물로 우레탄 도료의 특성에 따라 차이가 있으므로 사전 시험 또는 페인트회사의 기술자료(TDS)를 참조하여 사용해야 한다.

도막유연제	고무성분의 톤모노머를 주성분으로 한 유연제로 도료에 5～15% 사용한다. 우레탄 도료의 경우는 첨가한 양에 비례해서 50～100% 경화제를 추가해야 정상적인 도막을 얻을 수 있다.

7. 그 외의 도료 - 도막의 기능성 부여

자동차 부품에는 플라스틱 소재에 도장하는 도료, 샤시용, 입자감 조절, 광택조절, 논브러싱제 등이 있으며 그 특징은 다음과 같다.

1) 플라스틱 부품용 도료

플라스틱 소재의 특성과 종류에 따라 도장 시방은 다르므로 부록에 소개한 "플라스틱 도장 시스템"을 참고하고, 여기서는 간단히 소개하고자 한다.

색도료	유연성 부여 - 도막의 유연제 투명에 5～10% 첨가하며, 우레탄의 경우는 경화제의 양도 추가한다.

투명	1. 유연성 부여 - 보수용 아크릴우레탄 도료에 도막 유연제를 5%, 경화제를 5% 추가하여 사용한다. 2. 플라스틱용 2액형 우레탄 투명류 사용 - 아크릴 수지에 톤모노머를 사용하여 합성한 특수 아크틸 수지를 주성분으로 2액형 우레탄 투명으로 도막의 유연성은 물론 내스크렛치성도 우수하다. 자동차 범퍼, 스포일러 등에 많이 사용한다.

2) 샤시용 도료

아크릴 락카계 도료인 샤시용 블랙과 프탈산계통인 에나멜 흑색, 수용성계통인 아콰졸 흑색 등이 있다.

3) 소광제 및 입자감 조절제

아크릴 또는 폴리에스터 수지와 실리카를 주성분으로 도료로서 도막의 광택, 메탈릭·펄 색상의 입자감의 크기를 조절하며 각에서의 백색미와 적색미를 증가 시킨다.

4) 논브러싱제

고온 다습한 곳에서 도장 작업 시에 도막의 백화(白化, 브러싱) 현상과 오렌지 필을 방지하기 위한 첨가제로 락카용과 우레탄용으로 구분된다. 보통 희석제에 5~20% 첨가하여 사용하며 락카용에는 알코올이 함유되어 있으므로 우레탄 도료에는 사용해서는 안된다.

3.2 상도(색, 투명) 도장의 형태

자동차 보수도장의 방법은 다음과 같으며, 보수도장 방법 중에서 브랜딩도장은 이색을 방지하기 위해서 눈 속임도장 즉 도장한 부품의 옆면에 색상 도료를 날려서 도장하는 것을 의미하며, 부분보수도장(Fade out = Spot)은 상처난 부위만 색도장하는 하는 것을 말하며 다음과 같이 구분한다.

1. 전체도장(All painting)

자동차 전체를 도장하는 것을 말하며, 색상 교체 또는 도막의 내후성 불량 시 도장한다.

2. 부품도장(Block coating)

사고로 인해 부품을 교체하여 도장하는 것을 말하며, 이때 색상을 정확히 맞추어 도장해야 한다.

3. 눈 속임 도장(Blending coating)

손상된 부품(앞문짝)을 도장할 때 이색을 방지하기 위해서 뒷문과 휀다의 일부에 색 도료를 날려서 도장하는 것을 말한다.

4. 부분보수도장(Fade out)

자동차의 상처 부위만 도장하는 것을 말하며, 자동차 보수도장의 최고의 도장 기술이다.

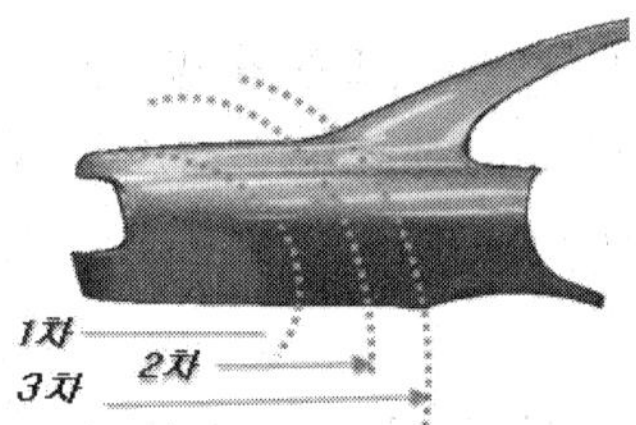

유류성도료로 도장 시 까다로웠으나 친환경 도료인 수용성 베이스 색 도료는 도장 작업성이 우수하다.

1) 보수도장 공정의 개요

앞에서도 언급하였지만 자동차 보수도장 공정에 따른 도료의 선택은 상기의 도장 형태와 고객만족과 품질보증의 중요함을 인식하기 위해서 다음 사항을 숙지할 필요가 있다.

보수정도 / 공정	경상	중상		교환
	긁힘, 칩핑 등	사고에 의한 분화구	볏겨짐, 균열 등	
박리, 강판 소지 연마		○	○	
가장자리 연마, 조정	○	△	△	
판금퍼티 도포, 연마 및 면조정		○		
포리솔 퍼티 도포, 연마	△	○		
전착 프라이머 초벌 연마				○
프라이머 서페이서 도장	○	○	○	△
마무리 퍼티 도포, 연마	△	△	△	
프라이머 서페이서 연마, 구도막 초벌 연마	○	○	○	△
상도도장	○	○	○	○
광내기(포리싱 연마)	△	△	△	△

* ○ : 실시, △ : 상황에 따라서 공정 중 탈지, 청소, 마스킹, 건조 공정은 생략

2) 보수도장 공정과 작업 내용

자동차 보수도장에 대해 기본적인 공정을 하지조정과 상도도장의 부품도장과 부분보수도장(Fade out)의 각 공정만 이해하고 구체적인 작업요령에 대한 집중 훈련은 "3.3 보수도장 공정별 작업 요령"에서 상세하게 다루고자 한다.

(1) 하지 조정 작업(기한재 홈페이지 : www.kihanjae.com 일반자료실 참조)

① 상처난 부위의 구도막 박리
디스크 연마기에 #40~80번 연마지

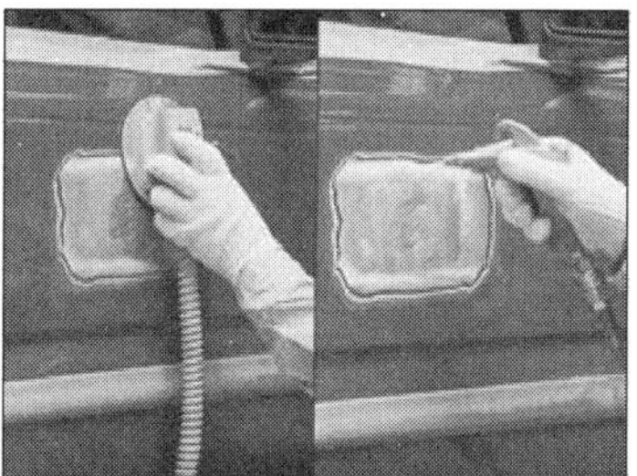

② 청소 : 에어더스트 건과
흡진파일로 연마 찌꺼기 제거

③ 탈지 : 탈지제
(실리콘오프)로 탈지

④ 판금퍼티(아연퍼티) 도포
가능하면 구도막에 도포금지

⑤ 건조 : 20℃×30분~1시간 이내

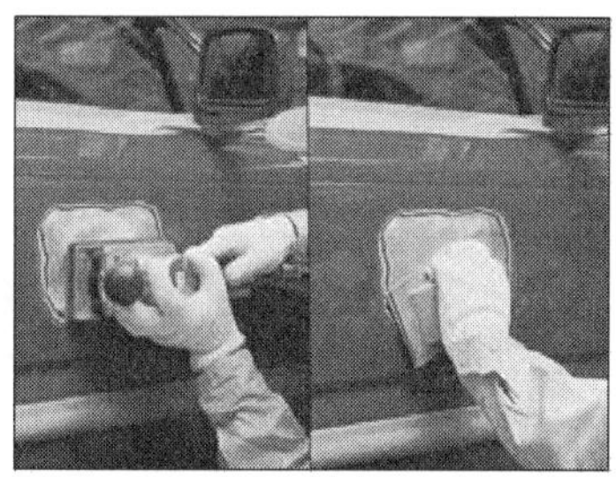

⑥ 연마:오비탈 연마기(#80~120번),
파일(#120번 연마지)

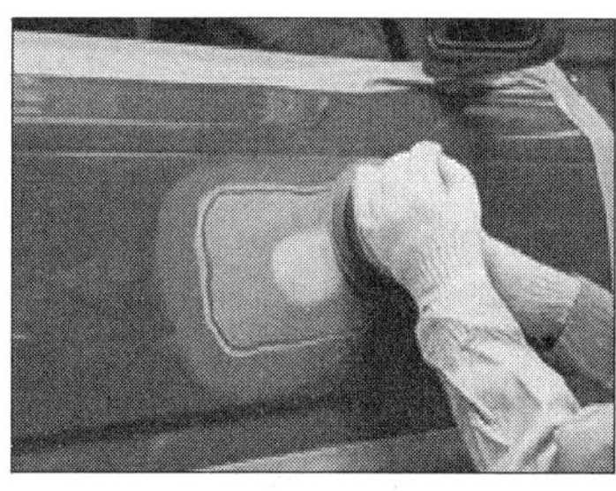

⑦ 가장자리연마: 더블액션
연마기(#120번 연마지)

⑧ 청소: 에어더스트 건과 흡진파일로
연마찌꺼기 제거

⑨ 탈지 : 탈지제(실리콘오프)로 탈지

⑩ 포리솔퍼티 도포 : 가능하면 구도막에 도포하지 말 것

⑪ 건조: 20℃×1시간 이내

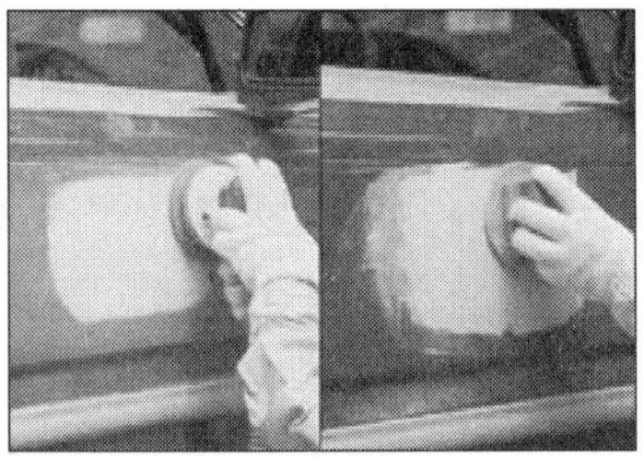

⑫ 연마 : 더블액션연마기(#120~180번), 흡진파일(#180)

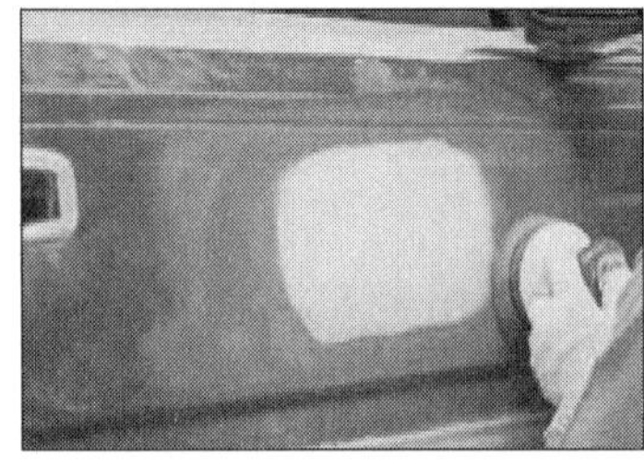

⑬ 프라이머 서페이서 도포면 연마 : 도장부위보다 넓게 초벌연마 (약 20㎝ 정도)

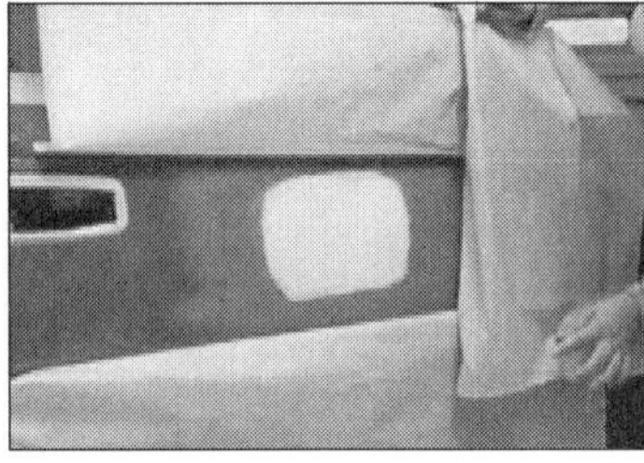

⑭ 마스킹: 도장 범위보다 넓게

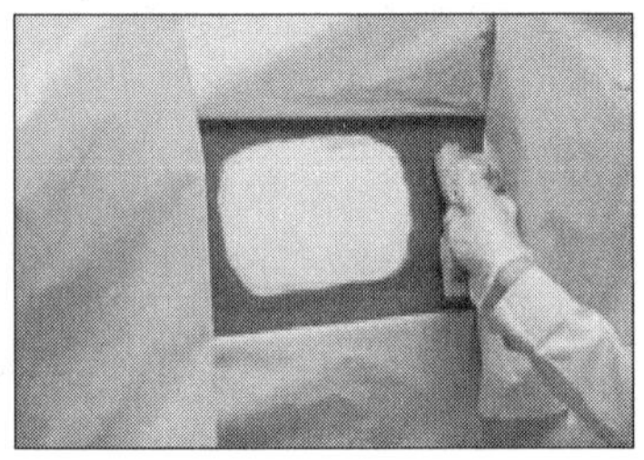

⑮ 탈지 : 탈지제로 탈지

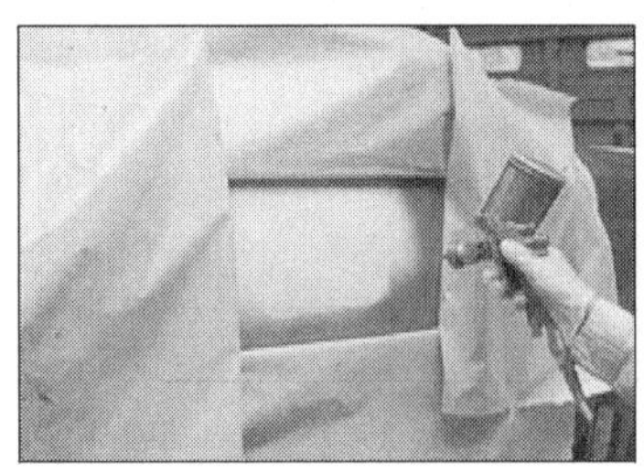

⑯ 프라이머 서페이서 도장 : (안에서 밖으로 넓히면서)

⑰ 건조: 20℃×1시간 또는 60℃×20분 이내

⑱ 가이드코트 도장 : 굴곡, 요철, 기포 등 확인

⑲ 프라이머 서페이서면 연마
- 공연마(더블액션연마기, #240, 320, 400~600번 순
- 水연마(파일) #320, 400, 600~800번 순

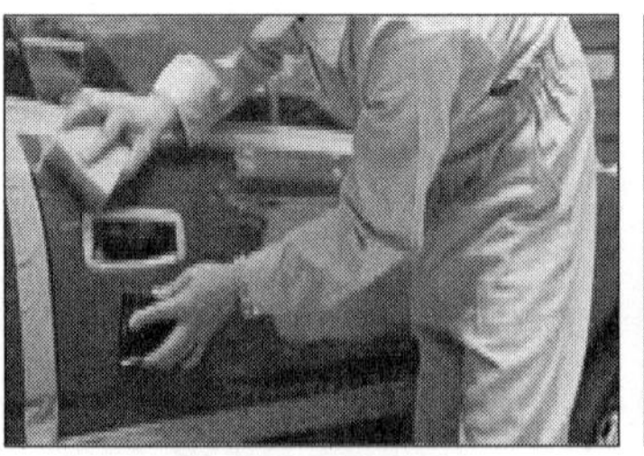

⑳ 색상 도장할 면 연마 :
블록도장-파일#400~600번
블랜딩도장-콤파운드#1000번

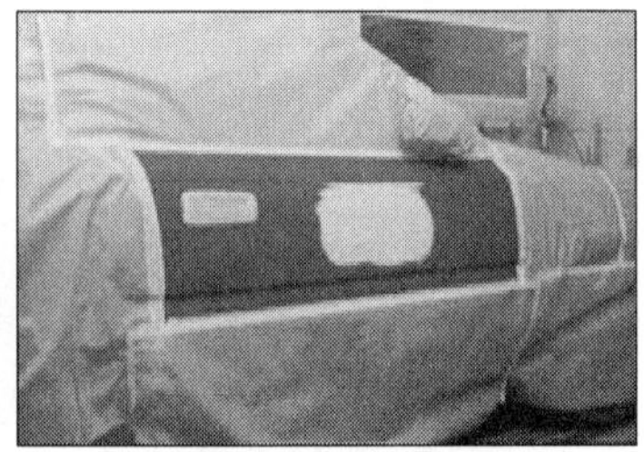

㉑ 마스킹 : 양옆 이중으로

㉒ 탈지 : 도장할 부위 탈지제 (실리콘오프)로 탈지

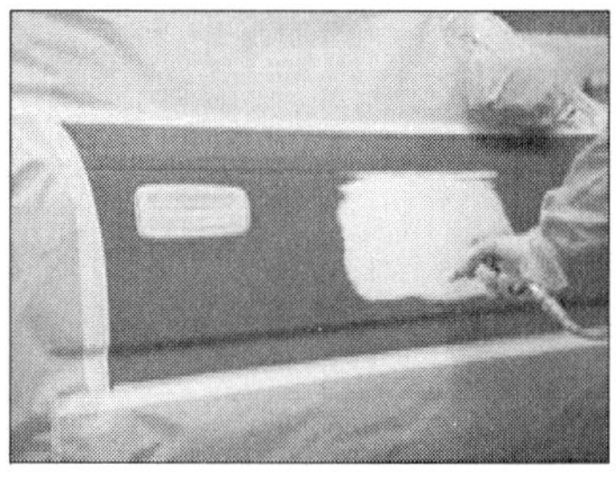

㉓ 공기불어내기 : 먼지, 물등 제거(에어더스트 건)

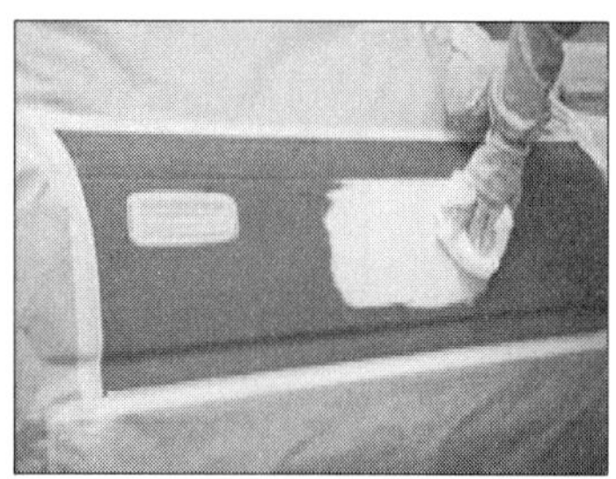

㉔ 먼지제거 : 송진포(텍크크로스)로 이물질 제거

(2) 보수도장 공정과 작업내용 – 부품도장(블럭도장)

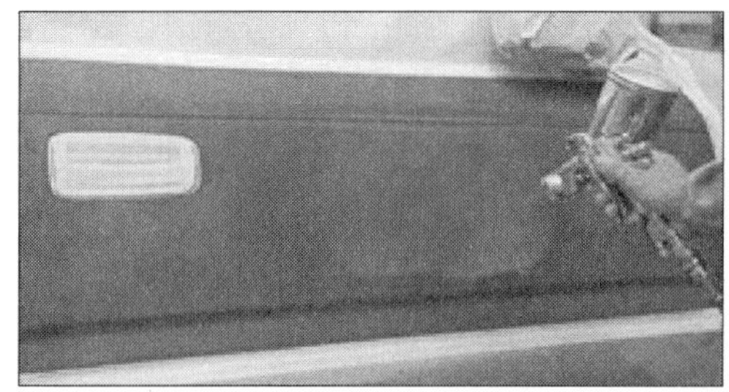

㉕ 색상 초벌도장 : 프라이머 서페이서 면부터 도장, 후레쉬 타임 1~2분

㉖ 색상도장 : 부품 전체면 균일하게 도장 후레쉬 타임 4~5분

㉗ 마감도장 : 외관을 보아 매끄럽게 1회 도장

㉘ 건조 : 지촉건조(셋팅) 후 80℃×30분

㉙ 광택내기(포리싱 작업)

(3) 부분보수 도장의 경우

솔리드 색상은 훈련으로 가능하지만 메탈릭이나 펄 색상은 조금만 부족해도 가장자리의 흑점, 오렌지 필, 이색 등의 불만이 생기기 쉬우므로 많은 경험에 의한 숙달이 필요하다.

① 색상도장 부위의 가장자리가 중첩되고 얇게 프라이머 투명을 1회 도장한다. 후레쉬타임 1~2분 정도

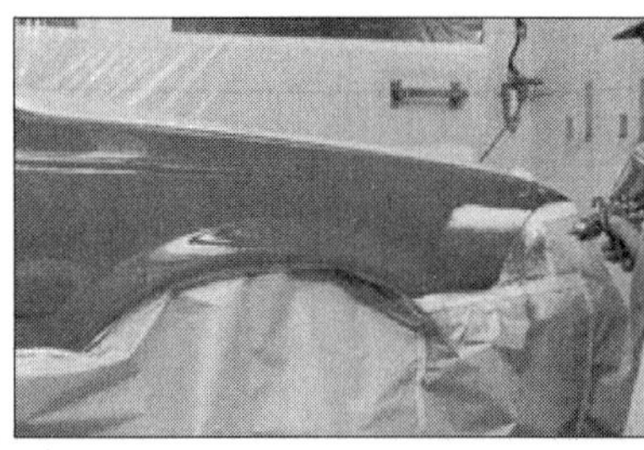

② 색상 초벌도장 : 프라이머 서페이서 도장면에 2회 도장, 후레쉬 타임 1~2분

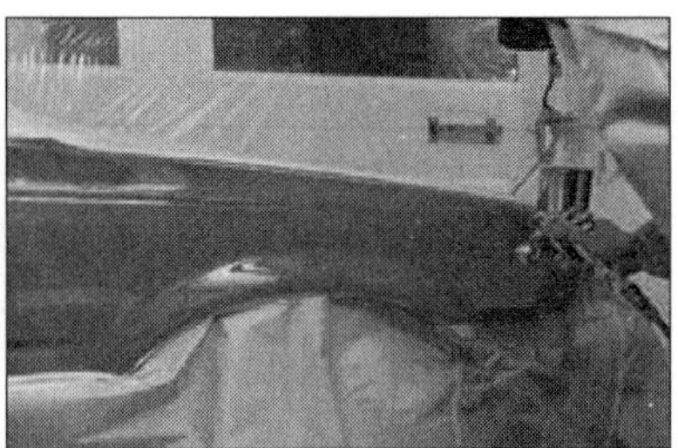

③ 색상도장 : 약간씩 넓혀가면서 2~3회 도장, 후레쉬 타임 2~3분

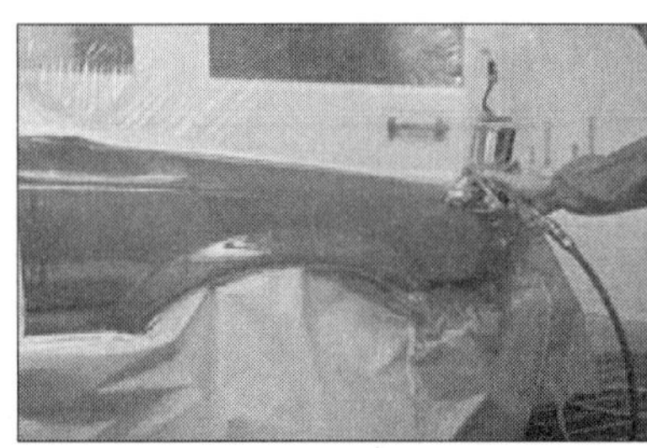

④ 마감도장 : 외관을 보아 매끄럽게 1~2회 도장(약간씩 넓게/5㎝ 정도)

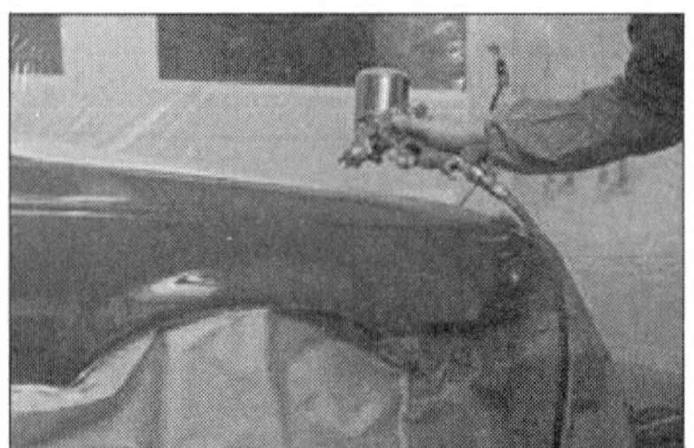

⑤ 부분보수도장면 조정 : 면조정 희석제를 2~3회 도장하여 가장자리를 매끄럽게 한다.

⑥ 광택내기(포리싱작업)

* 이 부분보수도장(Fade out)은 칼라 매칭과 더불어 원가절감, 환경오염 저하, 도장 기술력향상 측면에서 매우 중요한 기술이므로 "3.11 부분보수(Fade out)도장(塗裝) 기술"에서 숙달되도록 훈련과 경험을 쌓아 도장기술을 습득한다.

3.3 보수도장 공정별 작업 요령

1. 구도막 박리 기술

종전에는 구도막에 도막박리제(Remover)를 사용해서 철판으로 부터 도막을 박리(벗겨냄)하였다. 도막박리제는 강산(염산)이 들어있어 인체에 해롭기 때문에 환기 잘 통하는 곳에서 주의 깊게 사용해야 한다. 최근에는 도막 박리용 연마기를 사용해서 손쉽게 도막을 박리할 수 있기에 친환경 구도막 박리 요령을 습득하여 사용한다.

[필요용구]

(1) 단순회전 샌더(디스크 센더)-UHP2700과 동등 제품) : 1대

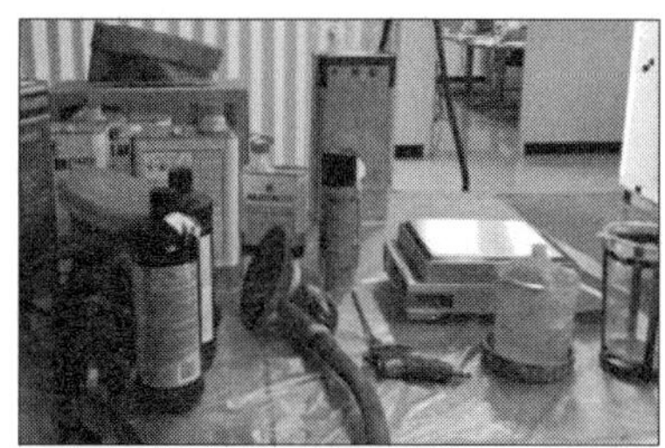

(2) 매직샌드페이퍼(흡착식) : 약간

(3) 방진안경 : 1개

(4) 방진마스크 : 1개

(5) 면장갑 : 1켤레

(6) 흡진파일(동등 제품) : 1대

(7) 마크 펜 또는 색연필 : 1개

(8) 흰 면 걸레(가재) : 약간

(9) 중고 판넬 : 1개

(10) 도막 박리제(Remover) : 1G/A

(11) 붓, 양동이 : 각 1개

(12) 마스킹 테이프와 양생지 : 약간

(13) 물, 걸레 : 약간

* (10)~(13)항은 도막 박리제 사용 시 필요 용구이다.

A. 도막 박리 요령

1) 박리제에 의한 박리 - 넓은 면적의 박리에 적합하며, 사용이 감소하고 있다.

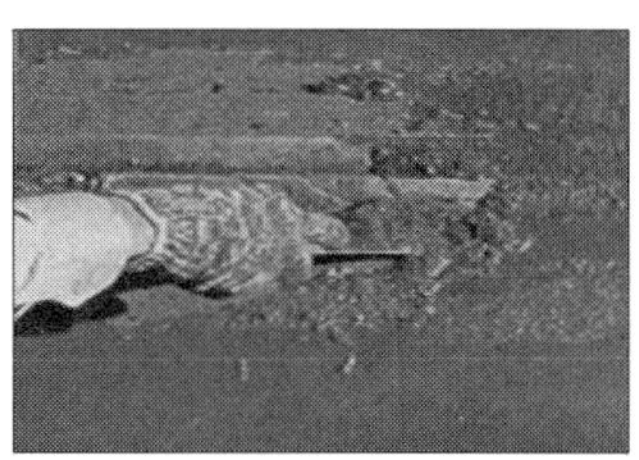

① 테이프와 양생지로 마스킹 작업

② 붓으로 박리제 도포

③ 주걱으로 박리 작업

④ 물 세척 → 건조 → 탈지

⑤ 미 박리된 부분(마스킹) → 디스크 연마기로 박리(연마지 #40~80 사용)

* 주의 : 박리제가 눈이나 피부에 접촉되면 심한 통증(화끈거림, 열)을 일으키고 손상되므로 필히 보호 크림과 보호구를 착용해야 한다.

2) 샌딩에 의한 박리 - 부분적으로 작은 면적의 박리(벗겨냄)에 적합하다.

① 디스크 연마기에 #40~60번 연마지를 부착해서 박리한다.

② 디스크 연마기에 #50~80번 연마지로 변경하여 박리하면서 스크렛치 메꿈 연마한다.

③ 더블액션 연마기에 #120번 연마지를 불여서, 연마자국과 가장자리 단 낮추기(턱 없앰) 연마를 한다.

공정에 따른 연마지 선택은 다음과 같다.

연마공정	도막 박리	판금퍼티 작업면	일반용 퍼티 작업 면	
연마용 연마지	#40~80번	#80~120번	#120~180번	#240번
메꿈용 연마지	#120번	#120번	#240번	#320번

B. 작업공정 - 연마에 의한 박리

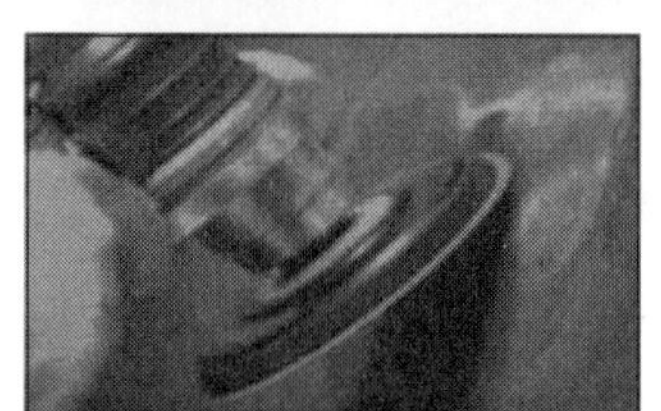

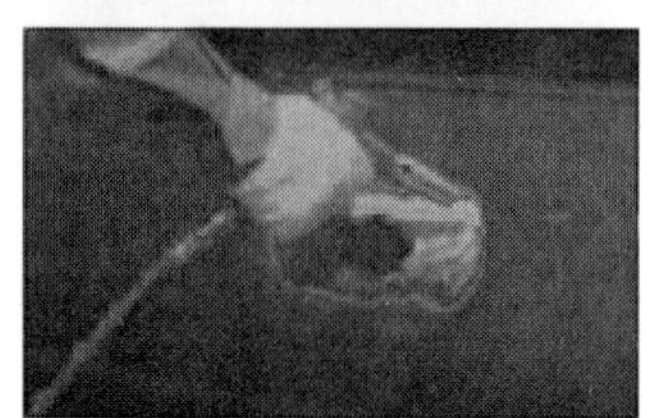

[참고사항]

a. 중고(中古)판넬의 박리할 곳을 표시한다.

b. 단순 회전 연마기의 사용 방법을 습득하고, 박리 작업 요령을 터득한다.

c. 표시(마크)된 부분만을 박리해야 한다.

[작업요령]

(1) 연마기(샌더)의 준비 : 단순(싱글)회전 연마기에 # 60번 연마지(Sand paper)를 패드에 부착시킨다.

(2) 박리 작업 : 연마기의 사용 요령을 잘 습득해야 기계의 수명이 길어진다.

① 연마기의 패드 면을 약 15° 경사지게 해서 손상 부위(박리면)에 닿게 한다.

② 회전할 때 연마기가 튕겨 나가지 않을 정도로 힘을 준다.

③ 연마기를 일정한 방향으로 천천히 끌어당기는 것처럼 여러 번 나누어서 박리(도막을 벗겨 냄) 작업을 실시한다.

④ 요철(凹凸) 부위는 패드를 약 45° 이상으로 세워서, 그 끝부분을 깎아낸다.

(3) 청소 : 흡진파일 또는 공기불어내기(Air Blowing)으로 도막의 분진을 완전히 제거한다.

* 이때, 박리된 상태, 용구 사용 후 처리과정, 연마가루의 제거 상태를 검토하여 숙달되도록 한다.

아래의 기준에 합격되면 도장 기술자(강사)는 다음 과정을 교육한다.
* 박리되지 않은 부분은 없는가?
* 작업 속도가 합격 기준에 도달해져 있는가?
* 용구의 후속 조치(청소에서 정리정돈 까지)를 적절히 행하였는가?
* 연마 분말(찌꺼기)의 제거는 적당하게 행해졌는가?

2. 청소와 탈지 기술

도장 작업에 있어서 불만의 원인이 되는 연마찌꺼기, 먼지, 이물질 등을 제거하기 위한 기초적인 작업이며, 상도 도장은 보수 도장의 최종 공정이고, 작업에 의해 외관이 결정되므로 중요한 작업으로 먼지, 유분, 왁스 등을 깨끗이 제거해야 한다.

A. 공기불어내기(Air Blowing)에 의한 청소

[필요용구]

(1) 에어더스트 건 : 1대

(2) 흰 면 헝겊 : 약간의 양

[작업요령]

(1) 에어더스트 건을 에어호스에 연결한다.

(2) 에어압력을 4-5 kg/㎠으로 조정한다.

(3) 작업자 의복의 먼지를 제거한다.

(4) 에어더스트 건을 한 손에 잡고 공기를 불면서 연마찌꺼기, 먼지 등 제거(**다른 손에 흰 면 헝겊을 잡고 소재 면을 문지르면서 행하면 효과적**)한다.

(5) 도장할 부위의 마스킹 페이퍼를 부착할 면이나 몰딩 부분, 문짝 틈새의 사이에 먼지를 제거한다.

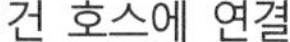

건 호스에 연결

공기압 조절

공기불어내기(물, 먼지 제거)

[작업 시 주의사항]

* 틈새의 에어더스트 건을 가깝게 밀착 시켜서 공기를 불어내야 한다.
  - 필요 시 끝이 뾰족한 것을 사용할 수도 있다.
* 공기를 불면서 2~3회 반복해야 한다.

> 아래와 같이 작업이 합격되면 다음 공정으로 넘어간다.
> * 에어더스트 건의 사용방법은 적절한가?
> * 틈 사이의 먼지, 연마찌꺼기가 완전히 제거 되었는가?
> * 용구의 사용 후처리가 잘 되었는가?

B. 물 세척 및 수절건조 작업에 의한 청소

도장 작업에 있어서 불만의 원인이 되는 연마찌꺼기, 먼지, 물 자국을 제거하기 위한 필수조건의 작업이다.

[필요용구]

(1) 스폰지(약 8×15cm) : 1개

(2) 양동이(물통 : 약 4ℓ 이상의 크기) : 1개

(3) 흰 면 헝겊 : 약간

(4) 에어더스트 건 : 1개

(5) 원적외선 건조기 : 1개

[작업요령]

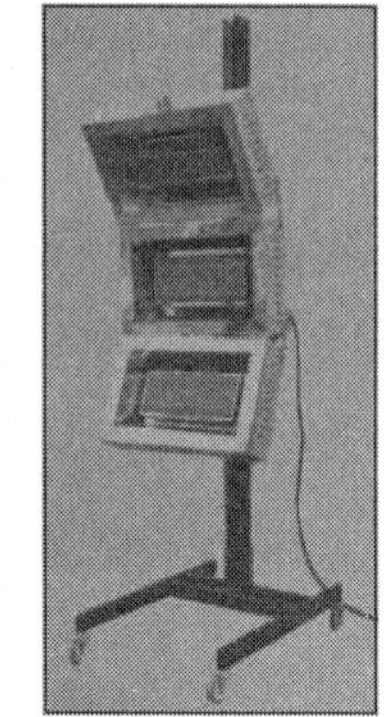

(1) 물 세척 - 연마가루, 먼지 제거

(2) 에어더스트 건(에어압력 : 4~5 kg/㎠)으로 도장할 주변의 물을 날려 보낸다.

(3) 싸이드 몰딩, 도어손잡이 등 틈새에는 에어더스트 건을 밀착시켜서 물방울을 완전히 제거한다.

(4) 양동이의 물을 갈아서 깨끗한 물로 세척한 면 헝겊을 손에 잡고 도장할 부분의 전면을 깨끗이 닦아낸다.

(5) 건조기(원적외선 건조기 등)로 50℃~ 60℃에서 10분 정도 열을 주어서 수분을 완전히 제거한다.

[작업 시 주의사항]

(1) 도장할 때에는 도장할 부위의 판넬을 상온에서 냉각시킨 후 도장해야 되지만, 급한 경우에는 에어로 불어서 냉각시키는 것이 좋다.

(2) 몰딩 부분, 손잡이 부착부분은 에어더스트 건으로 틈새에 공기를 불어 넣어 수분을 말리지 않으면 안 된다.

(3) 도장부위가 열이 있는 상태에서 도장하면 부풀음이 발생된다.

> 아래의 사항에 합격되면 다음 공정으로 넘어간다.
> * 연마 찌꺼기, 먼지 및 수분은 완전히 제거하였는가?
> * 용구의 사용 후 처리가 잘 되었는가?

C. 탈지제(실리콘오프)에 의한 탈지작업

물 세척 후 유분(기름)을 제거하는 작업 요령이다.

도장작업에 있어서 불만 요인이 되는 것을 미리 막기 위해서는 필히 탈지 작업을 행하여야 한다.

[필요공구]

(1) 탈지제(실리콘오프) : 1G/A

(2) 흰 면 헝겊 : 약간 양

(3) 비닐장갑 : 1켤레

[작업요령]

(1) 비닐 장갑을 착용한다.

(2) 탈지제(실리콘오프)를 흰 면 헝겊에 흠뻑 적셔서 도장할 면을 균일하게 이동하면서 문지른다.

(3) 탈지제가 건조되기 전에 별도의 깨끗하고 건조된 면 헝겊을 다른 손에 잡고 문질러 닦아낸다.

(4) 전체적으로 처리한 다음 한 번 더 탈지 작업을 반복한다.

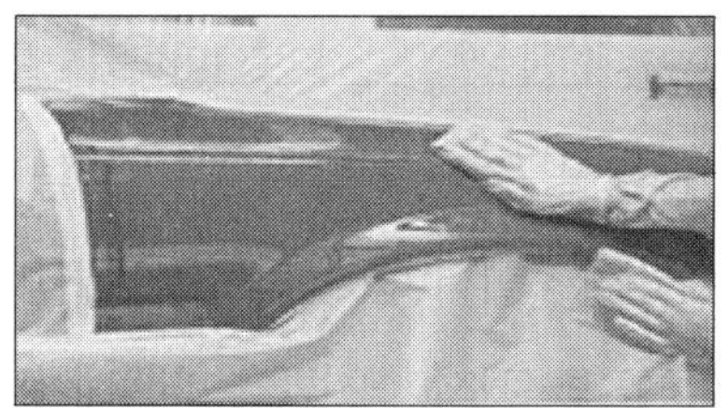

탈지제를 적신 헝겊

깨끗한 마른 헝겊

[작업 시 주의사항]

(1) 맨손으로 작업 할 경우 손에 오염(땀, 기름 등)을 없앨 수가 없다.

(2) 탈지제(실리콘오프)가 떨어지지 않을 정도로 충분히 스며들도록 한다.

(3) 떠오른 유분(기름)을 깨끗하고 건조된 면 헝겊으로 제거한다.

(4) 건조한 면 헝겊으로 제거할 때는 특히 깨끗한 면으로 행할 것.

(5) 제거한 후에 이물질이 남지 않도록 일정하게 행할 것.

(6) 이물질이 남아 있지 않도록 눈으로 확인할 것.

(7) 요철부위도 완전히 탈지 될 수 있도록 확인할 것.

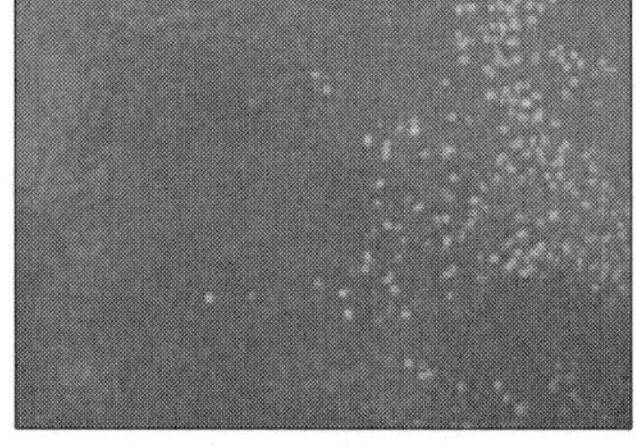

이물질에 의한 크레이터링 발생

(8) 몰딩 부분의 탈지방법도 왁스가 남아 있는 것이 많으므로 탈지제를 솔에 묻혀서 틈새를 문질러야 한다.

(9) 기름이나 왁스가 남아 있으면 크레이터링이나 부착 불량이 발생한다.

아래의 사항에 합격되면 다음 공정으로 넘어간다.
* 탈지제로 닦아낸 자국, 오염(수지 분 등)은 없는가?
* 용구의 사용 후 처리가 잘 되었는가?

D. 송진포(텍크크로스)에 의한 청소 작업 – 티, 먼지 제거

도장하기 직전에 도장할 부분을 청소하는 것으로써 먼지를 완전히 제거하며 도막외관의 티, 분화구(Cratering) 등의 불만요인을 없애기 위한 작업이다.

* 이때 사용되는 송진포는 먼지제거포 또는 텍크레그라고도 한다.

[필요용구]

(1) 송진포(텍크 크로스) : 약간의 양

[작업요령]

(1) 송진포(텍크크로스)을 봉투에서 꺼낸다.

(2) 송진포(텍크크로스)을 한번에 전체를 펼친다. 새것으로 할 때는 압축시켜서 딱딱하게 되어있으므로 한번 넓게 펼쳐서 접으면 유연하게 된다.

(3) 각을 만들지 않도록 한쪽 손에 잡은 위치의 크기로(4번 접은 상태) 가볍게 둥글게 접는다.

(4) 송진포(텍크크로스)을 한쪽 손에 잡아 청소할 부분에 가볍게 대고 그림과 같이 펼쳐진 모양으로 해서 도장할 면을 2회 반복하여 먼지 제거한다.

(5) 먼지제거 작업이 끝나면 먼지제거포를 먼지, 이물질이 붙지 않도록 용기에 넣어서 보관한다.

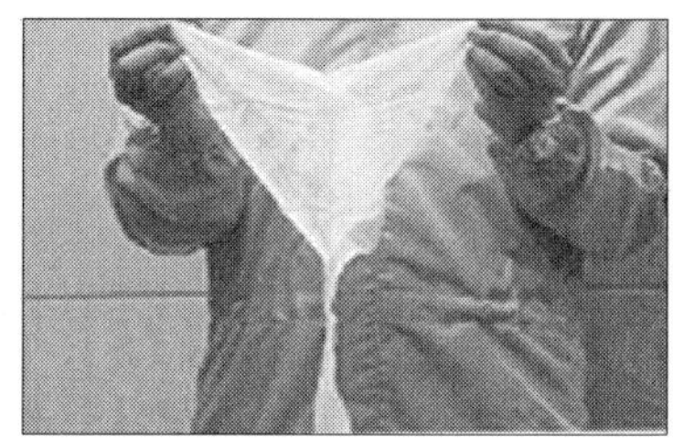

한 장을 넓게 편다

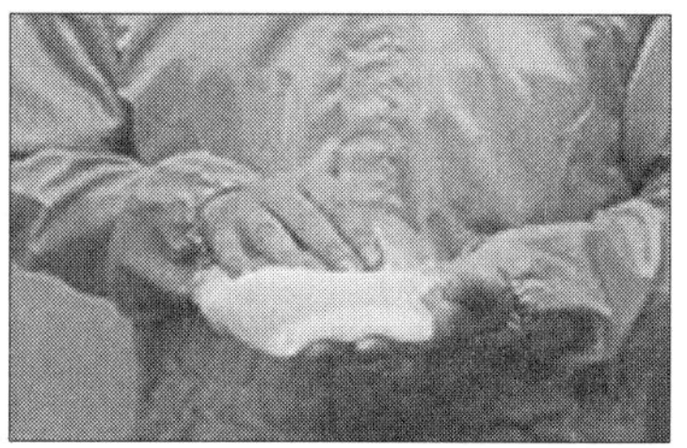

가볍게 접어 둥글게 한다

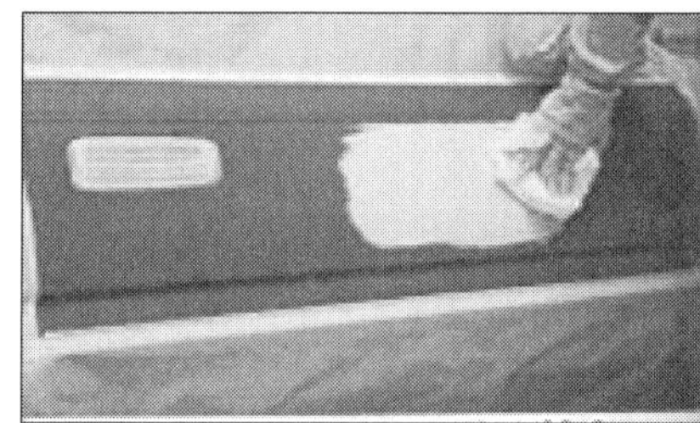

가볍게 문칠러 닦아낸다

보관

[작업 시 주의사항]

(1) 닦는 방향은 횡(橫)방향으로, 위에서 아래로, 먼 곳에서 손이 가까운 쪽으로 이동한다.

(2) 오염이 심하게 되었으면 깨끗한 면으로 바꾸어야 한다.

(3) 강하게 눌러서 닦으면 바니쉬(수지분)가 붙으므로 가볍고 매끄럽게 닦는다.

> 아래의 사항에 합격되면 다음 공정으로 넘어간다.
> * 이물질, 먼지, 탈지 얼룩은 남아 있지 않는가?
> * 도장할 면에 수지 분이 남아 있지 않는가?
> * 용구의 사용 후 처리가 잘 되었는가?

E. 스프레이 건의 세척 작업

도장작업 종류 후에 스프레이 건의 세정 작업을 통해서 도장 준비 작업의 정리 · 정돈 및 기구를 철저하게 취급하는 습관을 갖도록 해야 한다.

[필요기구]

(1) 스프레이 건 : 1대

(2) 세척용 희석제 : 약간(1G/A)

(3) 비닐장갑 : 1켤레

(4) 흰 면 헝겊 : 약간의 양

(5) 솔, 붓, 폴리필렌 컵 : 각 1개

[작업요령]

(1) 스프레이 컵 내의 도료를 지정된 폐도료 용기에 버린다.

(2) 세척용 희석제를 컵에 조금 넣고 붓으로 내면과 외면의 도료를 세척한다.

(3) 스프레이 건의 방아쇠를 당겨서 노즐에 모아져 있는 도료를 뿜어낸다.

* (1)~(3)의 동작을 깨끗하게 될 때까지 반복한다.

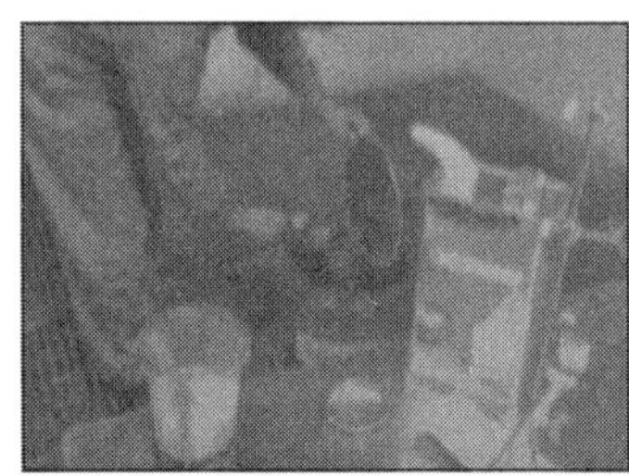

(1) 폐도료 버리기

(2) 컵 내부 세척

(3) 컵 내부의 도료분사

* 폐도료를 뿜어내기 할 때 노즐을 막고 꺼꾸로 회전시킨 다음 뿜어내는것을 반복하는 것이 좋다 - 노즐 내부의 청결하게 청소하기 위한 것

(4) 스프레이 건의 본체를 솔로 세척한다.

(5) 에어 캡을 솔로 세척

(6) 노즐을 솔로 세척

(7) 세척이 완료되면 면 헝겊으로 닦는다.

(8) 스프레이 건을 놓는 위치에 정돈하여 보관한다.

(4) 컵 외부 세척

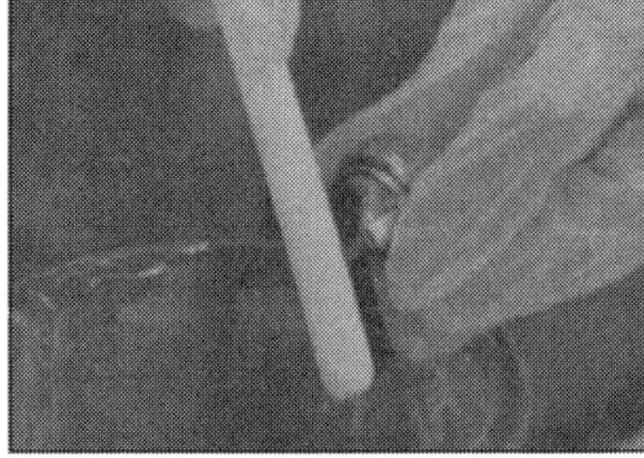
(5) 노즐 캡 세척

(6) 노즐 세척

[작업 시 주의사항]

(1) 에어 노즐의 선단부를 내리치거나 상처가 나지 않도록 주의한다.

(2) 특히 노즐 안과 에어 캡의 청소는 정성 들여서 해야 한다.

(3) 처음에는 선배의 사용한 스프레이 건도 세척한다.

아래의 사항에 합격되면 다음 공정으로 넘어간다.
* 스프레이 건은 적절하게 세척되었는가?
* 세척 후 스프레이 건의 조립은 적절하고 보관은 정 위치에 하였는가?
* 작업 속도는 기준에 합격하였는가?

3. 퍼티(Putty) 도포와 연마 기술

이 장에서는 퍼티를 작업하는 요령과 퍼티면의 연마는 어떻게 하는 것이 가장 효율적이며 좋은 방법인지를 생각하면서 업무의 표준화를 이루도록 재검토하는 것이 좋다. 퍼티의 작업이 도장기술 중에서 보이지 않는 중요한 작업임을 명심해야 할 것이다.

1) 퍼티 도포의 기본 연습(1)

중고 트렁크 판넬을 #120번 연마지로 표면을 연마한 다음 탈지제(실리콘 오프)로 탈지한 후에, 1.2cm 넓이의 테이프를 그림과 같은 모양으로 붙인다.

좌 · 우 테이프에는 매직펜으로, 나무 또는 플라스틱 주걱(헤라)의 폭에 반(1/2) 정도로 선을 긋는다.

* 퍼티의 도포기술은 경화제를 넣지 않은 상태에서 지정된 판넬 위에서 연습하는 것이 좋습니다.

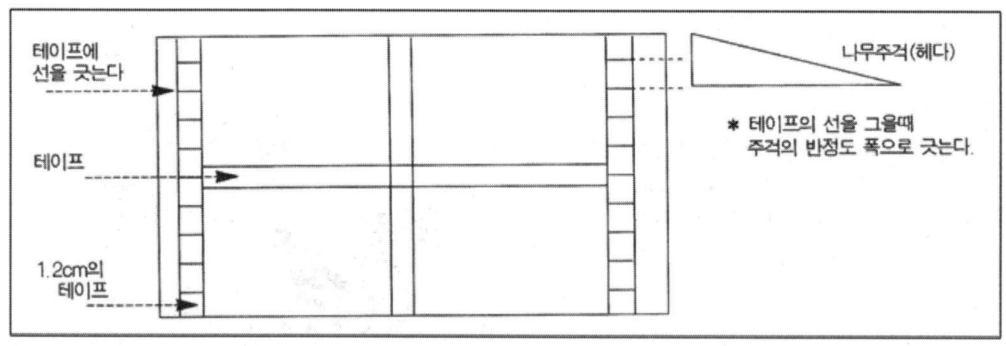

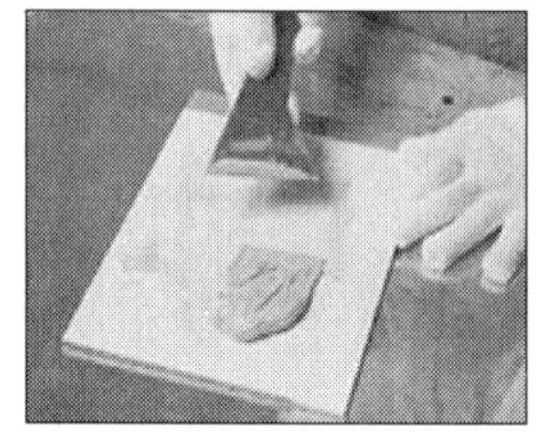
주걱으로 퍼티 취급

퍼티 중첩 폭

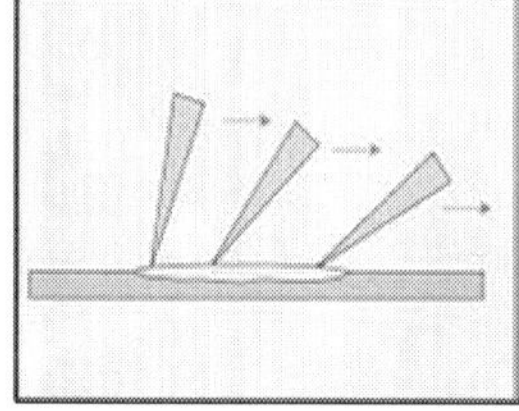
주걱 작업 요령

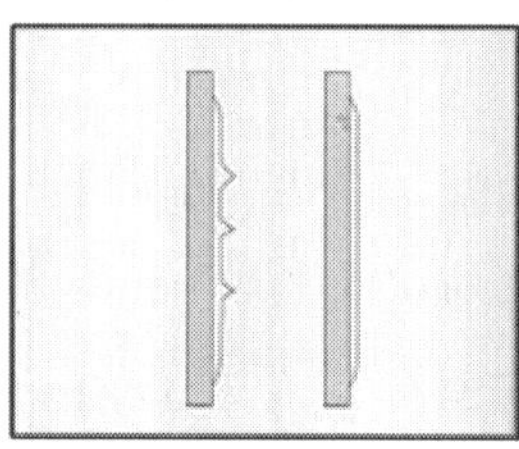
주걱 마무리

[필요용구]

(1) 포리솔 퍼티(일반, 사상용) : 1G/A

(2) 탈지제(실리콘오프) : 1G/A

(3) 주걱(나무 또는 플라스틱, 고무) : 1개

(4) 퍼티 혼합 판넬(정반) : 1개

(5) 교반봉 또는 스페튤라 : 1개

(6) 내수 면마지(샌드페이퍼) : 약간

(7) 솔(용제에 녹지 않는 것) : 1~2개

(8) 마스킹 테이프 : 약간

(9) 세척용 희석제 : 약간

(10) 면 헝겊 : 약간

퍼티(주제) 교반

[작업요령(동작순서)]

(1) 퍼티 주제(베이스)를 꺼낸다.

① 퍼티 주제를 뚜껑을 열고, 스페튤라(교반봉)으로 교반한다.

[참고사항]

a. 퍼티의 주제가 상층 부위에 수지분(보라빛 또는 적갈색)이 떠올라 있을 때는 교반봉을 상하로 움직여 충분히 저어 균일하게 해준 후 사용하는 것이 좋다.

b. 잘 교반되어있는지 아닌지는 색깔(퍼티의 색상)로 확인한다.

② 퍼티 주제를 퍼티 혼합 판넬에 도포할 필요한 양만큼 꺼내서 놓는다.

2) 중고 판넬의 준비된 곳에 퍼티(빠데) 도포

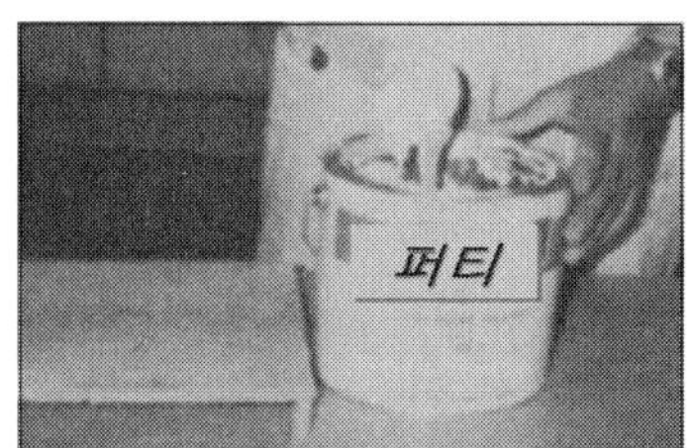

① 주걱의 선정 : 플라스틱 주걱(헤라) → 비교적 큰 면적으로 평면 부분에 사용한다(나무 주걱도 같음).

[참고사항]

a. 퍼티 주걱의 끝선 부분이 요철(凹凸)이 없고, 직선으로 되어 있어야 한다.

b. 요철(凹凸)이 있는 경우는 평편한 바닥 또는 수평인 선반 위에 연마지(320목)을 놓고 수직선으로 움직여서 직선이 되도록 주걱을 연마한 다음, #600번 연마지로 표면에 매끄럽게 연마한다.

② 주걱을 잡는 방법

- 플라스틱 주걱 또는 나무 주걱

→ 주걱의 중앙부분보다 약간 밑 부분을 잡는다. 주걱의 끝 선에 힘이 들어갈 정도의 위치에 확실히 잡아야 한다.

- 고무주걱 → 사진과 같이 잡는다.

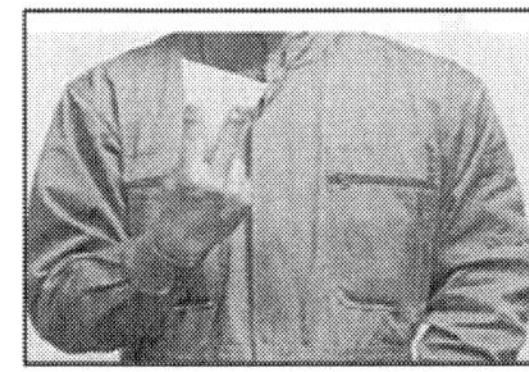

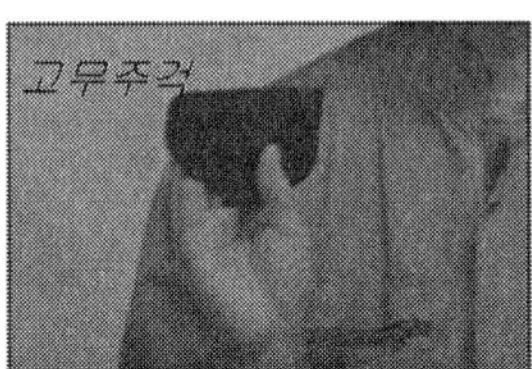

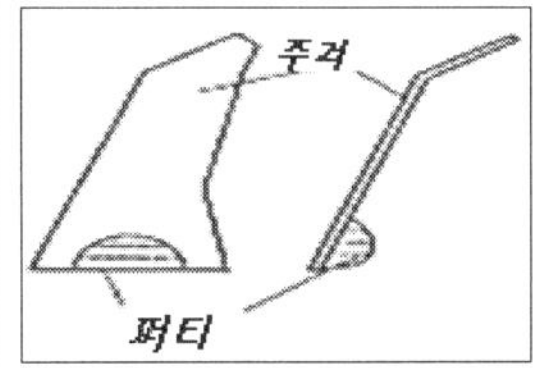

③ 퍼티 도포(부착)의 기본연습

ⓐ 퍼티 혼합 판넬에서 주걱에 퍼티를 취한다(주걱에 묻힌다.).이때, 퍼티는 주걱의 중앙에 2/3 위치에 있도록 한다. 전면에 퍼티를 얇고 균일하게 힘주어 부착한다.

ⓑ 이 작업을 일본에서는 "시고끼 즈께"라고 하며, 퍼티를 얇게, 힘주어 문질러 바르는 것이다. 이때, 주걱을 세운 느낌으로, 힘을 주어서 얇게 도포한다.

ⓒ 퍼티를 나누는 요령을 행한다.

ⓓ 부착 초기에는 주걱을 세운 기분(약 45°)으로 천천히 헤라를 눕히면서(최종은 약 15°) 표면을 평활하게 한다. 이때, 초기에는 최종까지 퍼티가 부족한 곳을 채우는 부착요령을 습득한다.

ⓔ 퍼티의 중복 도장 연습 : 1/2중복. 퍼티 사이의 단 차이(주걱메꿈성)를 적게 될 수 있도록 부착한다.

ⓕ 주걱 메꿈성 부착의 연습 : 주걱에 붙어있는 퍼티를 퍼티 혼합 판넬에 힘주어 눌러서 떼어 내면서, 주걱으로 메꿈 부위를 누르는 것처럼 행해서 전체를 고르게 한다.

* 이와 같이 퍼티 부착요령을 습득할 때까지, 연습을반복한다.

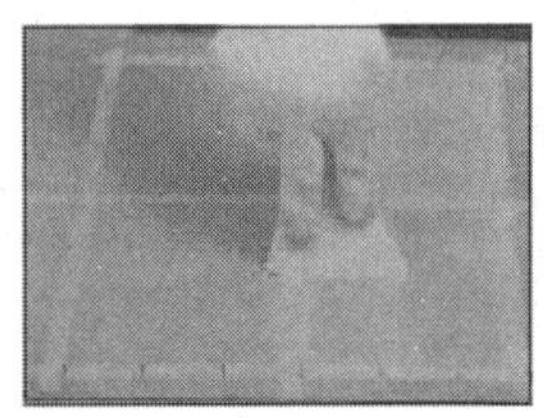
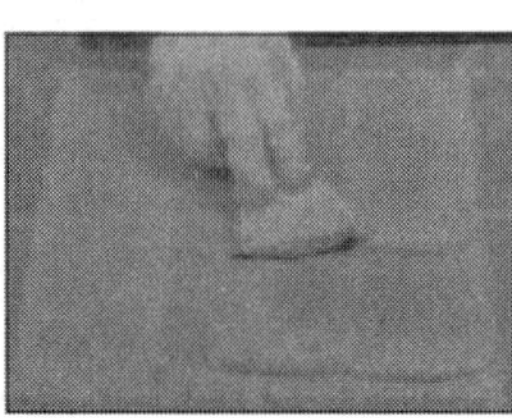

주걱을 움직이는 형태
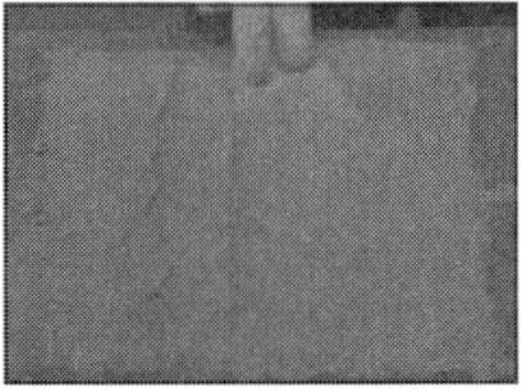

④ 마무리 작업

주걱과 퍼티 혼합 판넬을 세척하는데 작업 종료 직후에 세척용 희석제로 퍼티를 완전히 닦아낸다.

2) 퍼티 도포의 기본 연습(2)

중고 판넬을 #120번 연마지로 표면연마 해 놓는다. 퍼티를 경화제와 반죽하여 잘 섞은 다음, 균일하게 주걱으로 부착 할 수 있을 때까지, 지정된 판넬 위에다 연습을 하는 것이 중요하다.

[필요용구]

(1) 포리솔 퍼티 : 1G/A

(2) 포리솔 퍼티 경화제 : 1개

(3) 플라스틱 주걱(또는 나무주걱) :1개

(4) 퍼티 혼합 판넬(정반) : 1개

(5) 저울 : 1대

(6) 교반봉(스페튤라) : 1개

(7) 마스킹 테이프 : 1개

(8) 솔, 붓 등 : 약간

(9) 세척용 희석제 : 1G/A

(10) 면가제(헝겊) : 약간

[작업요령(동작순서)]

(1) 포리솔 퍼티의 교반과 배합

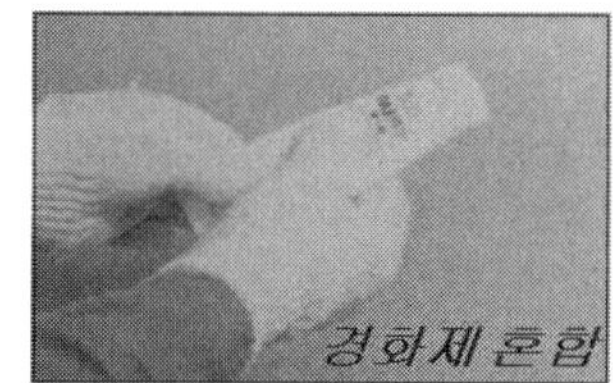

① 포리솔 퍼티(주제) 뚜껑을 열고 교반한다(내용물이 균일하도록 충분히 교반한다.).

② 경화제를 점검할 것

* 일반적으로 포리솔퍼티 경화제는 황색이고, 판금퍼티(아연퍼티) 경화제는 청색 또는 갈색으로 제조사별 색상이 다르며, 경화제의 내용물이 분리되어있는 경우가 있으므로 양손으로 눌러서 손가락 끝으로 점검하여 균일하게 되도록 양손으로 눌러서 사용하는 것이 좋다.

[참고사항]

a. 경화제를 조금 짜 보았을 때, 투명한 액상이 나오지 않도록 할 것

b. 페이스트 상(반죽상)으로 있으면 합격품이다.

③ 저울에 퍼티혼합(반죽)판넬을 올려넣고, 눈금을 “0”으로 맞춘다.

저울의 0점화

④ 퍼티 주제를 스페튤라 또는 교반봉으로 떠낸다.

⑤ 경화제를 퍼티 옆에 짜낸다.

⑥ 배합은 퍼티 주제 : 경화제 = 100 : 2(대부분의 제품이 유사하다)

* 주제와 경화제는 필요양 만큼 덜어내고 필히 뚜껑을 닫을 것

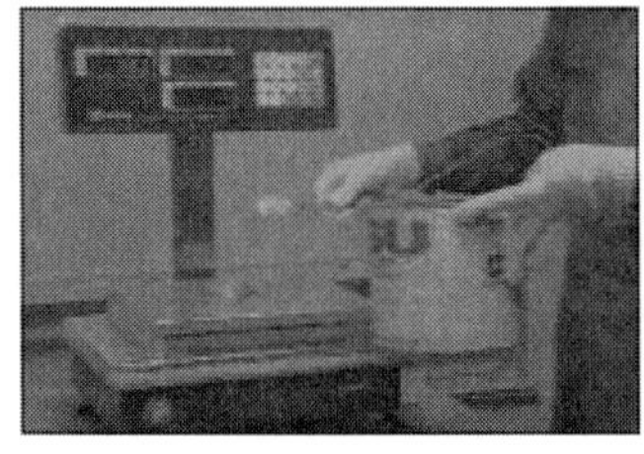
퍼티(주제) 계량

경화제 계량

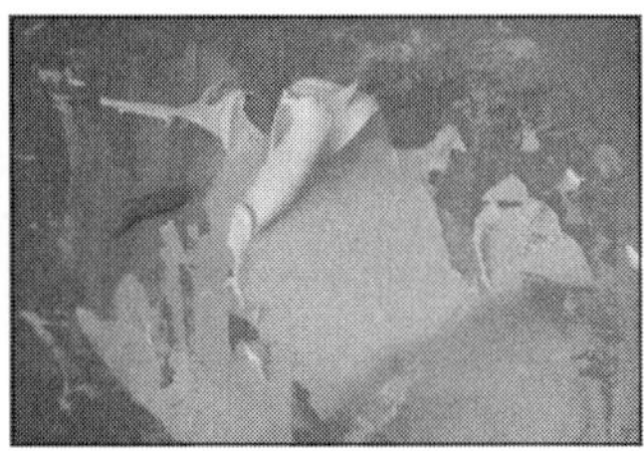
퍼티와 경화제 혼합

(2) 포리솔 퍼티와 경화제의 혼합

① 공기를 감아 넣지 않도록, 주걱(헤라)으로, 균일한 색이 될 때까지 연속해서 섞는다.

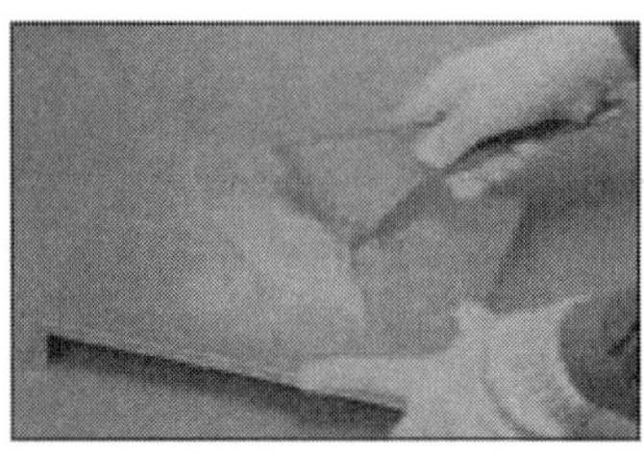
경화제를 주걱 끝부분으로 주제 위로 이동

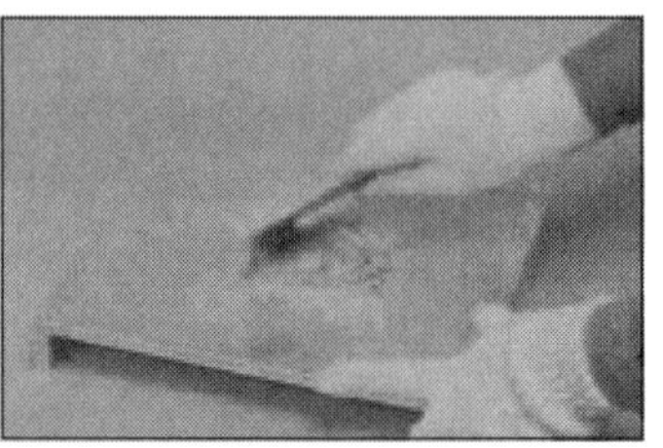
주걱 끝부분을 회전시키면서 경화제를 혼합한다.

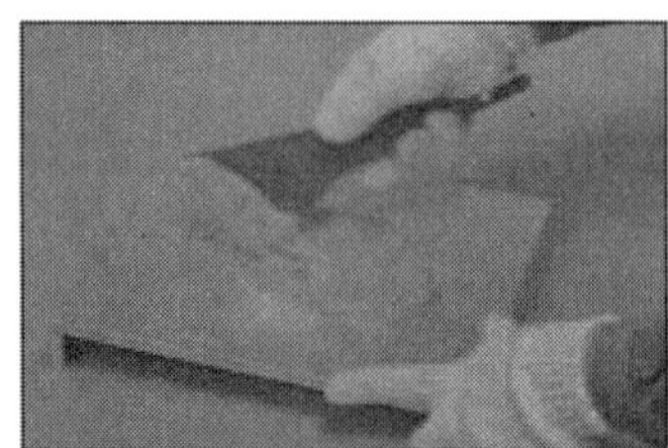
퍼티를 긁어 반전시킨다.

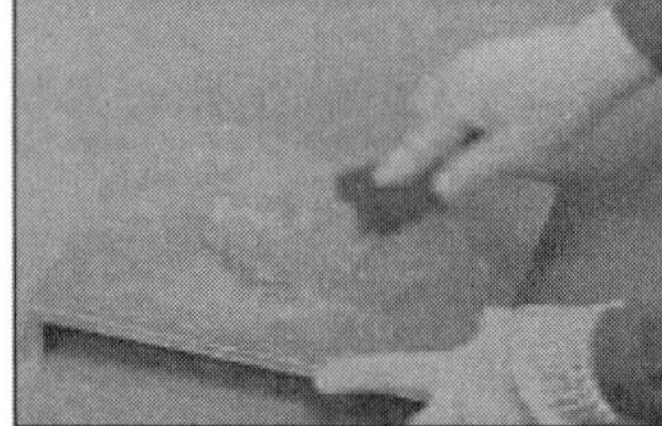
주걱 전체로 퍼티를 혼합한다.

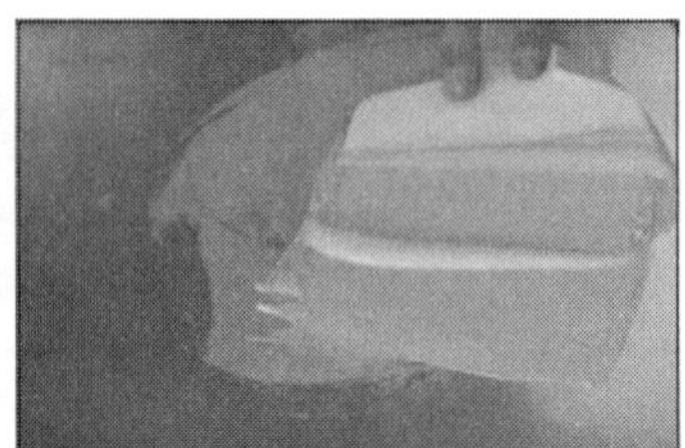
색이 균일하게 될 때까지 연속으로 작업을 실시한다.

* 주의사항 : 일반적으로 퍼티 혼합 후 사용시간(가사시간)이 10분 이내로 작업 시간이내 사용할 만큼만 배합해야 한다.

[참고사항]

a. 한 번에 많은 양을 혼합하면 사용 도중에 굳어 버린다. 퍼티 도포면이 얼마나 되는지 계산하여 필요한 양에 따라서 여러 번 많이 칠하지 않으면 안되는 경우에는 알맞게 여러 번 연속해서 혼합해야 한다.

b. 혼합시간은 30초 이내에 완료할 것

c. 기포가 생기지 않게 할 것 - 기포가 생기면 도막형성 후에 구멍이 뚫린다.

(3) 퍼티부착(도포)의 기본 연습

① 퍼티 혼합 판넬에서 주걱으로 퍼티를 떼어낸다.

② 주걱의 운행각도와 운행속도의 연습

* 주걱의 각도 ⇒ 처음 도포할 때는 주걱을 세우는 기분(약 45°)으로 하고, 천천히 주걱을 눕히는 (최종적으로 약 15°) 방법으로 표면을 평활하게 한다.

참고사항

* 처음부터 마지막까지 퍼티를 도포하여 잘 달라 붙도록 반복해서 연습한다.

③ 퍼티의 중복도장 연습(겹쳐지게 도장) : 1/2 겹쳐지게 퍼티 도포 두께 차이(주걱 메꿈성)가 적게 되도록 도포한다.

④ 퍼티 표면의 고르는 연습 : 주걱에 붙어있는 퍼티를 퍼티판넬(빠데판)에 훑어서 퍼티를 제거한 다음, 주걱을 사용해서 표면을 눌러서 전체 면을 균일하게 고른다.

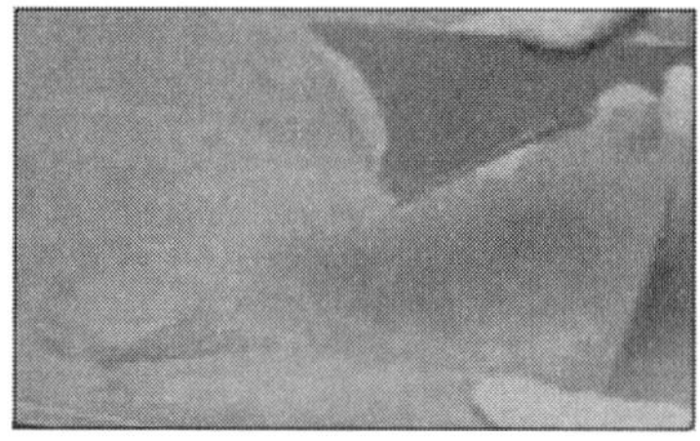

① 퍼티 떼어내기

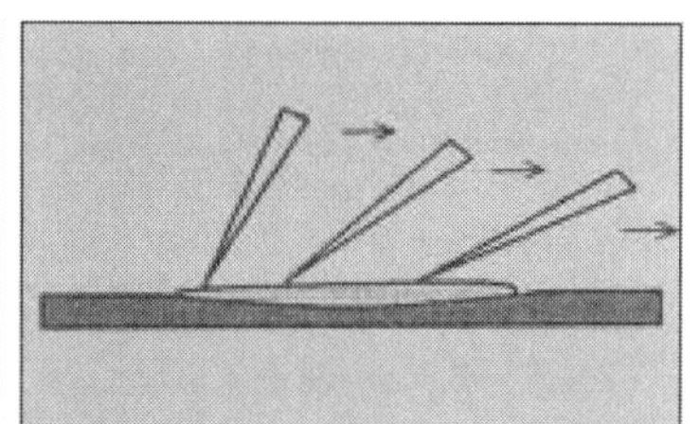

② 주걱의 운행각도와 운행속도의 연습

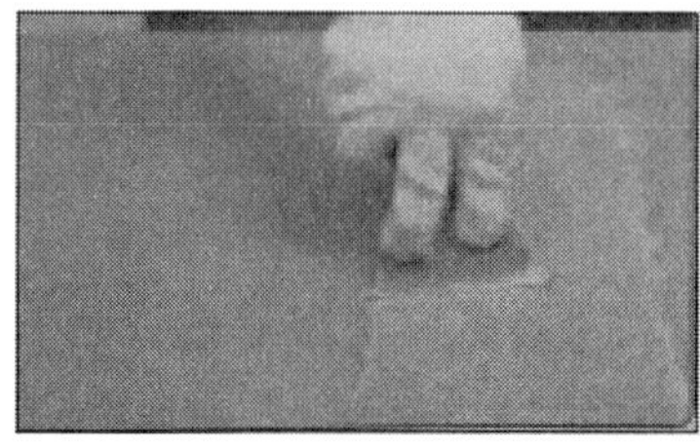

③ 퍼티의 중복도장 연습

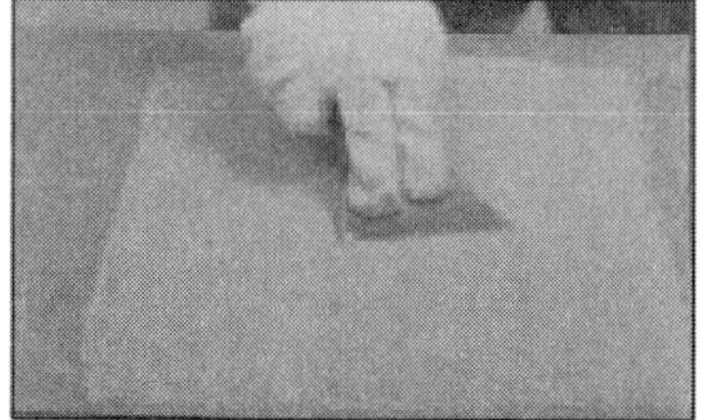

④ 퍼티로 메꿈과 표면 고르는 연습

(4) 마무리 작업(사후처리)

① 주걱과 퍼티 판넬(빠데판)을 깨끗이 청소한다. 작업종료와 동시에 세척용희석제로 퍼티를 완전히 닦아 떼어낸다.

② 퍼티의 폐기처리 : 남은 퍼티는 발열(최고 120℃)하여 화재의 위험이 있으므로 한곳에 모아서 퍼티 폐기 용기(물을 넣은 용기)에 버린다.

* 주의사항 : 혼합된 퍼티를 종이 또는 걸레에 싸서 버릴 경우 화재가 발생하므로 주의해서 버려야 한다.

아래의 기준에 합격되면 도장 기술자(강사)는 다음 과정을 교육한다.
* 퍼티 도포 면이 합격 기준에 도달해 있는가?
* 작업 시 주걱으로 요철을 메꾸는 정도가 합격 기준에 도달해져 있는가?
* 혼합 색이 균일하게 합격 기준에 도달해져 있는가?
* 작업 속도와 균일한 도막 생성이 합격 기준에 도달해져 있는가?
* 용구의 청소에서 정리정돈까지를 적절히 행하였는가?
* 남은 퍼티의 폐기 처리는 적당하게 행하였는가?

3) 판금퍼티(아연퍼티)에 의한 면 만드는 기술

중고 판넬에 판금(아연) 퍼티와 청색의 경화제(튜브)을 잘 혼합하여, 균일하게 주걱으로 도포한 후 평면과 튀어나온 곳에서 가장자리까지 처리하는 기술을 습득한다.

[필요용구]

① 판금(아연, 보디필라) 퍼티: 1G/A

② 판금퍼티 경화제(튜브) : 1개

③ 탈지제(실리콘오프) : 1G/A

④ 플라스틱 주걱(헤라) : 1개

⑤ 퍼티판넬(정반), 저울, 교반봉 : 각1개

⑥ 에어더스트 건 : 1개

⑦ 방진마스크, 방진안경 : 각 1개

⑧ 흰 면가재, 면장갑 : 각 1개

⑨ 세척용 희석제 : 약간

⑩ 기어 쿠션 샌더(905GS. 동등품) : 1대

⑪ 싱글 회전 샌더(UHP-2700)와 동등 이상 제품 : 1대

⑫ 더블 액션 샌더(UP-205B. 동등품) : 1대

⑬ 흡진파일(손으로 연마하는 용구) - 원형, 직사각형 : 각 1대

⑭ 매직 샌드페이퍼(접착 울이 있는 것) : 각 1개

[작업요령(동작순서)]

(1) 구도막의 박리(벗겨냄) : 싱글 회전 샌더에 #60번 연마지를 부착시켜서, 구도막을 벗겨낸다.

(2) 청소 : 흡진화일로 먼지, 연마찌꺼기를 빨아들인다.

(3) 탈지 : 탈지제(실리콘오프)로 표면을 깨끗이 탈지한다.

(1) 구도막 박리

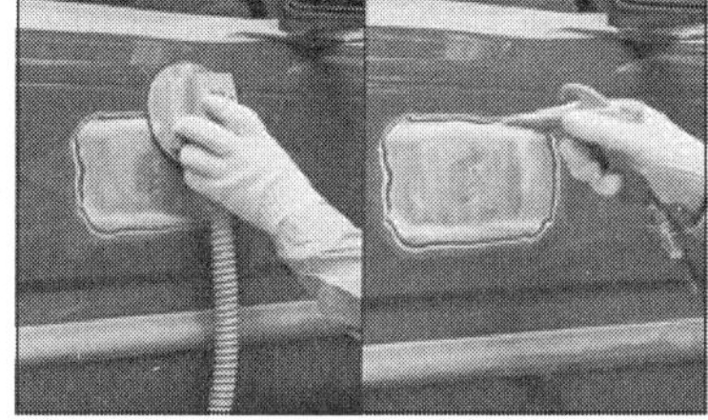
(2) 청소 : 흡진파일

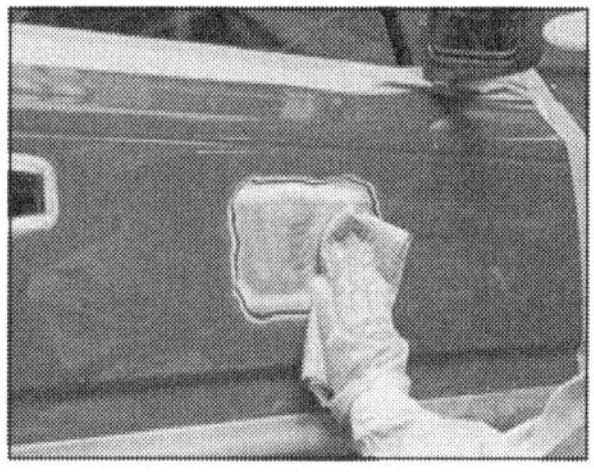
(3) 탈지

(4) 판금(아연)퍼티의 교반과 배합 : 판금퍼티와 경화제를 반죽해서 섞는다. 판금퍼티의 배합 → 판금퍼티(주제) : 경화제 = 100 : 2(중량비)

(5) 판금(아연) 퍼티의 도포

① 퍼티판넬(정반)에 주걱으로 퍼티를 떼어낸다.

② 훑어서 도포 → 1회째는 주걱을 세우는 기분으로(약 45°) 도포하고, 전체를 훑어서 부착한다.

③ 다음에 필요량보다 조금 많게 중복되게 도포한다. 이때, 주걱은 처음에 약 45° 경사지게 해서 서서히 각도를 눕혀서 당긴다. 또한, 구도막에 부착되지 않도록 도포하는 것이 중요하다.

④ 마지막으로, 주걱을 눕히는 기분으로(약15°)해서 주걱 자국을 없애서 표면을매끄럽게 한다. 이때 퍼티 주위는 얇게 되도록 눌러서 도포한다.

* 주의사항
a. 제품에 표시된 사용시간(20℃, 약 6분이내)에 작업이 종료 되도록 할 것
b. 퍼티 작업 회수 단계별로 차이가 없도록 눌러서 도포(부착)할 것

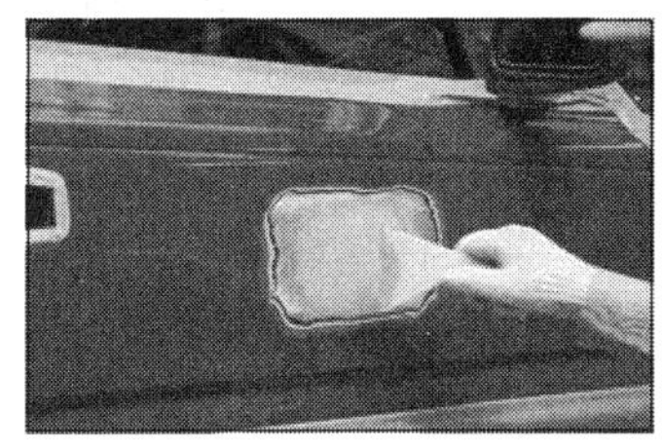
② 판금퍼티 도포

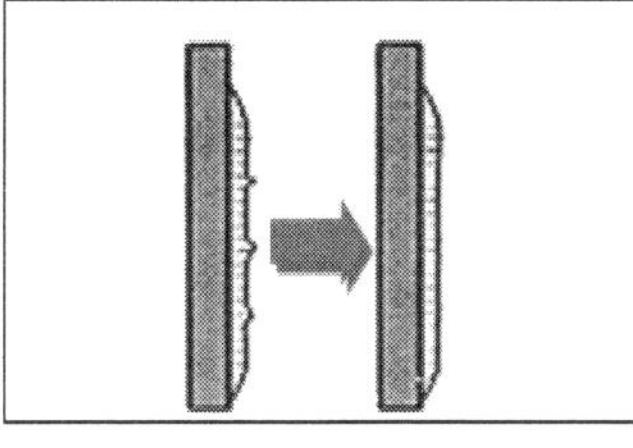
④ 주걱 작업 면 조정

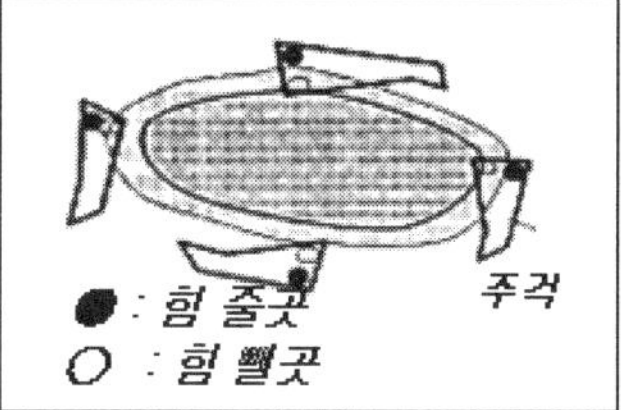

주걱 작업요령

(6) 건조 : 20℃에서 30분 또는 60℃에서 10분간 건조시킨다.

(7) 거친 표면연마(연마기로 연마)

① 기어쿠션 연마기에 #60번 연마지(샌드페이퍼)을 부착한다.

② 연마기 면을 평활하게 닿게 해서, 우선 주걱자국 부분을 연마해서 깎아내고, 연속해서 퍼티 전체 표면을 평활하게 연마한다.

③ 면장갑으로 평활한지 체크하고, 요철이 남아 있으면 재 연마한다.

* 주1. 판금퍼티는 표면이 텍크(달라붙는 성질)가 있으므로 필히 거친 연마지로 표면을 깎아낸다. 최근 개발되는 판금퍼티는 연마성이 향상되고 있다.

(8) 면 만들기를 위한 퍼티 및 퍼티 주위의 연마(손으로 연마)

① 흡진파일에 #80번 연마지를 부착한다.

② 흡진파일을 상·하·좌·우로 이동하면서 퍼티 도포면을 면 장갑의 촉감에 의해 확인하면서 요철(凹凸) 또는 굴곡을 잡는다.

③ 퍼티 주변의 턱이 생기지 않도록, 면장갑(목장갑)으로 체크하면서, 퍼티 사이를 매끄럽게 한다.

① #80번 연마지 부착

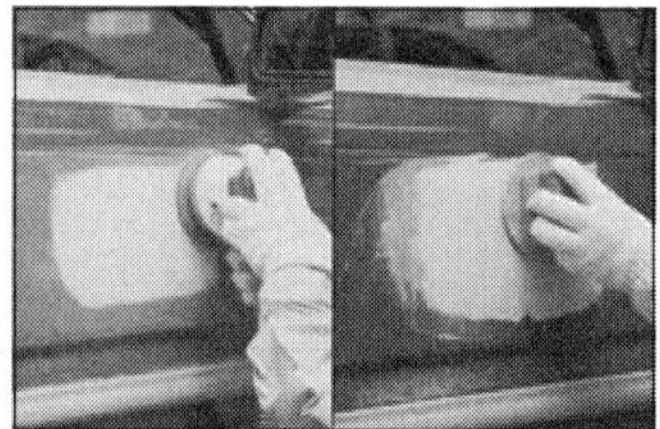

② 연마 및 가장자리조정

③ 가장자리 연마

(9) 구도막의 가장자리 연마(2단계 연마)

① 더블액션 연마기에 #80번 연마지를 부착한다.

② 더블액션 연마기를 평편하게 닿게 해서, 구도막의 방향으로부터 상처 난 중심부분으로 향하게 해서 가볍게 움직여 여러 번(수 회) 나누어서 연마한다.

③ 연마지를 #120번으로 교환해서 ②의 작업을 반복한다. 이때, 작업은 포리솔 퍼티의 초벌도장도 겸해야 한다.

* 참고사항

a. 가장자리부분의 연마 폭(넓이)은 다음 그림과 같이 각 도막층을 약 5mm 정도로 나타나게 하고, 매끄럽게 한다.

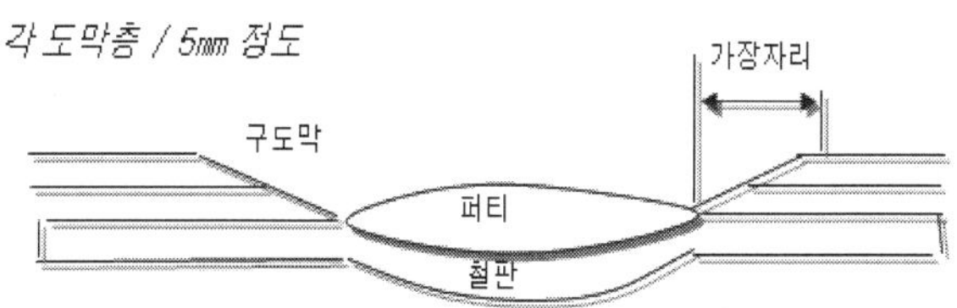

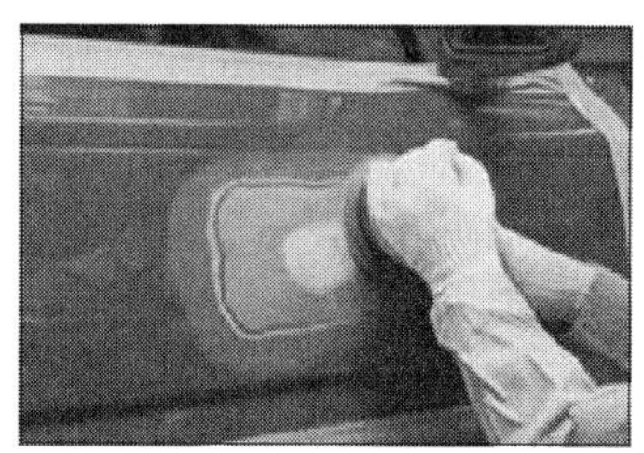

b. 2단계 연마를 해야 하는 이유
① 작업 효율이 좋다(#80번 연마지 사용).
② 포리솔 퍼티의 초벌 도장으로 적합하다(#120번 연마지).

(10) 청소

① 흡진파일로 연마찌꺼기와 먼지를 제거한다.

② 에어더스트 건을 한쪽 손에 잡고, 공기불어내기로 먼지, 티를 제거한다.

(11) 마무리 작업(사후관리)

① 퍼티 잔량의 폐기 : 남은 퍼티는 발열하여 위험(화재 발생 우려)가 있으므로, 한곳에 모아서 퍼티 폐기 용기(물이 들어있는)에 버린다.

② 주걱(헤라), 퍼티 판넬(빠데판)을 깨끗이 닦는다. 작업종료 직후에 세척용 희석제로 퍼티를 완전히 제거한다.

* 주의사항
실제로 작업은, 판금(아연)퍼티 작업을 한 면에 필히 포리솔 퍼티(사상용)를 도포하는 공정이 필요하지만 최근에는 한가지로 작업할 수 있는 제품이 개발되었다.

판금 퍼티의 면조정 기술에는 다음 사항이 숙달되도록 훈련해야 한다.
① 거친 면을 합격 기준에 적합하도록 잘 연마 했는가?
② 마무리 면 조정 작업이 합격 기준에 적합하도록 잘 되었는가?
③ 구도막의 가장자리 부분의 처리가 잘 되었는가?
④ 작업속도가 합격기준에 도달하는가?
⑤ 방진마스크, 방진안경을 준비해서 작업을 행하는가?
⑥ 작업종료 후에 퍼티 분말 등의 청소 작업을 잘 하였는가?

4. 평면 부위의 포리솔퍼티 도포와 연마기술

자동차가 못에 긁히거나 약간의 접촉사고로 판금이 필요 없이 보수할 수 있는 부분의 보수도장에 사용되는 것이 대부분 포리솔 퍼티(일반용)이다.

따라서, 자동차에 장착되어 있는 부품의 상태에서의 작은 상처가 있는 것을 보수하며, 평면 부위의 퍼티 도포에서 건조 후 퍼티 도포면 연마까지의 기술을 습득한다.

[필요용구]

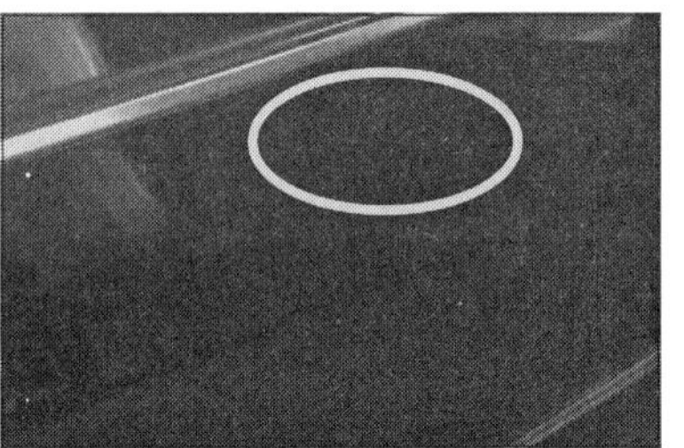

(1) 일반용 포리솔 퍼티 : 1G/A

(2) 포리솔 퍼티 경화제 :1개

(3) 플라스틱 주걱(헤라) : 1개

(4) 퍼티 판넬(정반) :1개

(5) 더블 액숀 연마기(UP205DB, 동등 이상 제품) : 1대

(6) 흡진 화일(손 연마기, 동등 제품) : 1대

(7) 매직 샌드페이퍼(접착 울이 있는 연마지) : 각 1장

(8) 스페튤라(교반봉) : 1개

(9) 전자저울 : 1대

(10) 에어 더스트 건 : 1대

(11) 탈지제(실리콘오프) : 1G/A

(12) 면장갑 : 1켤레

(13) 흰 면가재(걸레) : 약간

[작업요령(동작순서)]

(1) 구도막 가장자리(끝부분)의 연마

① 더블액션 연마기(UP205DB와 동등이상 제품)에 #80번 연마지를 부착시켜서 구도막 가장자리(상처 부위)를 연마한다.

② #120번 연마지로 교환 부착해서, 퍼티 도포 부위보다 약간 넓게 연마하면서, 구도막 가장자리의 단(턱)을 없앤다.

* 주의사항

구도막 가장자리의 폭은 도막층(색도막, 투명도막 등)을 5mm정도 나타나게, 매끄럽고 평활하게 연마한다. 이러한 작업을 단 낮추기라고도 한다.

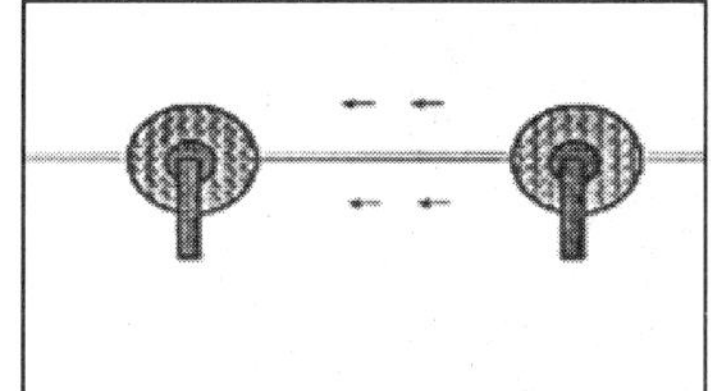

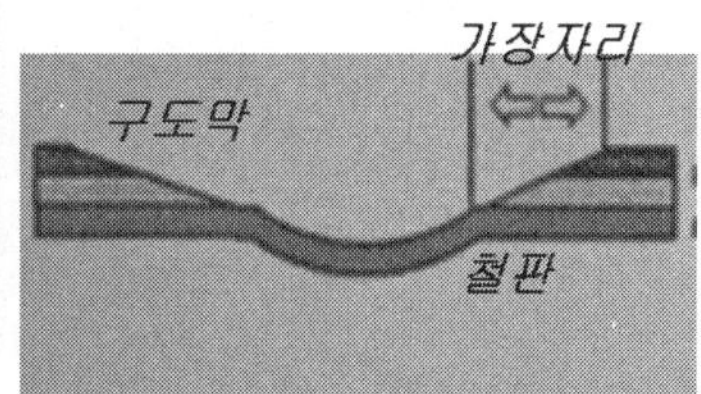

(2) 청소 및 탈지

① 흡진파일로 연마찌꺼기를 흡입하여 없앤다. 이때, 흡진파일에 연마지를 #320번 부착해서 면을 만든다.

② 공기불어내기(Air blowing)를 하여 먼지를 제거한다.

③ 퍼티를 도포(부착)할 부분(범위)을 탈지제로 탈지한다.

(3) 포리솔 퍼티(일반용)와 경화제의 혼합(배합)

① 포리솔 퍼티(주제) : 포리솔 경화제(튜브, 황색 또는 갈색 등)= 100:2(무게비)로 달아서, 주걱(헤라)으로 끌어당기는 것처럼(훑어 내리는)해서, 공기가 들어가지 않도록 개어서, 균일한 색이 되도록 연속해서 혼합한다.

② 균일한 색이 되지 않은 상태에서 사용하면, 부분적으로 건조가 늦어지거나 나중에 갈라지는 경우가 발생될 수 있으므로 주의해야 한다.

(4) 포리솔 퍼티(일반용)의 도포

① 긁힌 선(줄무늬)에 대해서 직각으로 끌어당기면서 퍼티를 바른다.

* 일반적으로 훑어 내리듯이 도장(시꼬끼도장이라고도 함)하며, 이는 퍼티를 얇게 문질러 패인부분을 메꾸도록 바르는 것을 말하며, 주걱(헤라)을 세우는 기분으로 해서, 힘을 주어서 얇게 도포한다.

② 하도도막 또는 철판에 페퍼자국(연마자국) 속까지 충분히 퍼티가 채워지도록 하기 위한 것과 퍼티를 충분히 밀착시키기 위해서 공기가 들어가지 않도록 힘주어서 발라야 한다.

③ 긁힌 줄무늬 방향으로 퍼티를 바른다.

④ 요철의 깊이에 따라서 1~2회 퍼티를 도포한다.

⑤ 주걱 자국이 나지 않도록 전체를 매끄럽게 한다(평면 작업).

⑥ 퍼티 주위를 눌러서 주걱 작업을 마무리 한다.

(5) 건조 : 20℃에서 1시간 또는 60℃에서 15분 정도 건조시킨다.

* 제조사의 특성에 따라 차이가 있을 수 있으므로 매뉴얼을 참조한다.

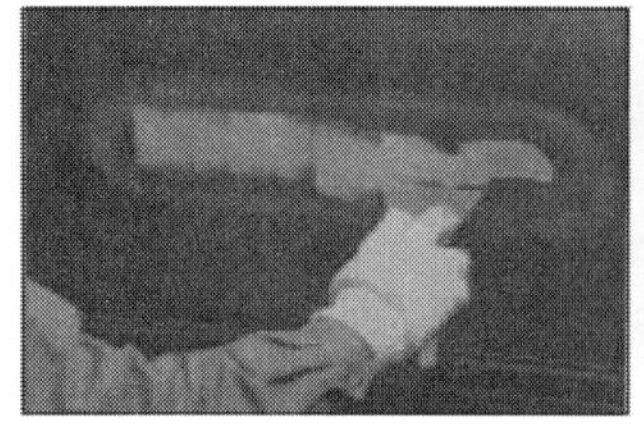
① 수직으로 당겨 도포

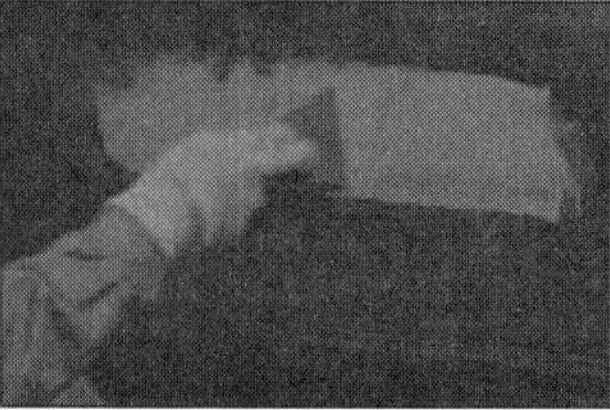
③ 긁힌 줄무늬 방향 도포

(5) 건조

(6) 마무리 작업

① 배합했던 퍼티의 남은 것을 폐기한다.

② 주걱 및 퍼티판넬(정반)을 깨끗이 닦는다.

(7) 면 조정과 퍼티 주변의 가장자리 연마 흡진파일에 #120번 연마지(샌드페이퍼)을 부착시켜서, 퍼티 주위의 단(턱=도막간 층)차이, 요철 및 굴곡을 면장갑 낀 손으로 확인하면서 매끄럽게 연마한다.

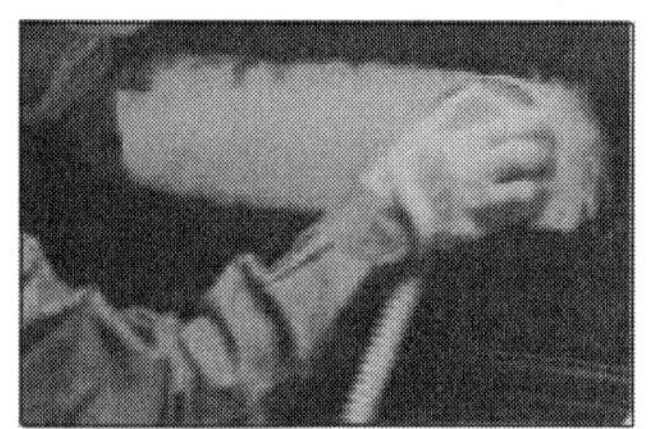
(7) 면조정 연마(#120)

(8) 면 조정 확인

아크릴 우레탄 흑색을 퍼티 도포면에 얇게 1회 도장하고 20℃ 기준으로 약 15분 건조시키거나 또는 에어로졸로 제조된 가이드코트를 얇게 1회 도장하고 5분 이상 건조(실온건조)시킨다.

* 가이드코트 : 얇게 한번 스프레이 할 수 있는 것으로 요철부분, 기포, 연마 부족 부위 등을 확인할 수 있는 도료이다. 가이드코트가 까맣게 남아있는 부분은 연마가 부족했거나 요철이 있어 연마가 잘못된 것으로 없어질 때까지 연마한다.

(9) 면조정 마무리(손으로 연마)

① 220번 연마지로 교환 부착하고, 가이드코트 또는 우레탄 흑색이 없어질 때 까지 연마한다. 면장갑 낀 손으로 체크하면서 퍼티 면과 구도막 면을 마무리 연마한다.

② 마지막으로 퍼티 도포면과 구도막 표면(#180번 연마지로 연마한 범위)을 상 · 하 · 좌 · 우로 전체 표면을 가볍게 연마한다.

* 이때 연마지 #220번을 사용하면 중도 및 상도 외관을 매끄럽게 처리하기 좋다. 연마지의 선택이 훌륭한 도막 외관을 얻는데 중요한 포인트다.

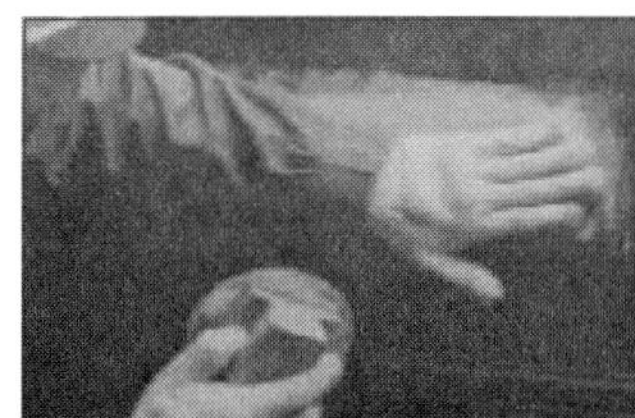 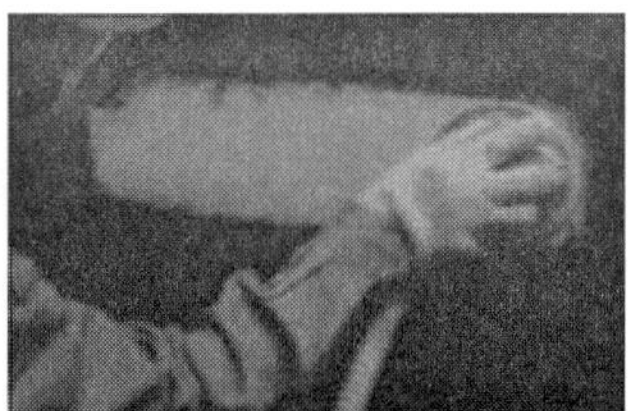

(10) 청소

① 흡진화일로 연마 찌꺼기를 흡입제거 한다.

② 공기불어내기(Air blowing) → 퍼티면의 먼지, 이물질(특히, 기포구멍에 들어있는 연마찌꺼기)을 에어더스트 건으로 불어내어 날려 보낸다.

* 이때, 완벽하게 불어내지 못하면 도장을 완료하여, 자동차가 주행 중에 수분이 침투되어 부풀음, 부착불량 등의 불만이 발생 될 수 있으므로 주의해야 한다.

(11) 작은 구멍(기포 등)의 수정

① 연마한 다음, 작은 구멍이 있는 경우는, 연마찌꺼기를 제거한 다음, 포리솔 퍼티(주제와 경화제를 혼합한 것)을 소량 주걱에 묻혀, 눌러 당기면서 퍼티를 바른다.

② 퍼티 건조 후, 흡진파일을 사용하여 #220번 연마지를 부착시켜 마무리 연마를 한다.

* 작은 구멍이란 기포보다 크며 발생된 형태가 약간 다른 것으로써 불포화 폴리에스테르 퍼티류가 건조되면서 나타나는 구멍을 의미한다.

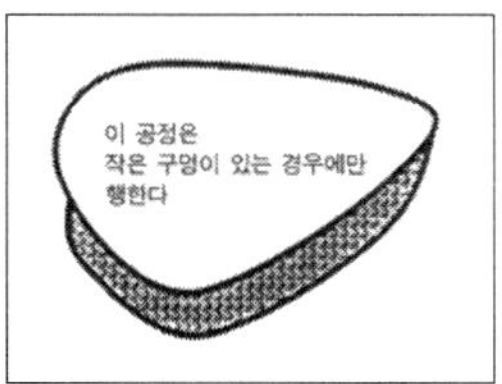

(12) 청소

① 연마할 때 사용된 연마기의 분진가루를 제거하고 깨끗이 청소한다.

② 퍼티 분말을 깨끗이 청소한다.

③ 각종 용구를 세척하고 공구함의 제자리에 정리정돈을 실시한다. 이때, 필요용구 표를 사용하여 점검 하는 것이 중요하다.

아래의 기준에 합격되면 도장 기술자(강사)는 다음 과정을 교육한다.
* 퍼티면은 고르게 잘 도포되었는가(면이 바르게 잡혔는가)?
* 도포면이 마무리가 잘 되었는가?
* 가장자리 부분에 도막 층(턱)이 생기지 않았는가?
* 작업속도가 적당한가?
* 주걱(헤라)의 사용방법이 익숙해 졌는가?
* 남은 퍼티의 폐기 요령을 정확히 수행하는가?
* 퍼티 분말은 깨끗이 청소하였으며, 용구의 손질 및 청소, 정리·정돈은 잘 되었는가를 체크해 보아야 한다.

5. 구부러진 부위의 포리솔 퍼티 도포에서 연마(공연마) 기술

곡면(曲面)은 자동차의 모형에 따라 구부러진 정도의 차이가 있으며, 자동차 차체의 곡면과 동일하게 보수해야 하므로 평면 보다는 작업이 어렵다.

따라서, 퍼티의 도포에서 마무리 연마까지 반복하여 숙달하는 요령 습득이 필요하다. 앞장에서도 언급하였듯이 퍼티의 작업 기술이 최종 보수도장 후에 도장실력을 판가름 할 수 있으므로 정확하게 습득해야 할 것이다.

또한, 이 작업을 실행하려면 방진용구를 착용해야 건강을 지킬 수 있다.

[필요용구]

(1) 포리솔 퍼티(일반용, 주제) : 1G/A

(2) 포리솔 퍼티 경화제(액상 또는 페이스트상의 Tube) : 1개

(3) 가이드 코드 또는 락카계나 우레탄계 솔리드 흑색 : 약간

(4) 우레탄 경화제 : 약간

(5) 플라스틱 주걱(헤라) : 1개

(6) 고무 주걱 : 1개

(7) 퍼티판넬(정반) : 1개

(8) 에어더스트 건 : 1대

(9) 탈지제(실리콘오프) : 1G/A

(10) 교반봉(스페튤라) : 1개

(11) 흡진파일(손 연마기, 동등 제품) : 1대

(12) 매직 연마지(접착 울이 있는 샌드페이퍼) : 약간

(13) 단순회전 연마기(싱글 회전 샌더, UHP270과 동등 제품) : 1대

(14) 더블액션 연마기(UP205DB와 동등 제품) : 1대

(15) 저울(전자저울 0.1~4000g) : 1대

(16) 솔, 붓, 장갑 : 각 1개

(17) 흰 면가재(걸레) : 약간

(18) 세척용 희석제 : 1G/A

(19) 자동차 차체의 곡면 부품 또는 실차

[작업요령(동작순서)]

(1) 구도막의 박리(제거) : 싱글회전 연마기에 #60번 연마지를 부착시켜 구도막을 박리(제거)한다.

(2) 청소 : 흡진파일로 연마찌꺼기를 흡입하여 제거하고, 공기불어내기(Air blowing)를 한다.

(3) 구도막 가장자리 처리

① 더블액션 연마기(UP 205DB와 동등 제품)에 #80번 연마지를 부착해서, 구도막 가장자리의 단 낮추기(턱이 없도록)로 연마한다.

② #180번 연마지를 교환 부착해서 퍼티를 도포할 부위보다 약간 넓게 연마를 하면서, 구도막 가장자리의 도막 층(턱이 없도록 단 낮추기)을 없앤다.

* 구도막 가장자리의 도막 층간의 폭을 5mm 정도 나타나게 하여, 평활하고 매끄럽게 연마해야 한다.

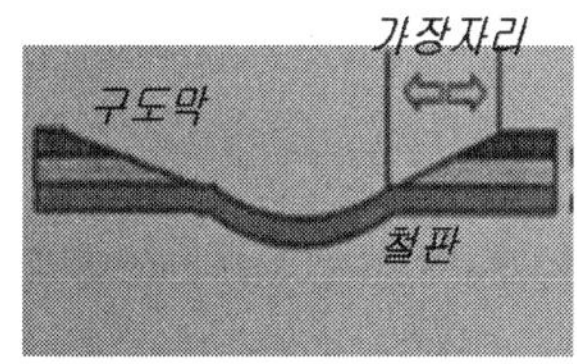

(4) 청소 및 탈지

① 흡진파일로 연마찌꺼기(분말)을 흡입하여 제거하고, 공기불어내기(에어브로우잉)을 한다.

② 퍼티 도포할 부위를 탈지제로 탈지한다.

(5) 포리솔 퍼티(주제)와 경화제 혼합

① 포리솔 퍼티(주제)와 포리솔 경화제(튜브, 황색)을 100 : 2(무게비)로 달아서, 주걱(헤라)으로 끌어 당기듯이 하여, 공기가 들어가지 않도록 뭉개듯이 회전시키면서 개어서, 균일한 색이 될 때까지

연속 혼합한다.

② 균일한 색이 되지 않은 상태에서 사용하면, 부분적으로 건조가 늦거나, 나중에 갈라지는 경우가 발생될 수 있으므로 주의해야 한다.

(6) 굴곡진 부분의 퍼티 바르기(부착)

① 플라스틱 주걱으로 힘을 주어 끌어 당겨 부착하고, 굴곡 면을 만든다.

② 마무리는 고무주걱(헤라)을 사용하고, 형상을 조정하며, 퍼티 가장자리는 압착시켜서 마무리 한다.

(7) 마무리 작업

① 남은 퍼티를 폐기한다. 이때, 퍼티는 굳으면서 발열하며 화재의 위험이 있으므로 주의해야 한다.

② 주걱 및 퍼티판넬(정반)을 깨끗이 세척한다.

(8) 건조 : 건조는 20℃ × 1시간 또는 60℃ × 10분 건조

(9) 초벌 연마 : 흡진파일에 #80번 연마지를 부착해서, 굴곡 면에 적합하도록 움직이면서, 표면 연마를 실시한다.

(10) 표면 만들기와 퍼티 주변의 가장자리 드러내기

① 흡진파일에 #120번 연마지를 부착해서 퍼티 표면을 면장갑으로 확인하면서 요철(凹凸) 혹은 굴곡을 찾는다.

② 다음에 퍼티 주변과 구도막 사이에 층(턱 또는 단)이 생기지 않도록 면장갑으로 체크하면서, 퍼티 사이를 매끄럽게 연마한다.

* 이때, 다각도로 연마를 하면 굴곡 면이 생기기 쉽다.

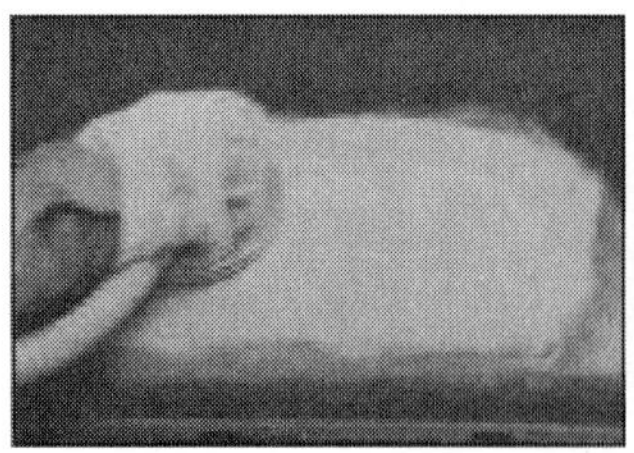

80번 연마지로 거친 연마

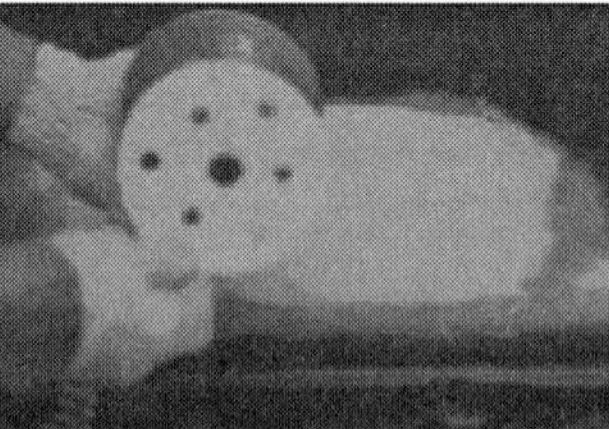

120번 연마지로 교체

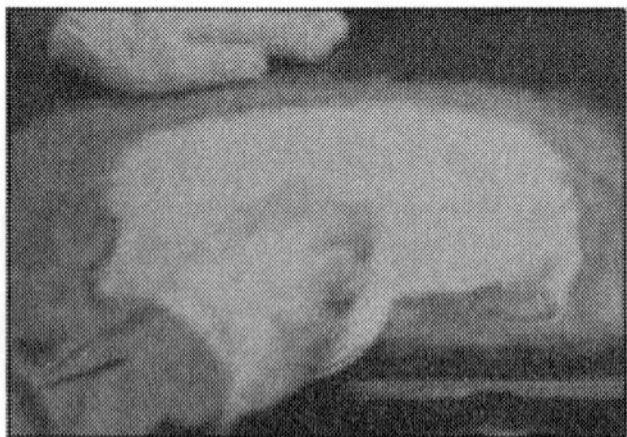

퍼티 주변의 가장자리 연마

(11) 표면 확인 도장

가이드코트나 락카 스프레이나 속건 우레탄계 흑색을 도장(1회 얇게)한 다음 5분 이상 자연건조(실온

20℃에서 건조)시킨다.

* 가이드코트를 도장하는 것은 연마 시 평활하게 연마되지 않으면 흑색이 남아 있게 되어 불량을 확인할 수 있다.

(12) 표면 마무리(끝 손질)

① #220번 연마지로 교환해서 가이드코트(흑색 外)이 남아있지 않은가 확인하면서, 표면 마무리를 행한다.

② 연마 종료 후, 흡진파일로써 연마찌꺼기를 흡입하여 없애고, 퍼티 표면의 먼지, 티(특히, 기포 속에 들어있는 연마가루)를 에어더스트 건으로 불어낸다,

* 이때, 퍼티 면의 핀홀이 남아 있는 상태에서 도장하면 일정기간 사용 후, 도막의 부풀음, 발청의 원인이 된다.

③ 탈지제(실리콘오프)로써 깨끗이 탈지한다.

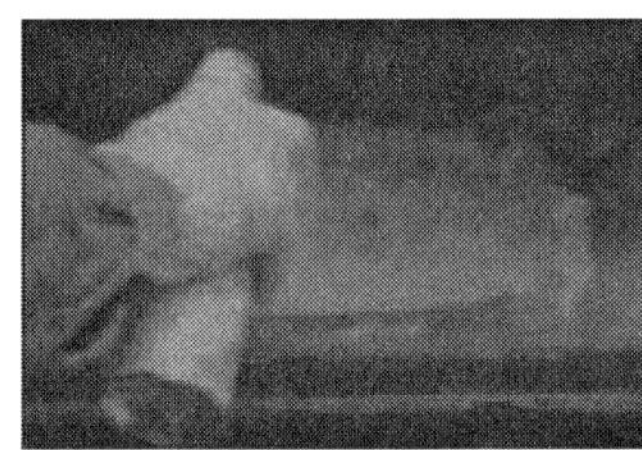
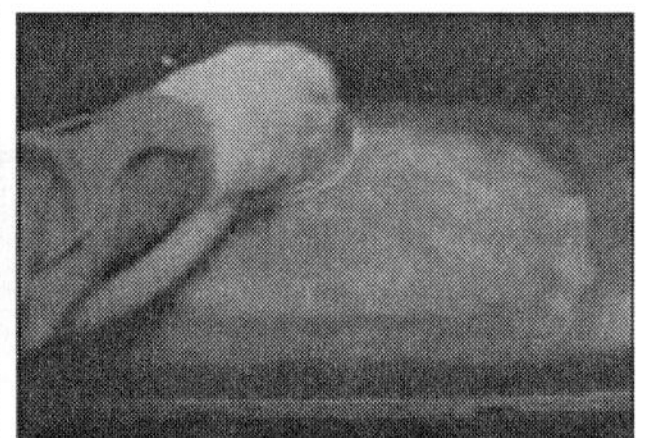

(13) 기포구멍 수정 요령

① 퍼티 면의 표면 연마 후, 기포구멍이 있는 경우 연마가루 청소 후에 포리솔 퍼티 또는 1액형 락카 퍼티(Tube : 튜브)를 소량 주걱(헤라)에 묻혀서 눌러 당겨서 도포한다.

② 퍼티 건조 후, 흡진파일(연마기) 사용 : #220번 또는 #240번 연마지로 마무리(끝손질) 연마를 한다.

(14) 청소 및 정리 정돈

① 퍼티의 연마가루, 찌꺼기 등 주변의 청소를 실시한다.

② 주걱, 퍼티판넬, 연마기 등 도장 공구를 깨끗이 세척하여 정리·정돈한다(미 경화된 퍼티는 발열 반응을 하므로 화재에 주의해야 한다.).

(15) 결론

이상 14단계의 공정을 정확히 실행할 수 있는지를 확인하면서 특히, 다음 사항이 숙달되도록 노력해야 한다.

아래의 기준에 합격되면 도장 기술자(강사)는 다음 과정을 교육한다.
① 표면의 마무리(끝손질)가 매끄럽게 잘 되었는가?
② 퍼티 가장자리의 처리가 완벽하게 되는가?
③ 작업속도가 신속하고 정확하게 되고 있는가?
④ 용구의 관리 상태는 적절하게 이루어지는가?
⑤ 퍼티의 잔량을 폐기 처리하는 것이 적절하게 행해지는가?
⑥ 퍼티의 연마가루, 찌꺼기 등의 청소는 적절하게 행하고 있는가?

6. 자동차 차체의 선(프레스라인) 부분의 퍼티 도포에서 연마 기술

자동차는 일반적으로 판넬 자체의 선(프레스라인)이 있는 굴곡이 있다. 이를 정확하게 작업하지 않으면 보수도장의 흔적이 남게 되므로 정확하게 처리해야 하며, 이 장에서 숙달되도록 실습하고자 한다.

<교재>→ 차체의 선(프레스라인)이 있는 판넬로 휀다 또는 후드를 사용한다.

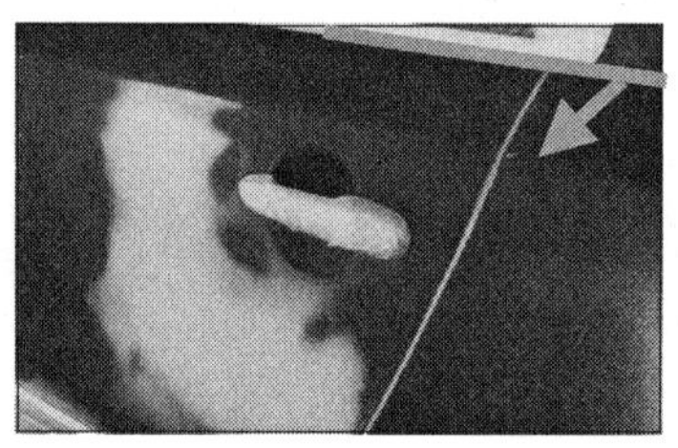

[필요용구]

(1) 포리솔 퍼티(주제, 일반용) : 1G/A
(2) 포리솔 퍼티 경화제(튜브, 황색) : 1개
(3) 플라스틱 주걱(헤라), 퍼티판넬(정반) : 각 1개
(4) 흡진파일(손 연마기, 동등 제품) : 1대
(5) 마스킹 테이프(3M사와 동등 제품) : 각 1개
(6) 단순회전 연마기(싱글회전 연마기-UHP270과 동등 제품) : 1대
(7) 더블액션 연마기(UP250DB와 동등 제품) : 1대
(8) 파일(블럭=아데방) : 1개
(9) 매직 연마지(접착 울이 있는 샌드페이퍼) : 약간

(10) 솔(브러쉬), : 1개

(11) 에어더스트 건 : 1대

(12) 면 테이프 : 약간

(13) 저울 및 교반봉 : 각 1개

(14) 면장갑, 흰가재 : 약간

(15) 탈지제(실리콘오프) : 1G/A

(16) 세척용 신나 : 1 G/A

[작업요령(동작순서)]

(1) 구도막의 박리(구도막의 제거)

① 단순회전 연마기(싱글회전 연마기)에 #60번 연마지를 부착시켜서, 구도막을 박리(제거)한다.

② 차체선(프레스라인)의 머리부분(올라온 부분)은 #120~180번 연마지를 부착시켜서 제거한다.

(2) 청소

① 흡진파일로 연마가루를 흡입하여 제거한다.

② 공기불어내기를 한다.

(3) 구도막의 가장자리 처리

① 더블액션 연마기(UP250DB와 동등 제품)에 #120번 연마지를 부착하여, 구도막의 방향에서, 상처난 중심부분으로 향하게 하면서 연마를 한다.

② #180번 연마지로 교환해서, 퍼티를 도포할 범위 보다 약간 넓게 연마하여, 구도막 가장자리가 나타나도록 연마한다.

* 이때, 구도막 가장자리의 폭은 각 도막 층간의 노출부분이 약 5mm 정도 되게 하고, 층간의 턱이 없이 매끄럽게 되어야 한다.

(4) 청소 및 탈지(脫脂)

① 흡진파일로 연마가루를 흡입하여 제거한다.

② 공기불어내기(Air blowing)를 한다.

③ 퍼티를 도포할 범위를 탈지제(실리콘오프)로 탈지한다.

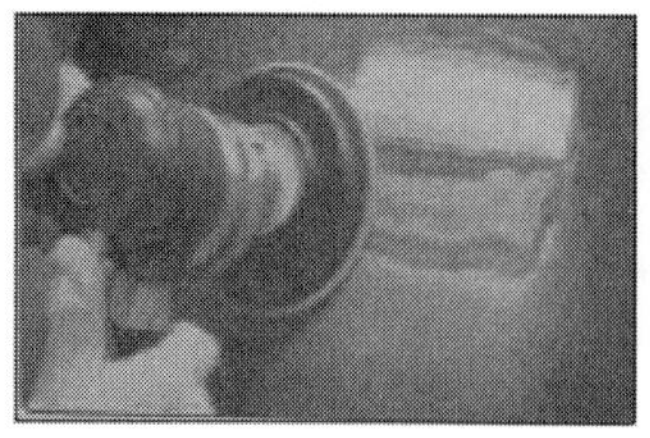

구도막박리(#60~180)

청소(흡진파일)

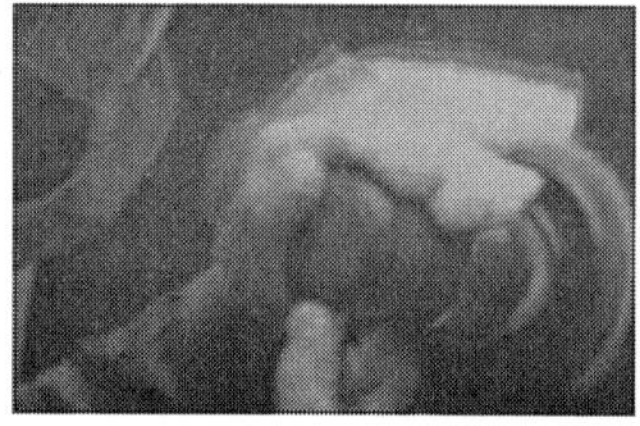

구도막 가장자리(#80:180)

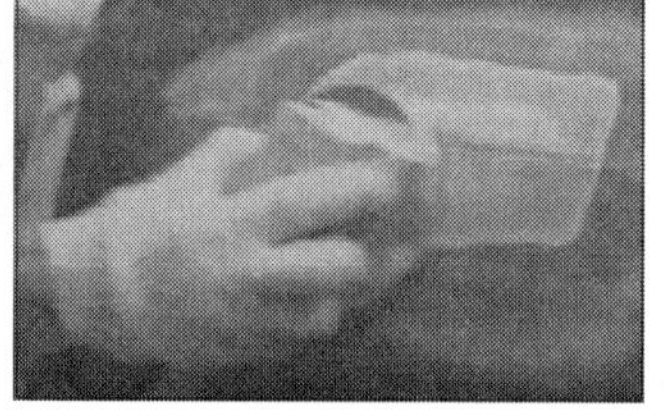

청소(흡진파일) 및 탈지

(5) 포리솔 퍼티(주제)와 경화제의 혼합

① 배합비율 : 포리솔 퍼티(주제) : 포리솔 경화제(튜브) = 100 : 2(무게비)

② 퍼티판넬에 배합 비율대로 달아놓은 다음, 주걱(헤라)으로 눌러 당기듯이 하여 공기가 들어가지 않도록, 균일한 색이 될 때까지 연속해서 혼합한다.

③ 균일한 색상이 되지 않은 상태에서 사용하면, 부분적으로 건조가 늦거나 연마할 때 밀리는 경우가 있고, 몇 개월 후에 갈라지는 현상이 발생할 수 있으므로 주의해야 한다.

(6) 차체선((프레스라인) 부분에의 퍼티 도포 요령

① 퍼티 부착 면 전체를 훑어서 도포한다.

② 압축라인(프레스라인)에 따라서 밑으로 퍼티를 도포한다.

③ 다음에, 윗부분을 가볍게 만들면서, 라인 만들기를 한다.

④ 밑 부분을 라인에 따라서, 가볍게 면을 만들면서, 차체선(프레스라인)을 잡는다.

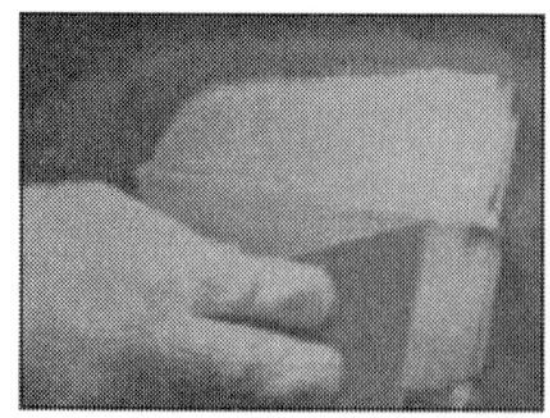

① 라인전체에 히코끼 도포

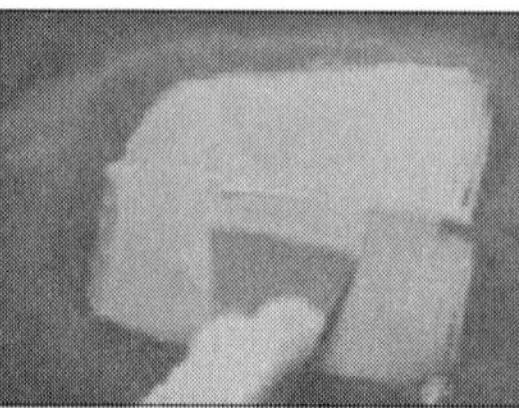

② 밑부분에 퍼티 도포

③ 위쪽에 퍼티 도포

④ 밑부분에서 라인을 따라 도포면 조정

⑤ 다음에 윗부분을 가볍게 만들면서 차체선(프레스라인)을 만든다.

⑥ 한번 더 밑부분을 가볍게 만들면서(면을 매끄럽게 하면서) 차체선(프레스라인)을 세운다.

⑦ 마지막으로, 퍼티 주변을 주걱으로 눌러서 당긴다. 주걱에 묻어있는 퍼티를 퍼티판넬(정반)에 훑어서 주걱을 매끄럽게 하여, 차체선(프레스라인)을 만드는 작업을 해야 한다.

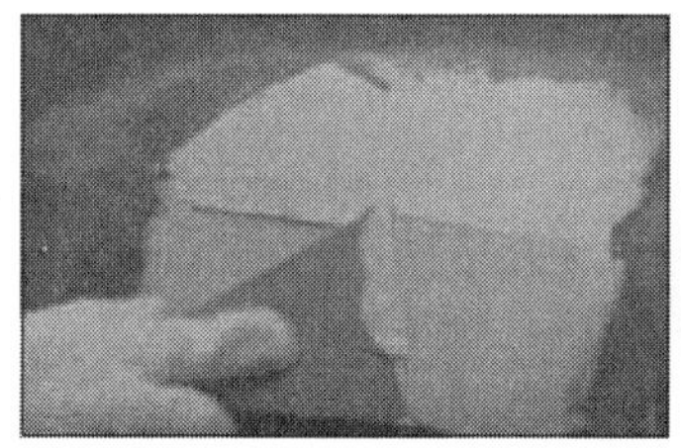
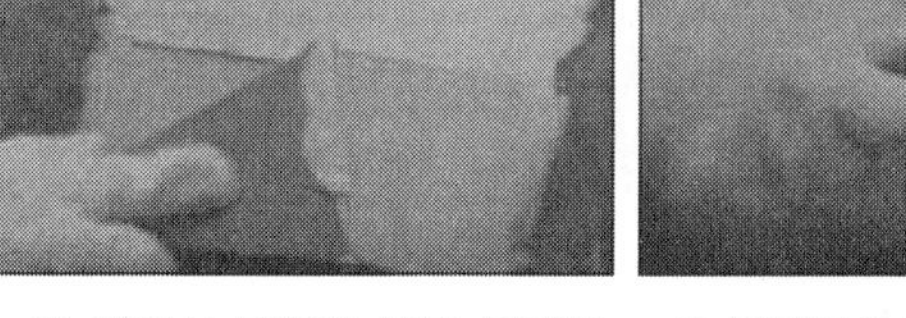
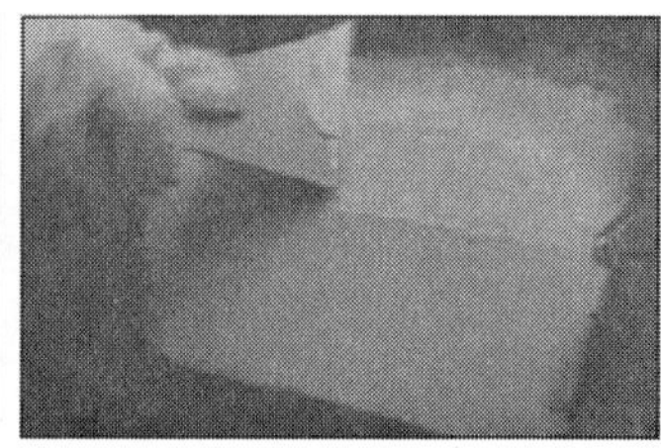

⑤ 위 쪽에서 라인을 따라 퍼티면 고름 ⑥ 마지막으로 하단에서 가볍게 퍼티면 고름 ⑦ 퍼티 가장자리 눌러 도포

(7) 마무리 작업

① 주걱(헤라), 퍼티판넬을 깨끗이 세척한다.

② 퍼티의 혼합된 잔량을 폐기한다.

(8) 건조 : 20℃에서 1시간 또는 60℃에서 10분 건조시킨다.

(9) 거친 연마(손으로 연마)

흡진파일에 #120번 연마지를 부착시켜서 우선 주걱자국 부분을 연마하여 없애고, 다음에 전체적으로 80%까지 평활하게 연마한다.

이때, 차체선(프레스라인)을 만들 부분이 많이 연마되지 않도록 주의해야 한다.

차체선(프레스라인) 부분이 없어지도록 연마하면 퍼티 작업을 다시 해야 하기 때문이다.

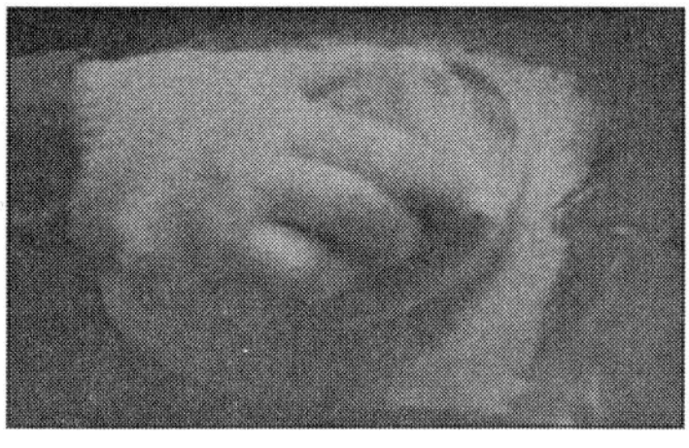

(10) 차체선(프레스라인) 만들기(1)

① 차체선(프레스라인) 윗부분에 선을 따라서 헝겊 테이프를 붙인다.

② 흡진파일에 #180번 연마지를 부착해서, 차체선(프레스라인) 밑 부분을 평면이 되도록 연마한다.

③ 차체선 윗부분에 헝겊 테이프를 벗겨서, 선 밑 부분에 차체선(프레스라인)을 따라서 헝겊 테이프를 붙인다.

④ 선 윗부분이 평면이 되도록 연마한다.

윗부분 테이프 부착 하단부 연마

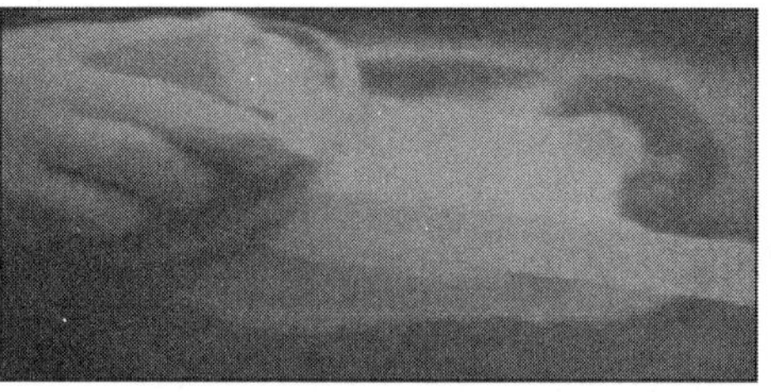
하단부 테이프 부착 윗부분 연마

(11) 차체선(프레스라인) 만들기(2)

① 밑부분에 헝겊 테이프를 벗겨서 윗부분의 차체선을 따라서 마스킹 테이프를 붙인다.

② #220번 연마지로 교체하여, 선(라인) 밑부분의 평면을 만들도록 연마한다.

③ 윗부분의 마스킹 테이프를 벗겨서, 차체선(프레스라인) 밑부분에 선을 따라서 마스킹 테이프를 붙인다.

④ 선(라인) 윗부분이 평면이 되도록 연마한다.

(12) 차체선(프레스라인)을 둥글게 보이도록 만들기(손으로 연마) 차체선의 머리부분(중심부분)을 #220번 연마지로 가볍게 연마하여, 선을 알맞도록 둥글게 만든다.

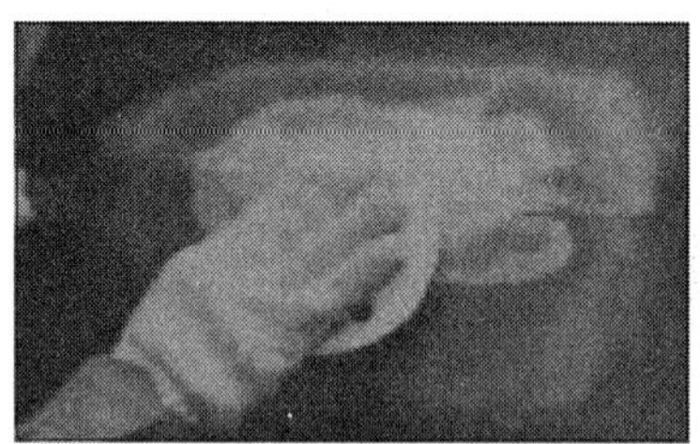

(13) 선의 확인

만약, 차체선(프레스라인)이 확실히 나타나 있지 않는 경우 → 다시 한 번 수정작업을 실시한다.

(14) 기포구멍(작은요철 등) 수정

① 연마 종료 후에 퍼티 표면의 먼지, 쓰레기(특히 기포구멍에 남아있는 연마 찌꺼기)를 에어더스트 건으로 불어내어 없앤다.

② 연마 후, 작은 구멍(기포구멍 등)이 있는 경우는 연마가루(분말)을 청소하여 제거한 다음 포리솔 퍼티 또는 락카계 퍼티(튜브화)를 소량 주걱에 묻혀서, 눌러 당겨서 구멍 속으로 퍼티가 들어가게 도포한다.

③ 퍼티 건조 후에 블럭(아데방)을 사용하여 #220~240번 연마지로 마무리 연마를 한다.

(15) 청소

① 퍼티의 연마가루, 찌꺼기 등 주변의 청소를 실시한다.

② 주걱, 퍼티판넬(정반), 연마기 등을 깨끗이 청소하고 세척하여 정리 · 정돈을 한다.

(16) 결론

이상의 15개 공정을 정확히 이해하고 작업을 할 수 있도록 하기 위해서는 다음 사항을 숙지하고 숙달될 때까지 실습을 반복해야 한다.

> 아래의 기준에 합격되면 도장 기술자(강사)는 다음 과정을 교육한다.
> ① 선(라인)의 형상이 정확하게 만들어 졌는가?
> ② 작업속도가 신속하고 정확하게 이루어지는가?
> ③ 용구의 관리상태, 사용요령은 적절하게 이루어지는가?
> ④ 퍼티의 잔량을 폐기 처리하는 것이 적당하게 행해지고 있는가?
> ⑤ 퍼티의 분말 등의 청소는 적절하게 행해지고 있는가?
> ⑥ 작업 공정마다 방진 설비를 유지 사용하는가?

이상과 같이 퍼티의 도포와 연마 기술까지 각 공정을 반복 실습하고, 숙달되도록 하는 것이 필요하며, 퍼티의 도포(부착)와 연마기술이 자동차 도장 외관(**퍼티 가장자리 자국**, **광택소실**, **변퇴색**, **핀홀 등**)에 중요한 영향을 미치므로 철저히 습득하여 재 도장하는 일이 없도록 기술을 습득하여야 한다.

3.4 마스킹(Masking) 기술

도장하기 전에 소재에 도료가 부착하지 않고, 보수한 부분이 표가 나지 않도록 감싸는 작업을 마스킹 기술이라 한다.

마스킹 재료	⇨	마스킹 테이프, 종이, 부드러운 테이프, 트림(외장테이프), 타이어 카바, 시트 카바 등이 필요하며, 각 작업 공정 별로 설명한다.
마스킹 요령	⇨	깨끗하게, 떨어지지 않게(압착), 희석제 침투 방지(이중부착) 등이 중요하다.

마스킹 전

유리부분 마스킹 후

1. 범퍼 도장의 마스킹 작업

마스킹 작업은 크게 도장하기 전의 마스킹 작업과 도장 후의 마스킹 한 것을 떼어 내는 작업으로 구분한다.

[필요용구]

(1) 마스킹 테이프 : 각 크기 별로 1개씩

(2) 마스킹 페이퍼(종이) : 각 크기 별로 1개씩

(3) 플라스틱 테이프 : 각 크기 별로 1개씩

(4) 내열 테이프 : 각 크기 별로 1개씩

(5) 양생(養生)시트 : 1개

(6) 마그네트(자석고정판) : 약간(양생시트 용)

(7) 캇터나이프(칼) : 1개

(8) 끝이 둥근 스페튤라(주걱) : 1개

(9) 탈지제(실리콘오프) : 1G/A

(10) 흰 면 헝겊 : 소량

(11) 페이퍼 디스펜서(마스킹 절단기) : 1대

[작업요령]

(1) 마스킹 전의 처리 : 마스킹 테이프를 부착할 부분을 청소·탈지한다.

(2) 끝선 내측의 마스킹 : 마스킹 테이프를 끝 선보다 안쪽으로 조금 늘어지게 해서 길게 부착 마스킹 테이프를 붙일 때에는 테이프를 살짝 눌러서 붙이고, 간격이 맞지 않거나 뜨지 않도록 손끝으로 눌러서 붙인다.

(3) 끝선의 테이프 붙이기 : 플라스틱 테이프를 이용해서 끝 선에 떨어지지 않게 일정하도록 붙여서 뜨지 않게 손끝으로 눌러 붙인다.

(4) 좁은 간격 : 형상(모양)에 따라 협소한 간격, 끝선 테이프를 손끝으로 눌러 붙일 수가 없는 경우에는 캇터나이프(칼) 또는 날이 둥근 스페튤라(주걱) 등을 이용해서 눌러서 붙인다.

테이프 붙일 곳 탈지

끝선 내측 마스킹

끝선 마스킹

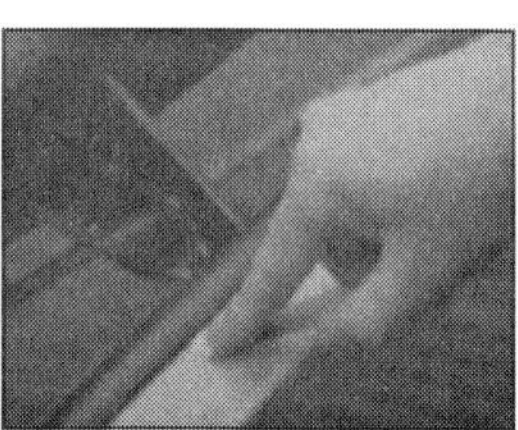
좁은 공간 스페튤라로 눌러 붙이기

(5) 테이프 벗기는 시기(타이밍) : 도장이 완료되면서, 지촉건조 후 즉시 끝선 테이프를 벗긴다. **이때, 끝선 테이프가 도장 면에 붙지 않도록 주의하여 천천히 벗긴다.**

(6) 전면 테이프 벗기기 : 건조 종료 후 남은 마스킹 테이프를 벗긴다.

[작업 시 주의사항]

(1) 공기불어내기로 청소를 할 때나 도장 시 스프레이 할 때에 테이프가 벗겨지지 않도록 끝선 테이프를 눌러서 잘 붙여야 한다.

(2) 끝선 테이프의 부착 시 뜨거나 잘 붙지 않으면 도료가 스며들어 깨끗하게 도장이 되지 않는다.

(3) 테이프를 벗길 때는 도장 면에 붙지 않도록 30° 정도로 눕혀서 두 손으로 조심스럽게 벗겨야 한다.

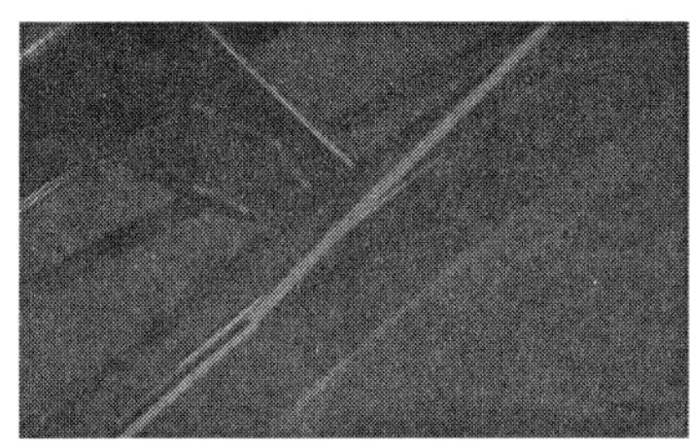
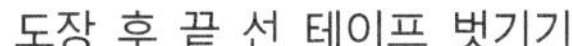
도장 후 끝 선 테이프 벗기기

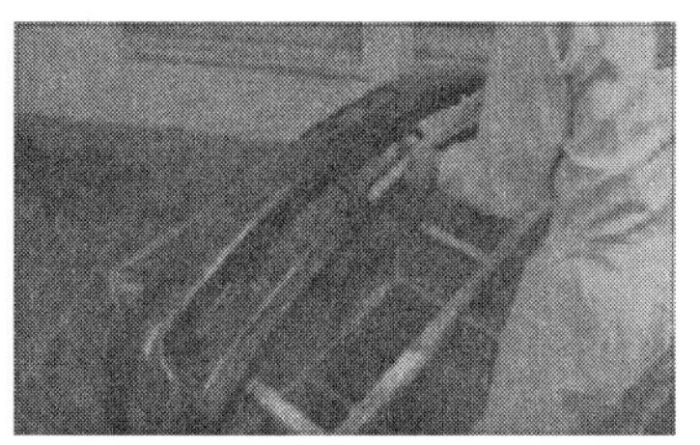
테이프 모두 벗기기

2. 앞 휀다 도장의 마스킹 작업

[작업요령(순서)]

(1) 마스킹 하기 전의 처리 : 마스킹 할 부분을 청소하고 탈지(脫脂)한다.

(2) 후드(본넷트)를 연다.

(3) 왼쪽 휀다의 상부 안쪽의 라인에 떨어지지 않게 테이프를 붙이고, 마스킹 페이퍼(종이)를 붙여 이것을 되감아서 휀다의 바깥으로 늘어뜨린다.

(4) 다음에 후드(본넷트)를 닫고, 후드 측면에 구부려서 테이프로 움직이지 않게 붙인다.

(5) 양생시트(비닐, 카바 등)를 덮고 마그네트(자석 고정판)로 눌러준다.

(6) 후드(본넷트) 측을 2중으로 부착한다(마스킹 테이프 사용).

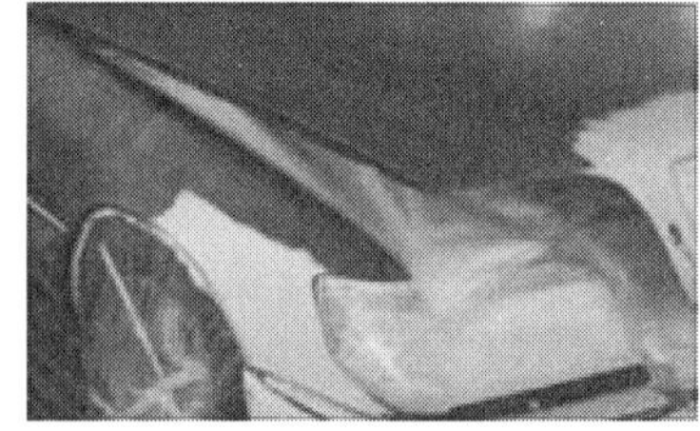
내면 마스킹

양생시트 덮기

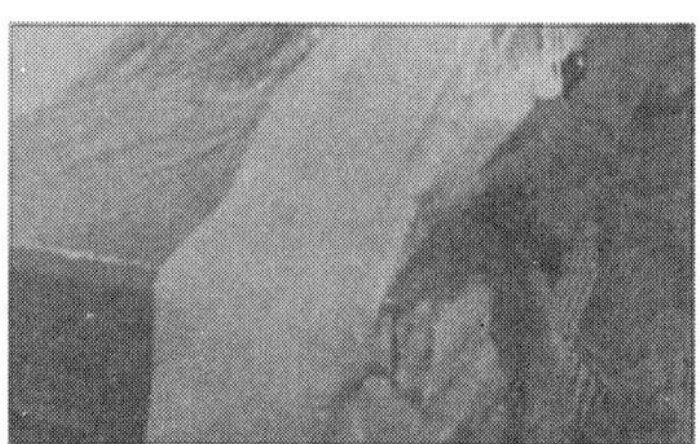
주위 이중 마스킹

(7) 왼쪽 문을 잠그고 그 위에 마스킹을 한다.

(8) 도아 밀러(백미러) 주변을 마스킹을 한다.

(9) 끝선 부분이 있는 경우는 끝선 테이프를 부착한다.

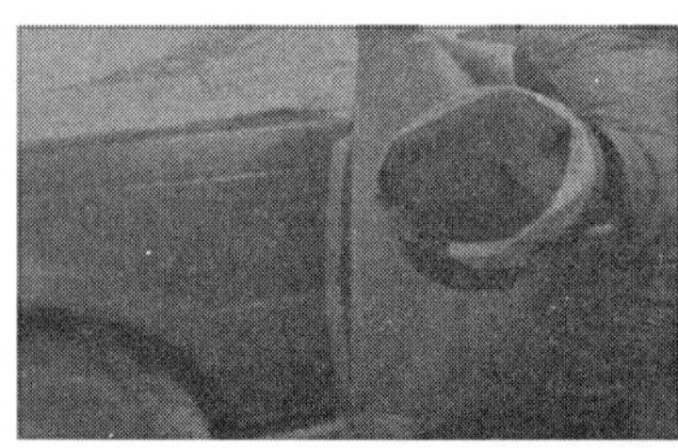
문 주위 마스킹

백미러 및 끝선 마스킹

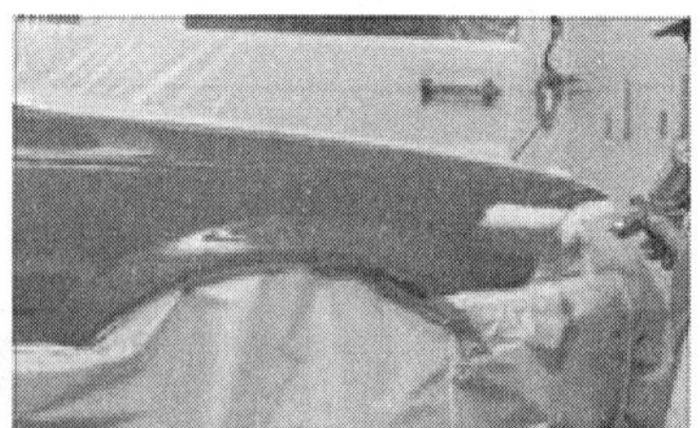
마스킹 완료 후

[작업 시 주의 사항]

(1) 공기불어내기(Air blowing)이나 도장 시에 테이프가 벗겨지지 않도록 청소를 깨끗이 해야 한다.

(2) 마스킹 페이퍼가 날리지 않도록 고정해야 한다(양생시트를 덮을 때 끝 선이 없는 경우는 터널 형태의 마스킹 작업이 필요하다.).

- 뒷 휀다 마스킹 기술에서 설명하기로 한다.

아래의 사항에 합격되면 다음 공정으로 넘어간다.
* 마스킹 테이프의 붙인 부분의 사이가 뜨지는 않았는가?
* 끝 선 라인을 따라서 정확하게 잘 부착되었는가?
* 마스킹 종이로 덮을 부분을 잘 마무리 하였는가?
* 마스킹 작업할 부분이 부족하지는 않았는가?
* 작업 속도와 작업 표준에 도달해져 있는가?

3. 후드(본넷트) 도장의 마스킹 작업

[작업요령(순서)]

(1) 마스킹 하기 전의 처리 : 마스킹 할 부분을 청소하고 탈지(脫脂)한다.

(2) 후드(본넷트)를 열고 카울톱 밑부분을 마스킹한다.

(3) 후드(본넷트) 뒤쪽 양 옆을 마스킹한다.

(4) 후드(본넷트)를 닫고 카울톱 사이를 마스킹한다.

(5) 다음에 그릴 주위를 마스킹한다.

(6) 휀다 밀러가 있는 경우는 휀다 밀러를 마스킹한다.

(7) 양생시트를 씌우고, 우선 휀다를 마스킹한다.

(8) 끝선이 있는 경우는 끝선 테이프를 붙인다.

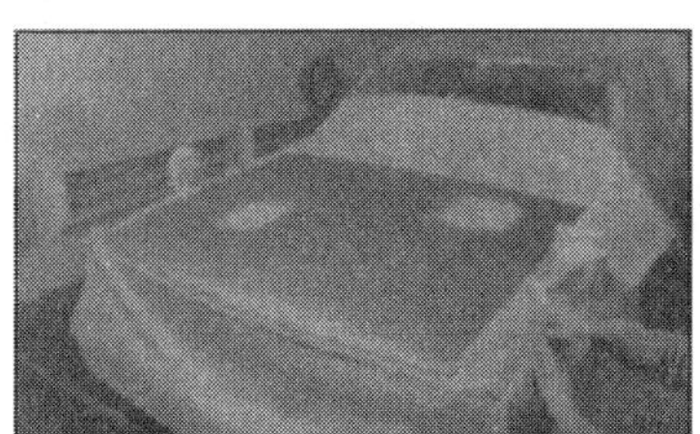
양생시트 씌우고 미스킹 완료

카울 톱 하층 마스킹

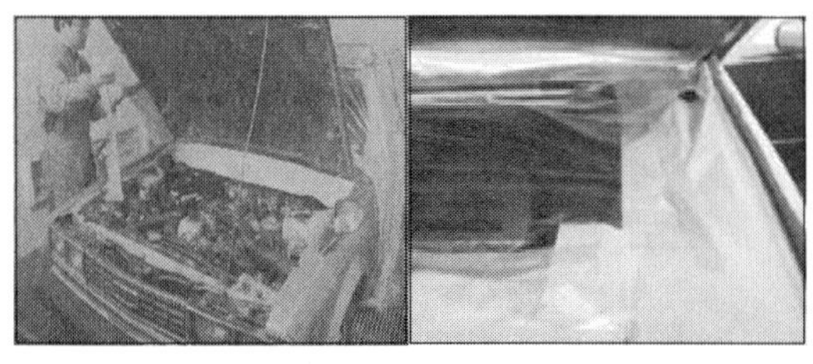
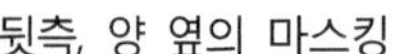

뒷측, 양 옆의 마스킹　　카울톱 사이 마스킹　　그릴 주변 마스킹

4. 뒷휀다 도장의 마스킹 작업

[작업요령(순서)]

(1) 마스킹 하기 전의 처리 : 마스킹 테이프를 부착할 부분을 깨끗이 청소 후 탈지한다.

(2) 트렁크를 열고 트렁크 안쪽을 마스킹한다.

(3) 문짝을 열고 문짝 입구를 마스킹한다.

(4) 쿼터 그라스(유리) 부위를 마스킹한다.

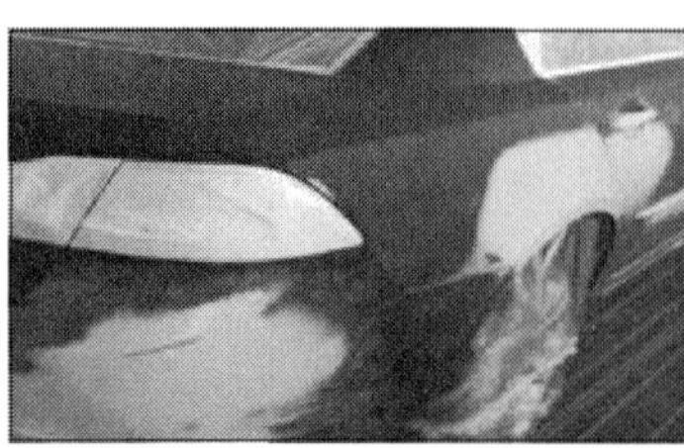

청소와 탈지

트렁크 내부 마스킹

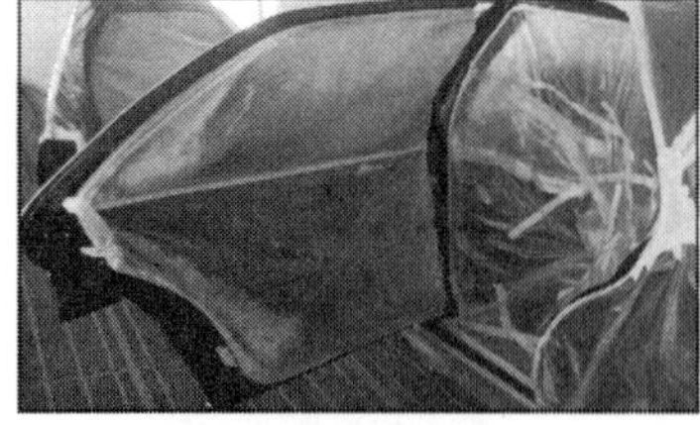

도어 문짝 마스킹

쿼터 유리부분 마스킹

(5) 뒷 유리 부분을 마스킹한다.

(6) 뒤쪽 휀다의 끝선 부분에 끝선 테이프를 붙인다.

(7) 뒷 휀다 윗부분의 브랜딩(오버래핑 또는 보카시라고도 함) 부분을 터널 형태로 마스킹한다.

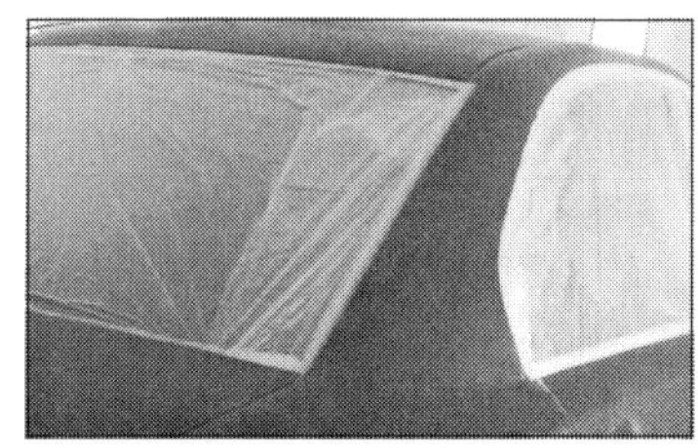
뒷유리 부분 마스킹

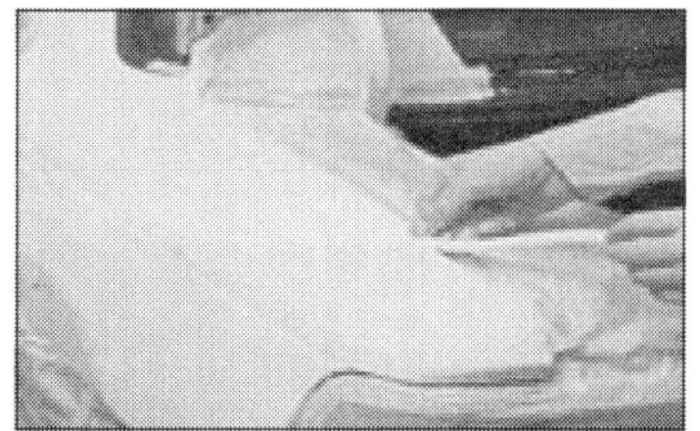
휀다 끝선부분 마스킹

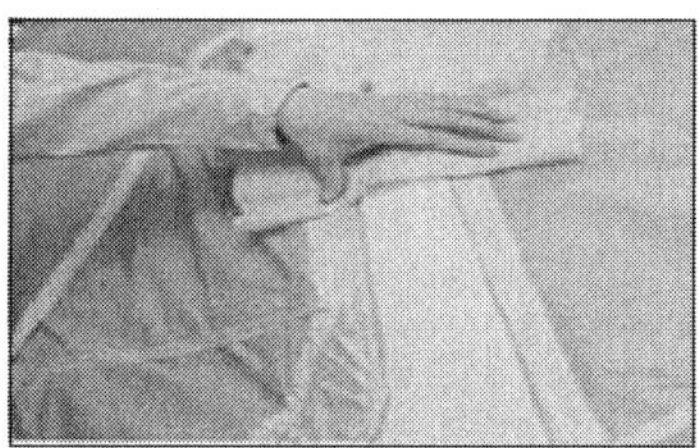
터널형 마스킹

(8) 끝선 테이프를 벗기는 방법 : 끝선의 마스킹 테이프는 도장한 면에 붙지 않도록 천천히 벗긴다.

(9) 전체적으로 마스킹 벗기는 방법 : 끝선의 마스킹 테이프를 벗긴 상태에서 건조하고, 광내기를 한다. 광내기가 완료되면 전체적으로 마스킹을 벗긴다.

마스킹 실습이 완료되고 아래의 사항에 합격되면 다음 공정으로 넘어간다.
* 마스킹 테이프 붙인 부분의 사이가 뜨지는 않았는가?
* 끝 선 라인을 따라서 정확하게 잘 부착되었는가?
* 마스킹 종이로 덮을 부분을 잘 마무리 하였는가?
* 마스킹 작업할 부분이 부족하거나 과하게 붙이지는 않았는가?
* 작업 속도와 작업 표준에 도달해져 있는가?

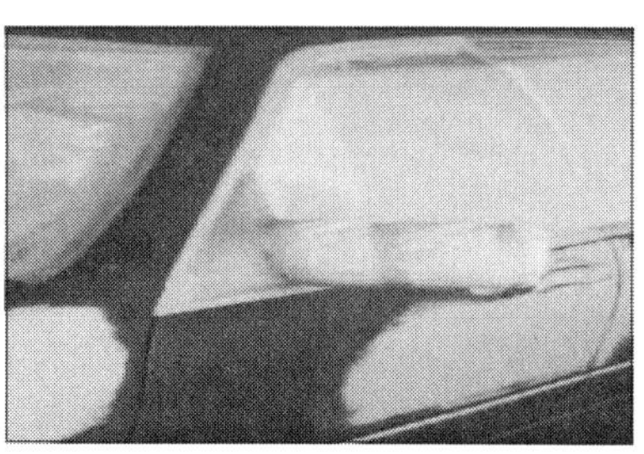

5. 앞 문짝 도장의 마스킹 작업

뒷 문짝 작업요령과 거의 비슷하다.

[작업요령(순서)]

(1) 마스킹 하기 전의 처리 : 마스킹 작업할 부분을 깨끗이 청소 및 탈지를 한다.

(2) 문 안쪽을 마스킹한다.

(3) 키 잠금뭉치를 테이프로 마스킹한다.

(4) 문의 손잡이를 테이프로 마스킹하고 끝선 테이프를 붙인다.

(5) 문의 양 옆 또는 주위를 마스킹한다.

(6) 문 양 옆(사이드)을 이중으로 부착한다.

(7) 문 윗부분의 끝선 부분에 끝선 테이프를 붙인다.

(8) 타이어 덮개(커버)를 씌운다.

(9) 남은 부분은 양생시트커버로 덮어 씌운다.

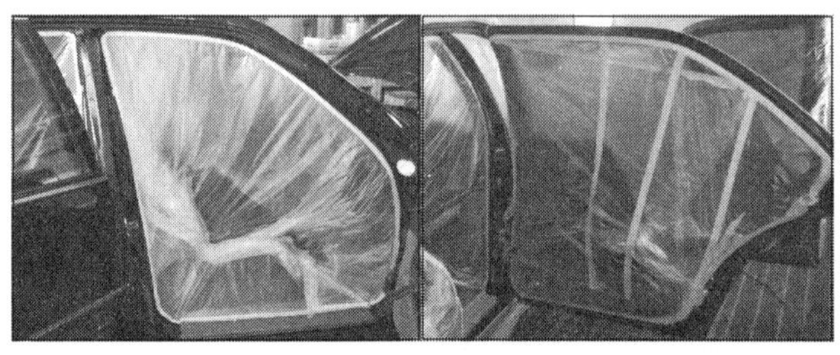

문 내측 마스킹

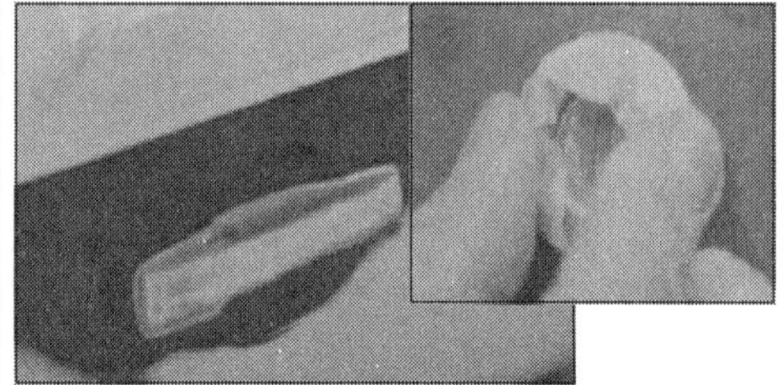

키 잠금 및 손잡이 테이프 부착

위쪽 끝선 부분 테이프 부착

[작업 시 주의사항]

(1) 양생시트가 날리지 않도록 자석 고정판을 이용하여 고정시키는 것이 필요하다.

(2) 마스킹 종이(페이퍼)가 날리지 않도록 부착해야 한다.

* 이상과 같이 마스킹 작업에 대해서 알아보았지만, 대단히 중요한 것은 마스킹 순서와 작업요령에 따라서 도장 후에 불만을 최소화 할 수 있다는 것을 깊이 생각해 보아야 한다. 마스킹 잘못으로 인해서 재작업, 인력낭비, 도료손실, 고객의 불만, 시간 낭비 등을 고려할 때 쉬운 것 같지만 철저히 숙달시켜 습관화 되도록 노력해야 한다.

최종적으로 다시 한 번 아래의 사항에 합격되었는지 확인하고 합격되면 다음 공정으로 넘어간다.
* 마스킹 테이프 붙인 부분의 사이가 뜨지는 않았는가?
* 끝 선 라인을 따라서 정확하게 잘 부착되었는가?
* 마스킹 종이로 덮을 부분을 잘 마무리 하였는가?
* 마스킹 작업할 부분이 부족하거나 과하게 붙이지는 않았는가?
* 작업 속도와 작업 표준에 도달해져 있는가?

3.5 스프레이 건의 기본 연습

스프레이 건을 어떻게 작동하고 움직이느냐에 따라서 색상이 다르게 도장되고, 도막 외관도 차이가 많으며, 도막 품질(광택, 내식성, 내후성 등)의 차이가 발생할 수 있으므로 도장 요령의 표준화가 필수적이라 할 수 있다.

따라서 도장 기술을 습득하려면 스프레이 건을 다루는 것이 기본 동작이다.

[필요용구]

(1) 스프레이 건 : 2대 - 색도료, 투명 도장용 1대(노즐구경 : 1.2~1.4mm 중 선택)
프라이머 서페이서 도장용 1대(노즐구경 : 1.5~2mm 중 선택)

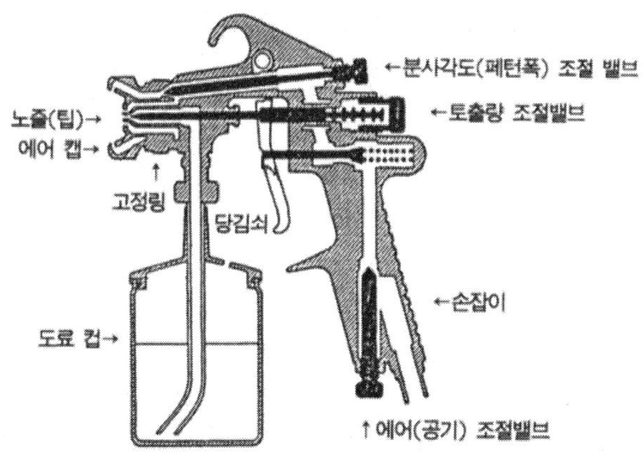

스프레이 건 각 부위의 명칭

(2) 스프레이 작업요령은 스프레이 건의 종류, 도료의 종류, 추천 희석제, 스프레이 시 도장점도 등에 따른 차이가 있으므로 사용 매뉴얼(Technical data sheet)을 참조하여야 한다. HVLP(High Volume Low Presure) 건을 표준으로 한 일반적인 건의 조절 내용과 중요한 요소는 다음 표와 같다.

<table>
<tr><th colspan="2" rowspan="2">구 분</th><th colspan="3">솔리드 색상 도장</th><th colspan="3">메탈릭 색상 도장</th></tr>
<tr><th>전체</th><th>블럭</th><th>블랜딩</th><th>전체</th><th>블럭</th><th>블랜딩</th></tr>
<tr><td colspan="2">스프레이 에어압력(kg/㎠)</td><td>3~4</td><td>2～3</td><td>1.5～2</td><td>2.5~3.5</td><td>2～3</td><td>1.5～2</td></tr>
<tr><td colspan="2">토출량(레바 회전 수)</td><td>3</td><td>2～3</td><td>2</td><td>2.5~3</td><td>2～3</td><td>1.5～2</td></tr>
<tr><td colspan="2">분사각도(패턴 폭, ㎝)</td><td>20～30</td><td>20～30</td><td>15～20</td><td>25～35</td><td>25～35</td><td>15～20</td></tr>
<tr><td rowspan="2">피도체와 건의 거리(㎝)</td><td>메탈릭</td><td rowspan="2">20~25</td><td rowspan="2">15～20</td><td rowspan="2">10～15</td><td>25~30</td><td>20～25</td><td>15～20</td></tr>
<tr><td>투명</td><td>20~25</td><td>15～20</td><td>10～25</td></tr>
<tr><td colspan="2">건의 운행속도(m/sec)</td><td>0.3~0.5</td><td>0.8</td><td>0.8</td><td>0.6</td><td>0.7</td><td>0.8</td></tr>
<tr><td colspan="2">건의 운행각도</td><td colspan="6">수직으로 평행하게 이동할 것</td></tr>
<tr><td colspan="2">희석제(희석용 신나)</td><td colspan="6">페인트회사의 지정된 것을 사용한다.</td></tr>
<tr><td colspan="2">점 도(포드컵 #4)</td><td colspan="6">11~15초(페인트 회사의 지시에 따른다)</td></tr>
<tr><td colspan="2">노즐구경(∅, mm)</td><td colspan="2">1.3~1.6</td><td>1.1~1.4</td><td colspan="2">1.3~1.6</td><td>1.1~1.3</td></tr>
</table>

* 1. 도료의 토출량은 전체도장 = 250～300cc/min, 부분보수도장 = 100～200cc/min.
* 2. 부분보수도장(Fade out)의 경우는 11.부분보수도장 기술에서 상세히 설명
* 3. 도장의 자세 : 움직이기 쉬운 자세
* 4. 도장의 중첩 폭 : 1/3씩 중첩되게

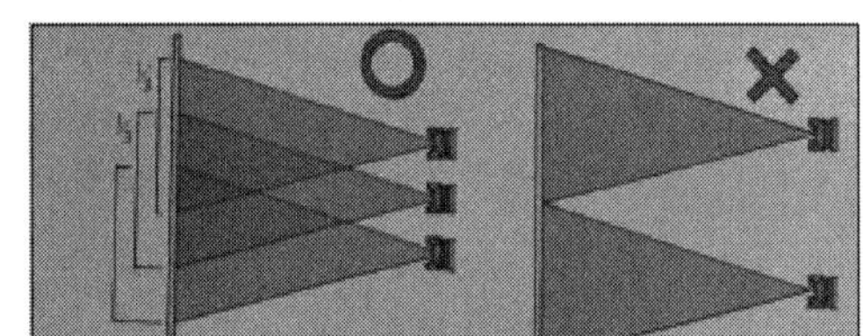

상기 조건을 참조하여 도장한 피막(도막)을 균일하게 도장할 수 있도록 도장 조건을 숙지하고 활용하여 표준화해야 한다.

1. 스프레이 건의 취급 방법

[작업요령(동작순서)]

(1) 도료 컵 : 색을 맞춘 도료와 희석제(신나) 또는 경화제를 혼합한 도료를 담는 컵

(2) 분사각도(패턴 폭) 조절밸브 : 도장하는 부위나 면적에 따라서 도료가 분사되는 각도를 조절하는 것으로 도료별 분사각도는 일반적으로 다음과 같이 조정한다.

① 솔리드(단칠)의 경우 - 45° 각도

② 메탈릭(은분칠)의 경우 - 60° 정도

③ 조절 밸브를 닫으면 → 스프레이 분사각도(패턴 폭)가 원형으로 된다. 문짝의 작은 구멍이든가 문사이 등 협소한 곳이나 분화구(크레이터링)를 수정 도장 할 때 분사각도를 좁게 한다.

④ 조절 밸브를 열면 → 스프레이 분사각도(패턴 폭)가 타원형이 된다. 외판(外板) 등 넓은 면을 도장할 때 분사각도 조절 밸브를 최대한 열어서 행한다.

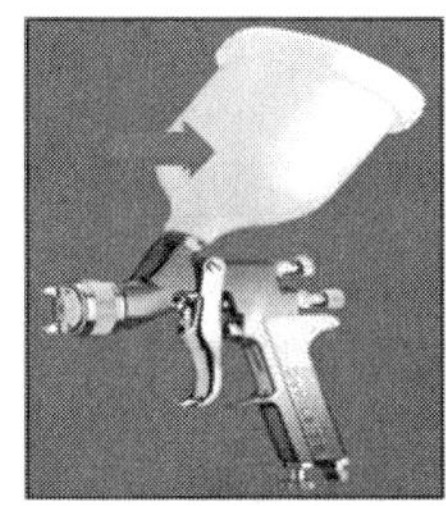

분사 각도 조절 밸브

(3) 토출량 조절밸브 : 도료의 종류나 마무리도장(시아기도장이라고도 함) 방법에 따라서 토출량을 조절한다.

* 밸브를 닫으면 → 도료의 양이 작아지게 된다.
* 밸브를 열면 → 도료의 토출양이 많아지고, 투명도료 도장 시에는 완전히 열고 도장하는 것이 좋다.

(4) 에어 캡 : 횡(橫)으로 스프레이 또는 종(縱)으로 스프레이 하도록 조절하는 에어 캡으로 고정 링을 열면 360° 회전한다. 캡의 위치를 정해놓고 고정 링을 조이면서 움직이지 않도록 할 수 있다.

* 캡의 횡(橫)방향 → 분사각도(패턴 폭)는 종으로 길게 된다. 스프레이 건을 횡으로 움직이면서 도장한다. 자동차 보수도장이나 일반적인 도장의 경우 대부분이 이 방법으로 행한다.
* 캡의 종(縱) 방향 → 분사각도(패턴 폭)는 횡으로 길게 된다. 스프레이 건을 상·하(종)으로 움직여 도장한다.

(5) 당김쇠 : 도료가 노즐을 통하여 나갈 수 있도록 하거나 나가지 못하도록 한다.

* 1단 당김 → 공기(Air)만 나간다. 공기불어내기(Air-blowing)하여 건조 촉진 등에 사용된다.
* 2단 당김 → 도료와 에어가 함께 나간다.

(6) 공기(에어) 조절밸브 : 스프레이 하기 위해서 공기의 양을 조절하는 밸브이다.

* 밸브를 닫으면 → 공기(에어)가 나가지 못하게 된다.
* 밸브를 열면 → 공기가 많이 나간다.
  부분 보수도장 시 에는 공기가 적게 나가서 더스트가 많이 날리지 않도록 하는 것이 좋다.

토출량 조절 밸브

에어 캡

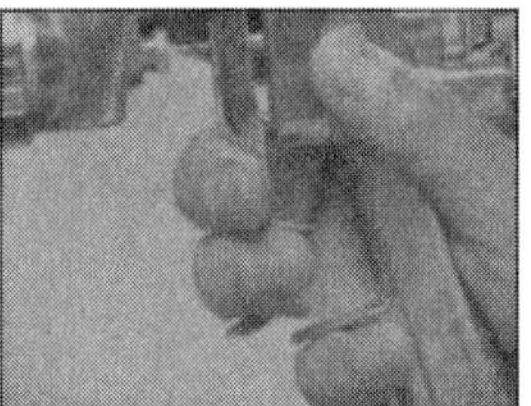

당김쇠

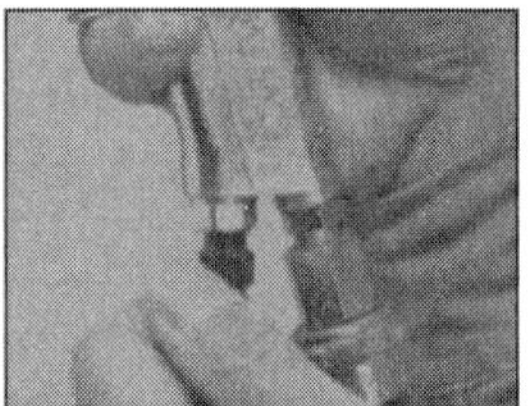

공기조절 밸브

2. 스프레이 건의 운행 연습

이 단계에서는 스프레이 건의 움직이는 이동 속도와 간격을 정확히 하며 피도체(훈련 종이로 사용)와 스프레이 건의 거리가 균일하도록 숙달시키는 것이 중요하다.

[필요용구]

(1) 스프레이 건(노즐구경 : 1.3mm) : 1대

(2) 훈련종이(트레이닝 페이퍼) : 여러 장

(3) 2K 아크릴우레탄 도료 : 1리터

(4) 우레탄용 희석제 : 1가론

[작업요령(동작순서)]

스프레이 건 잡는 요령

(1) 스프레이 건의 잡는 방법에는 정해진 규격은 없지만 일반적으로는 사진 모양으로 당김쇠에 2개의 손가락을 놓는다.

(2) 도장할 때에는 당김쇠를 당기고 도장 하지 않을 때는 손가락을 놓는다.

스프레이 건 횡(橫) 운행의 기본연습

(1) 훈련종이(트레이닝 페이퍼)의 선(라인)에 따라서 똑바로 왕복할 수 있도록 움직인다.

(2) 일정속도로 움직인다. 1～1.5m을 2초간에 운행한다.

* 속도가 빠르면 → 도막두께가 얇게 되고, 도막외관의 평활성이 나빠지게 된다.
* 속도가 느리면 → 도막두께가 두껍게 되고 흐르며, 메탈릭의 경우는 얼룩이 나타난다.
* 블록(부품) 도장의 경우 : 인접한 부품의 선단이 후막으로 흐름 또는 맺힘 현상이 발생할 수 있으므로 왕복(랩) 도장을 해야 한다.

스프레이 건 잡는 요령

운행의 기본 연습

(3) 피도체 표면과 스프레이 노즐과의 거리가 일정하게(약 25~30cm) 움직인다.

- 각도는 이상적으로 도장면과 직각을 가지고 평행하게 운행한다.
- 손목으로 움직이지 말고 몸으로 움직이는 습관을 기르도록 해야 한다.
- 거리와 운행속도는 상관관계가 있다.
- 거리가 가까울 때는 속도를 빠르게 거리가 멀 때는 속도를 느리게 한다.

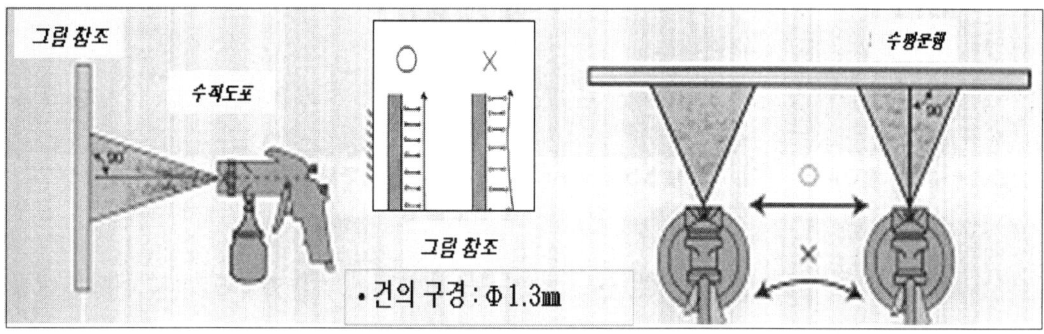

(4) (1)~(3)항을 연속해서 똑같은 간격으로(훈련종이의 선 참조) 행하면서 위에서부터 아래로 운행한다.

* 2/3씩 도장을 중첩되게 한다. 훈련종이로 연습하는 곳에 따라 적정한 도장의 중첩 폭을 습득해야 한다. 최근에는 균일한 도장을 위해 더 많이 중첩되게 도장할 수 있는 습관을 길러야 한다.

4 브랜딩(겹치기 도장 = 보카시 도장)할 때 스프레이 건 운행의 기본 연습

(1) 훈련종이(트레이닝 페이퍼)의 우측 반을 브랜딩(겹치기 도장)한다.

(2) 훈련종이(트레이닝 페이퍼)의 좌측 반을 모두 칠하고 우측 반을 반 정도 도장한다.

* 훈련종이의 중간 정도에 다다르면, 자동차의 반클러치 사용 요령으로 당김쇠를 당겨서 능숙하게 행한다.

(3) 훈련종이(트레이닝 페이퍼)의 원형 부분을 브랜딩(겹치기도장)을 행한다.

- 훈련종이에 직경 30cm 정도의 원을 마스킹해서 그린다.

아래의 각 단계 실습을 행한다.
① 원형의 주변을 각각 형태로 겹치기 도장하는 방법을 익힌다.
② 원형의 가운데를 서서히 칠하여 겹치기 도장하는 방법을 익힌다.
③ 원형의 가운데를 칠하고 마지막으로 원 안쪽을 원형을 그리면서 겹치기 도장하는 방법을 익힌다.

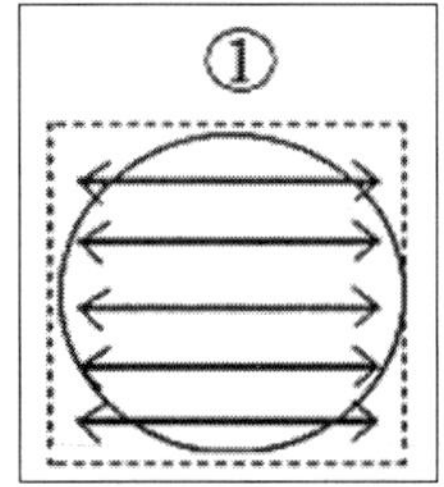

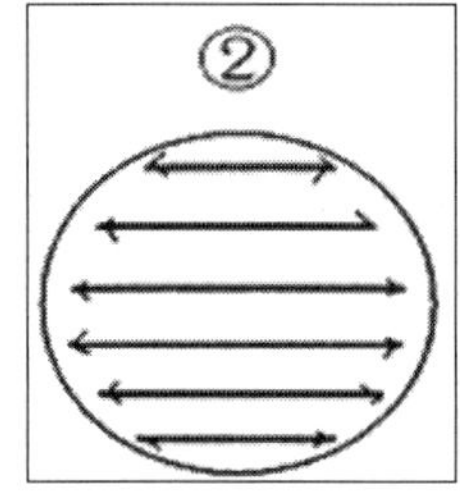

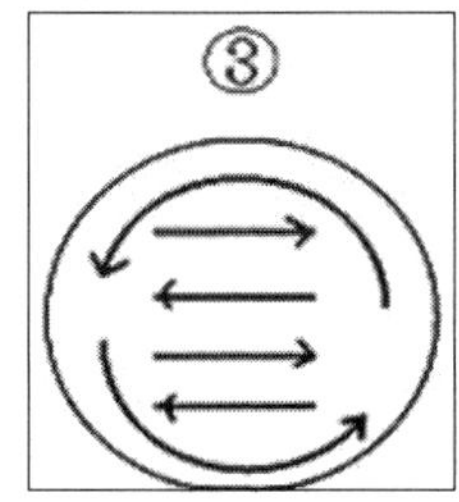

종(縱) 스프레이 도장의 스프레이 건 운행의 기본연습

트럭이나 웨건 자동차의 모서리나 원통형상의 피도체 등을 도장하는 경우는, 스프레이 도장 폭을 종(縱)으로 해서 도장한다.

록카판넬(철창) 등, 밑부분(언더 파트) 도장의 스프레이 건 운행의 기본연습

록카판넬(철창) 등, 낮은 위치에 있는 판넬을 도장할 때는 스프레이 건을 위로 향하게 해서 도장한다.

* 이때 컵을 거꾸로 하면 도료가 엎질러지므로 컵의 회전 방향에 주의한다.

스프레이 건의 청소

스프레이 작업이 종료되면, 청소와 탈지기술의 5)항 스프레이 건 세정 작업에 따라 깨끗이 청소해서 정해진 장소에 보관한다.

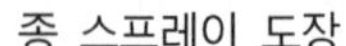
종 스프레이 도장

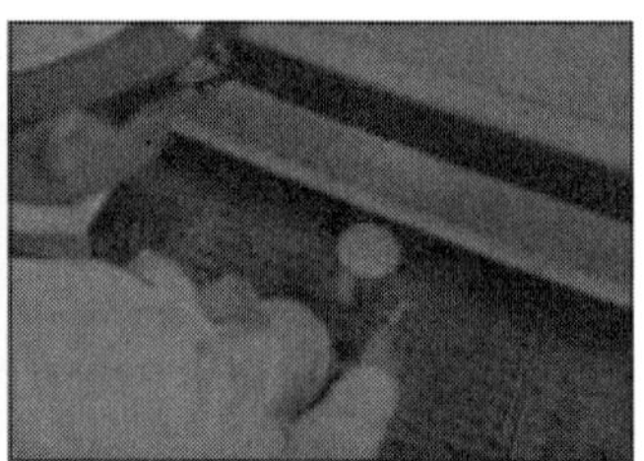
록카판넬 도장

이상의 작업이 숙달되도록 실습을 해야 한다.
1) 도장 시 중복 도장(패턴폭)이 정확하게 행해지고 있는가?
2) 스프레이 건의 취급이 정확하게 이루어지는가?
3) 운행 속도가 정확하게 행해지고 있는가?
4) 도장 거리가 정확하게 이동하고 있는가?
5) 스프레이 건의 청소는 깨끗하게 되어 있으며 정리정돈은 철저한가?
6) 폐도료의 제거 및 관리 상태는 숙지하며 잘 이행하는가?를 확인하고 생각해 볼 것

3.6 프라이머 서페이서(중도)의 처리 기술

자동차 보수도장 시 프라이머 서페이서의 도장은 필수적이지만 도장하지 않는 경우가 있다. 이는 도장을 해야 하는 원인을 잘못 이해하고 있기 때문이다.

프라이머 서페이서를 도장하는 이유로써는

① 층간 부착력과 방청력을 향상시키기 위해서이고

② 구도막의 보호재로써 역할을 하며

③ 상도적응성을 좋게 하기 위해서(광택, 도막외관 등)

④ 도막결함(핀홀, 부풀음, 퍼티자국, 크랙, 연마자국 부착불량 등)을 사전에 방지하기 위해서이다.

따라서, 부품의 프라이머서페이서 도장 준비에서부터 도장, 건조하기까지의 기술을 습득한다.

1. 신 자동차 부품의 프라이머 서페이서 도장

[필요용구]

(1) 프라이머 서페이서 유색(주제) : 1G/A

(2) 프라이머 서페이서 경화제 : 2 ℓ

(3) 탈지제(실리콘오프) : 1G/A

(4) 흰 면가재 또는 종이 타올 : 약간

(5) 비닐 용기(포리 컵, 1ℓ, 2ℓ) : 각 1개

(6) 교반봉, 또는 계량자(스페튤라) : 1개

(7) 스프레이 건(HVLP 구경 1.5~2.0mm) : 1개

(8) 더블액션연마기(975DB5 연마기와 동등 제품) : 1대

(9) 매직연마지(접착 울이 있는 샌드페이퍼) : 약간

(10) 부직포(연마포 또는 수세미) : 1개

(11) 계량저울(전자저울 0.1~ 4000g) : 1대

(12) 원 적외선 건조기 : 1대

(13) 에어더스트 건 : 1대

(14) 여과망(페인트 스트레이너) : 1개

(15) 세척용 희석제 : 1G/A

[작업요령(동작순서)]

(1) 초벌연마

① 더블액션 연마기에 #320번 연마지를 부착해서, 전체적으로 가볍게 연마한다.

② 더블액션 연마기로 사용할 수 없는 부위는 부직포(연마포 또는 겐마론S) #320번으로 연마한다.

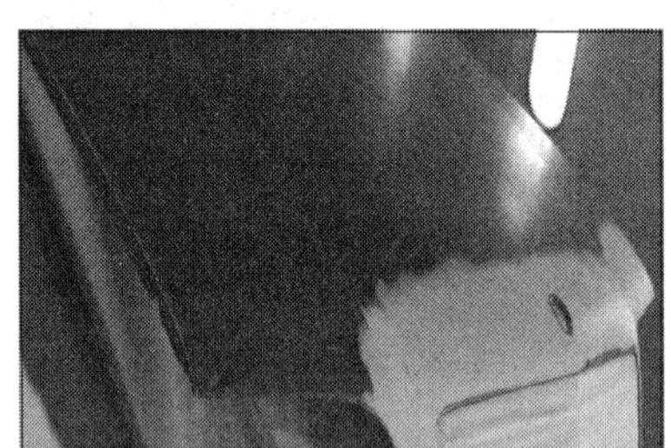

(2) 공기불어내기(Air blowing)

먼지, 연마찌꺼기를 에어더스트 건을 사용하여 불어낸다.

(3) 프라이머 서페이서의 배합

① 프라이머 서페이서 유색의 뚜껑을 열고, 교반봉을 사용하여 용기의 밑부분에 안료가 침전되어 있

는지 확인하면서, 균일하게 되도록 30~60초 정도 저어준다. 이때, 안료침전이 있는지 확인하는 방법은 교반봉(스페튤라)을 밑부분에 닿게 해서 바닥을 긁어서 들어 올렸을 때 교반봉 끝 부분에 뭉쳐있는 것이 있으면 침전되어 있는 것이므로 충분히 교반해야 한다.

② 프라이머 서페이서 유색(주제)를 배합 비율대로 달아 넣는다.

ⓐ 계량저울에 포리 컵을 놓고, 눈금 수치를 0로 맞춘다.

ⓑ 프라이머 서페이서 유색(주제)을 비닐 용기(포리컵)에 달아 넣는다.

ⓒ 프라이머 서페이서 경화제를 배합비율대로 달아 넣는다.

ⓓ 배합 종료 후 교반봉으로 돌려가면서 저어주어 균일하게 혼합시킨다.

배합비율(중량비)	
프라이머 서페이서 유색(주제)	100
프라이머 서페이서 경화제	50
우레탄 하도용 신나(추천용)	-

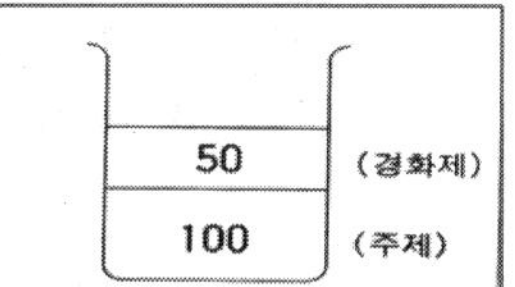

* 희석제(신나)는 매뉴얼에 따라 사용량을 조절할 수도 있고, 도료 종류에 따라 배합 비율이 다르다.

* 주의사항

안료 침전이 일어났을 경우에 충분히 교반하지 않으면, 은폐력(소재가 감춰지는 것) 불량 및 연마성 불량이 발생하고 건조가 늦어질 수 있다.
따라서, 충분히 교반한 다음 교반봉으로 용기 바닥을 긁어서 들어 올렸을 때 교반봉에 도료가 뭉쳐있지 않고, 일정하게 흘러내리면 사용한다.

ⓔ 정리 작업 : 프라이머 서페이서 유색(주제)와 경화제, 비닐용기(포리 컵) 등에 뚜껑을 닫는다. 저울, 교반봉 등에 붙어있는 도료는 세척용 신나로 깨끗이 닦아낸다.

(4) 탈지(脫脂)

탈지제(실리콘오프)를 깨끗한 면 헝겊(가재 또는 종이타올)에 적셔서, 오른손에 잡고 도장할 면을 닦으면서, 왼손에는 깨끗하고 마른 면 헝겊을 이용하여 탈지제가 증발하기 전에 깨끗이 닦아낸다.

(5) 프라이머 서페이서 도장 : 스프레이 건(HVLP건, 노즐구경 1.5mm 기준)의 조절은 다음과 같다.

공기압력(Kg/㎠)	2.5~3.5
토출량(조절 레바)	6바퀴 회전
분사각도(패턴 폭)	45~60˚
도장소재와 스프레이 건의 거리(cm)	15~20
건의 운행속도[m/초(sec)]	1.0~1.5

① 프라이머 서페이서 유색의 혼합도료 여과

→ 여과망(페인트 스트레이나)을 사용하여 여과한다.

② 초벌도장 → 크레이터링, 핀홀 등 결함사항을 방지하기 위해서 얇고 균일하게 1회 도장한다.

③ 실온(20℃)에서 플래쉬 타임 → 1~2분

④ 마감도장 → 오렌지필이 생기지 않도록 잡아서 1~2회 도장한다.

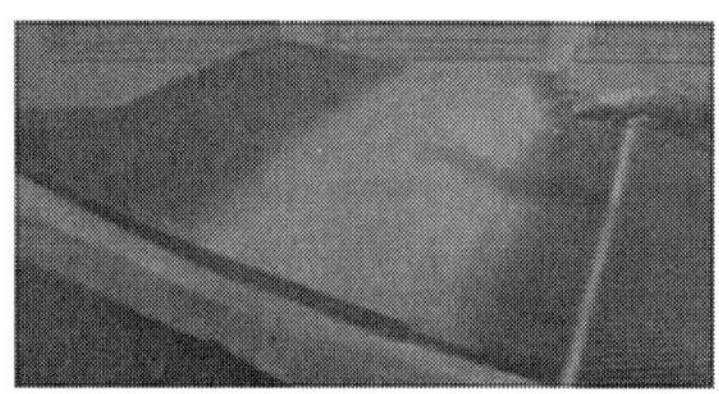

초벌도장

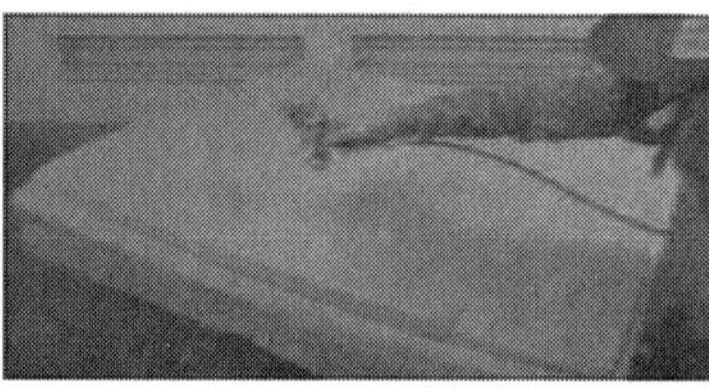

마감도장

(6) 건조(乾燥) : 20℃에서 40분 또는 60℃에서 10분 경화시킨다. 이때, 도장 직후 최소한 20℃에서 10분 방치 후(셋팅 타임) 가열 경화 시켜야 한다. 단, 구도막이 락카계 프라이머가 도장된 경우에 가열 경화시키면 주름이 발생될 수 있으므로 주의해야 한다(자연 건조가 좋다.).

이상과 같이 각 공정을 반복 실습하여 숙달되도록 하는 것이 필요하며, 탈지작업은 부착력 및 도막외관에 영향을 미치므로 정성 들여 실행해야 한다.
따라서 아래의 기준에 합격되면 도장 기술자(강사)는 다음 과정을 교육한다.

① 초벌연마 시 연마는 제대로 행하였는가?

→ 연마가 불규칙하게 되지 않고 철판이 나오지 않도록 균일하게 표면만 연마하면 합격이다.

② 프라이머 서페이서 도막이 균일하게 도장되고 도막 외관은 양호한가?

③ 프라이머 서페이서 도장 후 도료가 남아 있는가?

④ 작업속도가 합격 수준에 맞는가?

⑤ 사용된 도료, 경화제, 스프레이 건, 연마기 등 기자재는 잘 정돈되었는가?를 체크해 보아서 합・부 판정을 실시한다.

2. 퍼티 도포면의 프라이머 서페이서 도장

손으로 평편하게 하지(아연 퍼티 또는 포리솔 퍼티)를 처리(연마)한 판넬 1매(후드 또는 문짝이나 실차 판넬)를 직접 만들어 가지고 프라이머 서페이서를 도장하는 기술을 습득한다.

[필요용구]

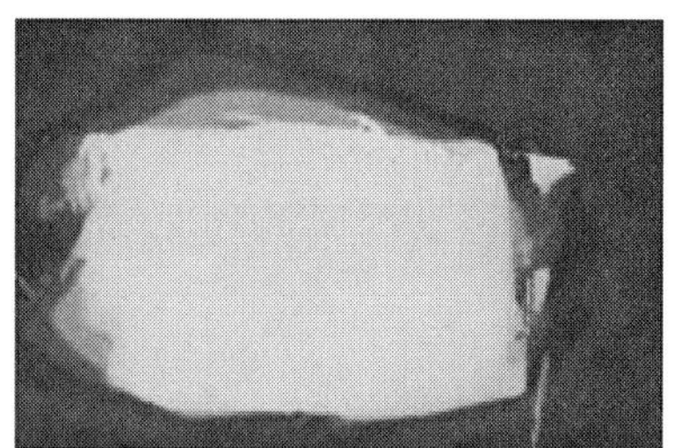

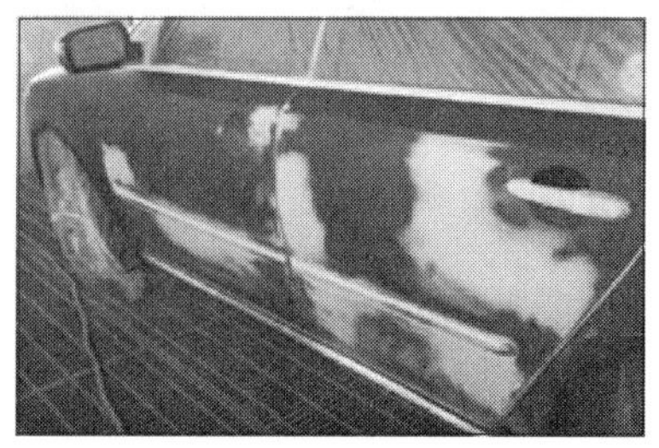

(1) 프라이머 서페이서 유색(주제) : 1G/A(3Kg)

(2) 프라이머 서페이서 경화제 : 1 ℓ (1Kg)

(3) 탈지제(실리콘오프) : 1G/A

(4) 프라이머 서페이서 희석제, 세척용 희석제 : 각 1G/A

(5) 스프레이 건(HVLP 기준, 구경 : 1.5~2.0mm) : 1 대

(6) 비닐 용기(포리 컵) 및 교반 봉 : 각 1개

(7) 여과망(페인트 스트레이너) : 1개

(8) 흰 면헝겊(종이 보루 또는 깨끗한 헝겊) : 약간

(9) 마스킹 컷트기 : 1개

(10) 마스킹 종이(페이퍼) : 약간

(11) 마스킹 테이프 : 1개

(12) 더블액션연마기(975BD-5 연마기와 동등 제품) : 1대

(13) 매직 연마지(三理化學과 동등 제품) : 각 1장

(14) 부직포(연마포, 수세미, 三理化學의 겐마론S와 동등 제품) : 1장

(15) 저울(계량용 전자 저울) : 1대

(16) 원적외선 건조기 : 1대

(17) 에어더스트 건 : 1대

[작업요령(동작순서)]

(1) 초벌연마

① 더블액션 연마기에 #240번 연마지를 부착한다.

② 퍼티 연마할 때, 주변의 구도막 위에 있는 깊은 연마자국을 매끄럽게 하면서, 초벌연마를 한다.

③ 연마기를 사용할 수 없는 부위는 부직포(연마포, 수세미) #320 번을 사용해서 손으로 연마한다.

* 주의사항
초벌 연마의 범위는 퍼티 도포 가장자리에서 10cm 정도 벗어나게 연마하는 것이 좋다.

(2) 청소

① 흡진파일을 사용해서 연마찌꺼기를 흡입하여 제거한다.

② 먼지, 티 등을 에어더스트 건을 이용해서 기포 구멍까지 완전히 제거한다.

(3) 프라이머 서페이서를 도장할 면적보다 넓게 마스킹을 행한다.

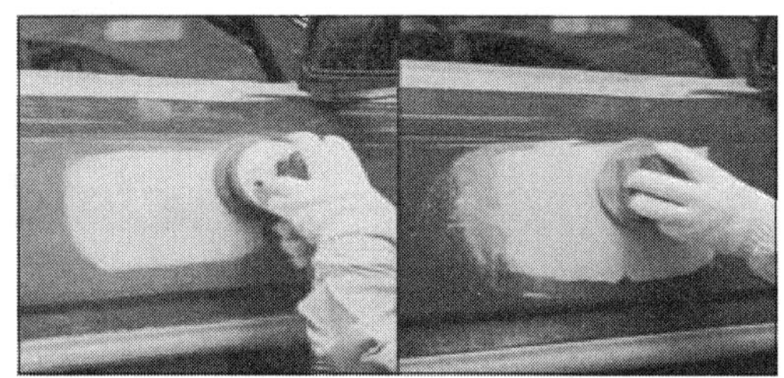
연마

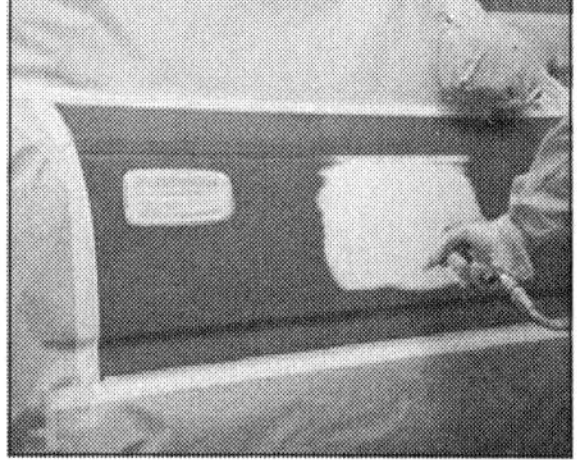
청소

마스킹

(4) 프라이머 서페이서의 배합

① 용기의 밑바닥에 안료분이 침전(가라앉음)해 있을 수 있으므로 교반봉으로 30~60초 정도 충분히 혼합한다.

② 계량저울(전자저울)에 비닐용기(포리 컵)을 올려놓고, 계량 눈금을 "0"으로 맞춘다.

③ 프라이머 서페이서 유색을 비닐용기(포리 컵)에 달아 넣는다.

④ 프라이머 서페이서 경화제를 비닐용기에 달아 넣는다. 이때, 경화제의 점도가 낮으므로 흘러서 밖으로 오염되지 않게 잘 달아 넣도록 소량씩 넣는다.

⑤ 배합 종료 후 교반봉으로 휘저으면서, 균일하게 혼합시킨다.

* 주의사항

프라이머 서페이서 유색(주제)을 뚜껑을 열고 교반봉(스페튤라)을 넣어 캔 바닥을 긁어서 위로 꺼냈을 때, 봉에 붙어있는 도료가 덩어리가 없이 일정한 유동 상태로 흘러내리면 혼합이 잘 된 것으로 볼 수 있다. 안료 침전이 일어난 불량된 도료를 사용하면, 건조가 늦거나, 연마가 잘 안되는 등 도막결함이 발생될 수 있다.

⑥ 정리정돈

프라이머 서페이서 유색(주제)와 경화제의 뚜껑과 비닐용기(포리 컵)의 뚜껑을 닫고 저울, 교반봉(스페튤라)에 붙어있는 도료는 세척용 희석제로 깨끗이 닦아낸다.

(5) 탈지(脫脂)

탈지제(실리콘오프)를 깨끗한 면 헝겊에 적셔서, 도장 면에 닿게 해서 닦아내고, 별도의 깨끗한 마른 헝겊으로 닦아낸다.

(6) 프라이머 서페이서의 도장(塗裝)

① 프라이머 서페이서 회색을 여과 → 여과망(페인트 스트레이나)를 통해서 스프레이 건에 넣는다.

② 초벌도장 → 퍼티 부위에 얇고 균일하게 1회 도장한다.

③ 마감도장 → 퍼티면 보다 조금 넓게(약 5cm 정도) 도장한다. 다시 한 번 더 약간 넓게 한 번 더 도장한다.

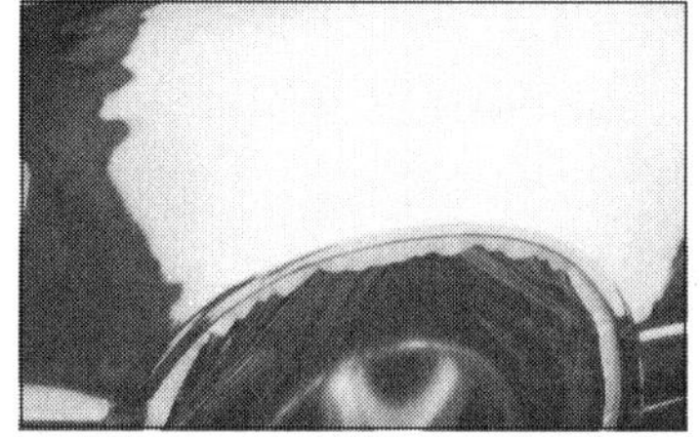

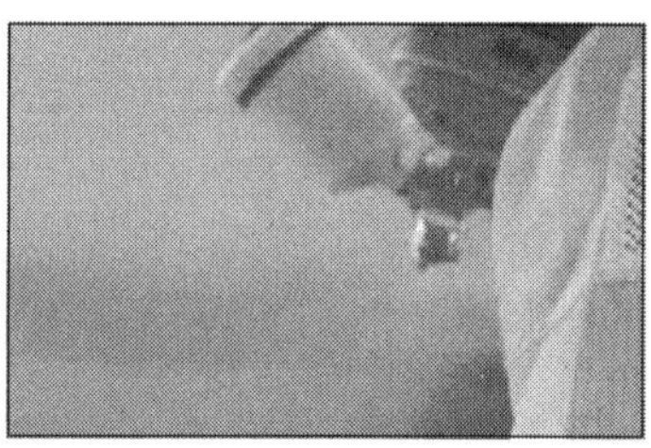

청소 및 탈지 　 초벌도장 　 마감도장

* 스프레이 도장의 좌우 끝부분은 일반적으로 스프레이 건의 당김쇠를 ON : OFF(당겼다, 놓았다) 동작을 반복 조작해서 도료가 많이 날리지 않도록 해야 한다. 이 조작이 잘 안되는 경우는 더스트의 비산, 흘러내림 등의 불만요인이 될 수 있다.

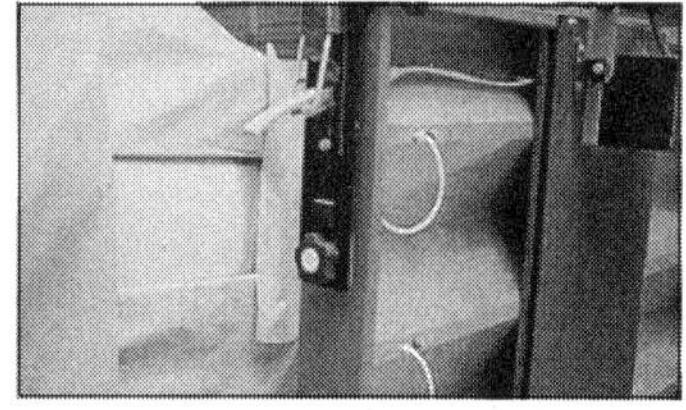

(7) 건조 : 20℃ × 40분 또는 60℃ × 10분

이상의 작업요령을 반복해서 아래의 기준에 합격되면 도장 기술자(강사)는 다음 과정을 교육한다.

① 초벌연마 시 연마하지 않은 부분은 없는가?

② 프라이머 서페이서 도막이 균일하게 도장되어 있는지 아닌지?

③ 프라이머 서페이서 도장이 되어있지 않은 부분이 있는지 없는지?

④ 작업속도가 합격기준에 도달하였는지 아닌지?

를 검토해서 숙달되도록 해야 한다.

* 프라이머 서페이서의 도막이 있어야 구도막을 보호하고 색 및 투명 도료의 도장 후에 외관이 화려해 질 수 있기 때문에 꼭 도장되어야 함은 물론 균일하게 도장하는 것도 중요하다. 이 공정에서 외관을 매끄

럽게 처리하지 못하면, 건조 후 또는 주행 중에 연마자국, 부풀음, 벗겨짐, 광택소실 등이 발생할 수 있기 때문이다.

3. 프라이머 서페이서 면의 수 연마(Water sanding)

손으로 평평하게 연마할 수 있는 것으로 프라이머 서페이서가 도장되어 있는 판넬을 준비한다.

* 이 과정에서는 프라이머 서페이서 도장한 면의 수 연마(Water Sanding) 기술을 습득한다.

[필요용구]

(1) 플라스틱 양동이 : 1개

(2) 스폰지 : 1개

(3) 흰 면 헝겊(종이 타올) : 약간

(4) 가이드코트(에어로졸 스프레이와 동등 제품) : 1개

(5) 블럭(아데방) : 1개

(6) 내수 연마지 : 1장

(7) 플라스틱 주걱(헤라) : 1개

(8) 색 연필 : 1개

(9) 락카계 퍼티(3M 퍼티 동등 제품) : 1개

(10) 원적외선 건조기 : 1대

[작업요령(동작순서)]

(1) 프라이머 서페이서 면의 마무리 퍼티

① 프라이머 서페이서 도장 면에 연마자국이나 기포자국이 남아 있으면 락카계 퍼티를 주걱(헤라)에 소량을 묻혀서, 메꾸어 지도록 당겨서 도포한다.

② 퍼티 건조 : 20℃ 기준으로 약 1시간(60℃×10분) 건조시킨다.

(2) 프라이머 서페이서의 연마

① 가이드코트(에어로졸 스프레이 흑색)을 도장한다 → 프라이머 서페이서 면에 가이드코트를 1회 얇게 도장하고 20℃에서 5분 건조시킨다.

* 주의사항
- 가이드코트(락카스프레이 7 흑색)를 사용하기 전에 가이드코트의 캔을 상하로 흔들어 준다.
- 마스킹 종이 등에 시험도장 하면서, 얇게 1회 도장한다.

② 마스킹을 벗긴다.

③ 마무리 퍼티 작업을 한 부분부터 연마를 시작한다. 이때, 아데방(블럭)에 내수 연마지 #320번을 접착시켜서 스폰지에 먹어 있는 물을 손으로 짜서 흘러 내리게 하면서, 블럭(아데방)을 상 · 하 · 좌 · 우로 움직이면서 평활하게 될 때까지 연마한다.

④ 다음에, 내수연마지를 #400번으로 교환해서, 사전에 연마 면을 닦아내고, 스폰지에 물을 흘러내리면서, 부품의 긴방향(일정한 방향)으로 전체적으로 연마한다.

⑤ 손이 들어가지 않는 부분이나 차체선(프레스라인) 등은 연마지를 구부려서, 연마지만을 이용해서 연마한다.

가이드코트 도장 및 연마(#320)

수연마(#400)

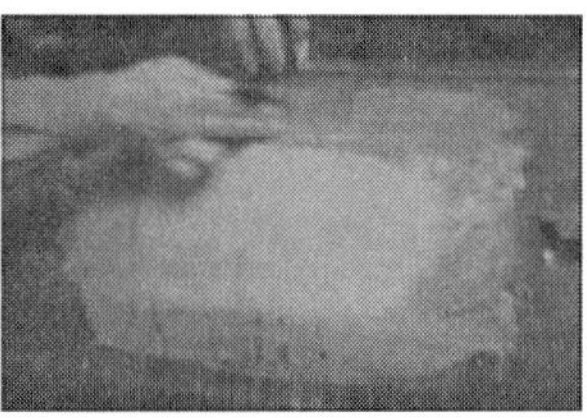

요철연마

⑥ 연마 표면을 블럭(아데방)으로 물을 제거하여 프라이머 서페이서 면의 광택이 균일하게 되어 있는지 아닌지를 체크(검토)한다. 이때, 광택이 무광 상태로 균일하면 연마 상태가 양호한 것으로 볼 수 있다.

⑦ 마지막으로 깨끗하고 젖은 면 헝겊으로 2번 정도 닦아서, 연마찌꺼기를 완전하게 제거한다.

청소와 탈지

이상과 같은 작업을 반복해서 숙달되도록 하는 것이 중요하며, 다음 사항에 합격되도록 해야 한다.

> 아래의 기준에 합격되면 도장 기술자(강사)는 다음 과정을 교육한다.
> * 구도막의 프라이머가 연마로 인해 나타났는가 아닌가?
> * 평활성은 합격 기준에 도달했는가?

* 연마자국이 기본대로 되어있는가?
* 연마하지 않은 부분이 남아 있지는 않은가?
* 작업속도가 합격 기준에 이루어지는가?
* 용구의 사용 방법은 적절한가?
* 남은 도료의 폐기는 적절히 하고 있는가?

를 중점적으로 체크(검토)하면서 숙달 되도록 하는 것이 바람직하다.

4. 프라이머 서페이서 도장면의 건식연마(Dry sanding)

프라이머 서페이서가 도장되어 있는 판넬에 가이드코트(또는 에어로졸 스프레이)가 도장된 것을 준비한다. 상처부위의 표면을 매끄럽게 원상회복하는 마지막 단계로서 눈으로 확인할 수 있는 마지막 단계이기 때문에 가이드코트를 사용해야 한다.

[필요용구]

(1) 더블액션 연마기(975 BD-5와 동등 제품) : 1대

(2) 락카계(그레이징)퍼티(3M 레드퍼티와 동등 제품) : 1개

(3) 가이드코트(에어로졸 스프레이) : 1개

(4) 매직 연마지 : 약간

(5) 흰 면 헝겊(종이 보루) : 약간

(6) 플라스틱 주걱(수지 헤라) : 1개

(7) 탈지제(실리콘오프) : 4 ℓ

(8) 색연필(매직 펜) : 1개

(9) 방진 장비 : 1대

[작업요령(동작순서)]

(1) 프라이머 서페이서 도장면의 연마

① 프라이머 서페이서의 흐름, 먼지 등 불만이 있는 곳을 사전에 색연필로 표시한다.

② 우선, 불만이 있는 곳으로부터 연마를 시작한다. 결함이 있는 곳은 흡진파일에 #320번 매직연마지를 부착하고, 바닥(패드) 면을 균일하게 닿게 해서, 조금씩 깍기도록 상,하, 좌, 우로 움직이면서 매끄럽게 연마한다.

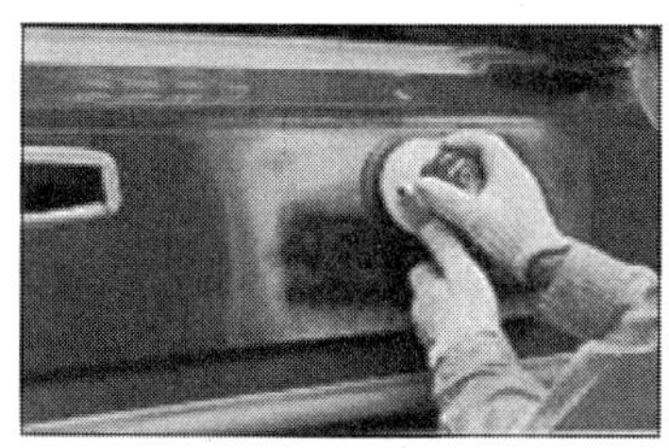

③ 다음에 #400번 연마지로 교환한다.

④ 프라이머 서페이서의 전체 면을 균일하게 연마하여, 평활하고 매끄럽게 연마한다. 이때 구도막이 보이도록 연마해서는 안 된다. 따라서 동일한 곳에 1~2회 정도 왕복할 수 있도록 연마해야 한다.

* 주의사항
- 연마지가 불규칙하게 연마 되거나, 마모가 되었을 때는 교환해서 사용한다.
- 연마기를 사용할 수 없는 부위나 가장자리 부분은 파일에 #400번 연마지를 사용해서, 손으로 연마한다.

⑤ 가이드코트가 남아있지 않을 때까지 연마한다.

⑥ 연마 면을 탈지제에 침적시킨 면 헝겊을 사용해서 깨끗이 닦아낸 다음, 프라이머 서페이서 도장 면이 균일하게 연마 되었는지, 광택은 무광 상태로 균일한지 체크한다.

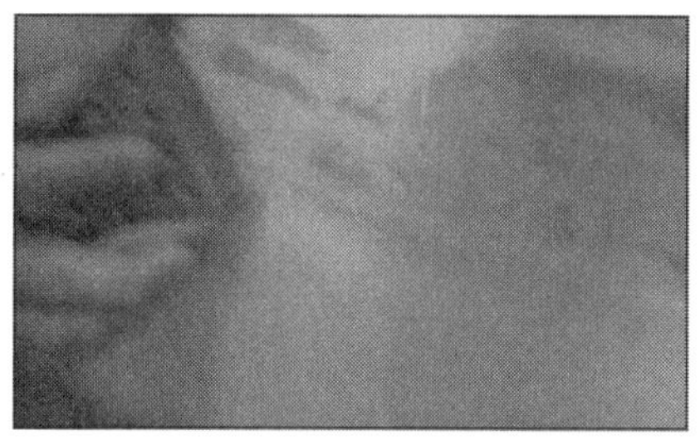

블럭 마무리 연마(#600)

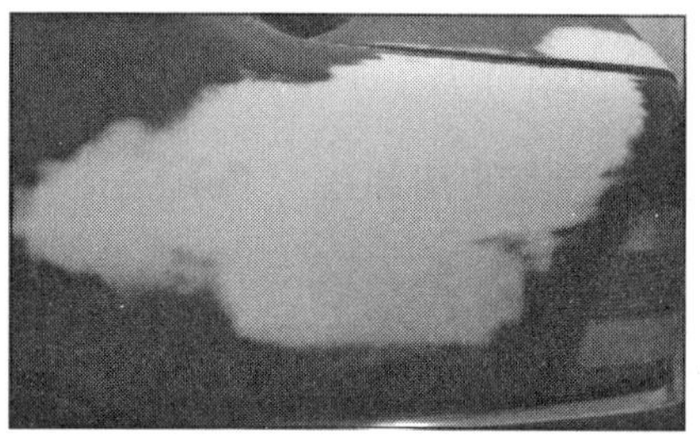

탈지 후 무광상태(우수한 작업)

이상의 작업을 숙달시키고 올바른 작업을 위해서는
① 구도막이 나오도록 연마 되지는 않았는가?
② 평활성이 합격수준에 도달 되었는가?
③ 연마자국이 기본과 같이 균일하게 잘 연마되어 있는가?
④ 연마가 안된 부분은 없는가?
⑤ 작업 속도가 합격 기준에 도달해져 있는가?
⑥ 공구는 제자리에, 폐도료는 적절히 폐기하였는가?
를 체크하면서 숙달 되도록 해야 한다.

지금까지 기초적인 초급편 도장기술로서 구도막 박리 기술, 청소와 탈지 기술, 퍼티 도포와 연마기술, 마스킹 기술, 스프레이 건의 운행 요령, 프라이머 서페이서의 처리 기술 등을 습득하였다.

반복적인 실습으로 숙련공이 되지 않으면 도장 전문가로서의 성공은 어려울 것이다.

이 기초가 튼튼해야 중급과 고급기술인 조색기술까지 습득할 수 있으며, 초보 기술의 부족한 부분은 지속적으로 반복하여 습득할 것을 바라면서 중급편 기술인 상도(색 도료, 투명)의 도장 기술을 습득하기로 한다.

3.7 상도(색도료, 투명)의 도장 기술

스프레이 건의 기본연습을 습득한 후에 다음 순서에 따라서 작업을 행할 수 있다.

스프레이 작업이 부족한 부분이 있다면 사전에 반복하여 실습한 다음 자신감이 얻어지면 참여하는 것이 좋다.

A. 도료의 배합

B. 휀다 안쪽(뒷면)의 도장

C. 후드(본넷트)의 안쪽(뒷면) 도장

D. 단칠(솔리드 색상)의 상도도장 실습

E. 메탈릭(은 분칠)의 상도도장 실습

F. 3코트 펄의 상도도장 실습

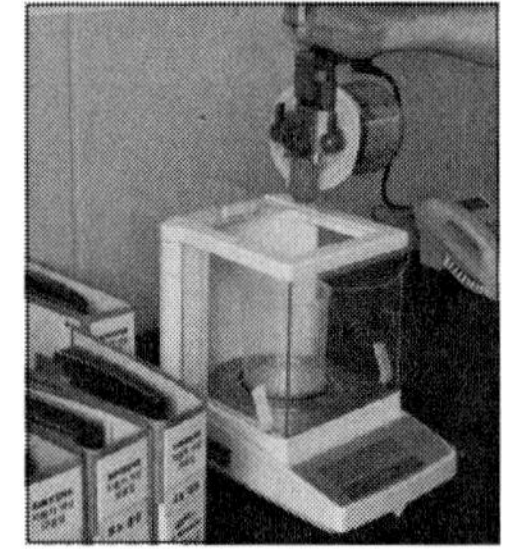

A. 도료의 배합

도료는 종류에 따라서 배합하는 비율이 다르며, 유사제품이라도 페인트 회사별로 차이가 있으므로 도료의 종류(아크릴락카, 폴리에스테르계 베이스코트, 속건우레탄, 고광택용 아크릴우레탄계 등 유색도료)와 투명(Clear)도료의 초속건형, 속건형, 표준형, 지건형(고광택용) 등 회사별 추천시방(TDS)을 명확히 숙지하고 배합의 순서를 습득한다.

[필요공구]

(1) 속건우레탄계 솔리드 색상(주제) : 1리터

(2) 속건우레탄 경화제 : 1개

(3) 우레탄 희석제 : 1G/A

(4) 계량 저울(소수점 2 째자리 이상) : 1대

(5) 비닐 용기(포리 컵, 캔) : 약간

(6) 교반봉(스페튤라) : 1개

(7) 면 헝겊(종이 타올) : 약간

[작업요령(동작순서)]

우레탄계 도료의 배합

(1) 도료를 계량기에 넣기→ 저울에 폴리컵을 올려놓고 눈금을 0(제로)으로 한다.

(2) 도료 베이스 교반 → 도료 용기 내부의 밑바닥에 안료나 메탈릭(은분), 펄 등이 침전되어 있을 수 가 있으므로 교반봉(스페튤라)으로 충분히 교반한다.

(3) 도료를 비닐 용기(포리 컵 또는 캔)에 계량하여 넣는다.

(4) 경화제를 비닐 용기(포리 컵)에 계량하여 넣는다.

(5) 희석제(신나)를 비닐 용기(포리 컵)에 계량하여 넣는다.

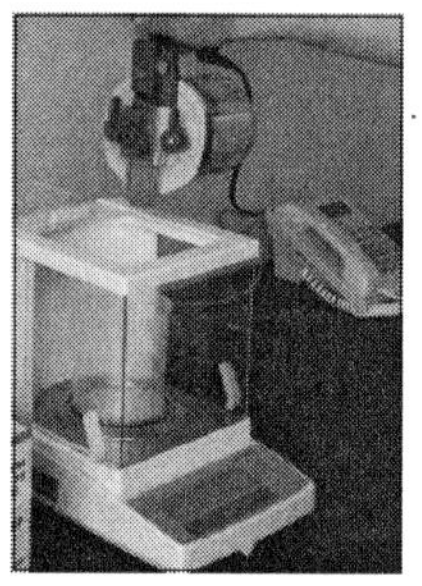

이때 희석제(신나)는 도장 시 환경온도에 따라서 사용이 구분되어 있고, 도료의 종류에 따라 특성이 다르므로 구분 사용해야만 정확한 도장과 우수한 도막을 얻을 수 있다.

구 분	신나의 종류	5℃	10℃	15℃	20℃	25℃	30℃	35℃
부분보수도장	초지건신나						←	→
	지건형신나				←		→	
	하 절 형		←		→			
	표 준 형	←		→				
	동 절 형	←→	→					

* 도장 시 온도와 희석제(신나)의 선택 방법(페인트 회사의 TDS 사양 숙지 필요)은 전체도장, 부품도장에도 차이가 있다.

(6) 배합 완료 후 교반 → 교반봉(스페튤라)로 휘저어가면서 균일하게 혼합되도록 한다.

* 이때 교반봉은 위로 끌어올려서 봉에 붙어있는 도료가 일정한 유동상태가 되면 합격이다.

(7) 완료 → 도료, 경화제, 배합용기에 뚜껑을 닫는다.

또한, 저울, 교반봉 등에 붙어있는 도료는 희석제(신나)로 깨끗이 닦아 준다.

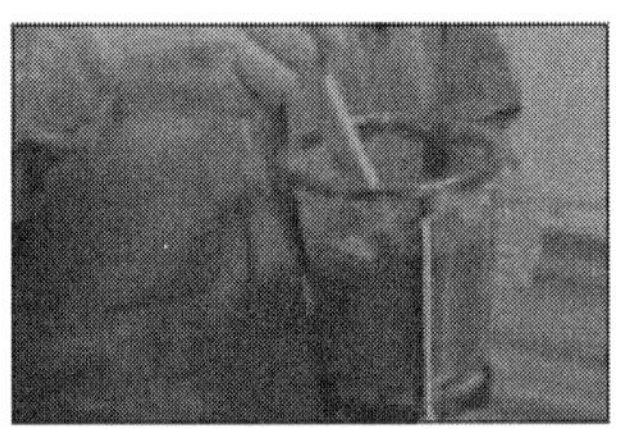

이상의 작업이 숙달되면 다음 공정으로 넘어간다.
이때 중점적으로 기억해서 숙달되어야 할 부분은 다음과 같다.
* 작업정도 합격기준에 숙달되었는가?
* 작업속도 및 용구의 사용능력이 정확·신속한가를 생각해 보아야 한다.

B. 휀다 안쪽(뒷면)의 도장

일반적으로 철판(자동차 부품)에 전착도장이 되어 있지만 철판과 도막의 보호와 미관을 좋게 하기 위해서 도장하는 것이 바람직하다.

[필요공구]

(1) 휀다(신품 : 새 부품) : 1EA

(2) 아크릴우레탄계 도료(주제) : 1 ℓ

(3) 우레탄 경화제 : 1 ℓ

(4) 우레탄계 희석제(신나) : 4 ℓ,

(5) 탈지제(실리콘오프) : 2 ℓ

(6) 저울(소수점 둘째 자리) : 1대

(7) 비닐 용기(포리 컵, 0.5 리터) : 1개

(8) 교반 봉(스페튤라) : 1개

(9) 흰 면 헝겊(종이 보루) : 약간

(10) 스프레이 건(구경 1.3mm, 중력식) : 1개

(11) 에어더스트 건(Air blowing 용) : 1개

(12) 적외선 건조기 : 1대

(13) 연마지(샌드페이퍼) : 약간

[작업요령(동작순서)]

공정1. 소재처리 방법

(1) 연마지(샌드 페이퍼) #320번을 사용해서 전체적으로 표면 연마를 한다.

(2) 공기를 불어내기(에어브로우잉)를 한다.

휀다 내면(안쪽 면)

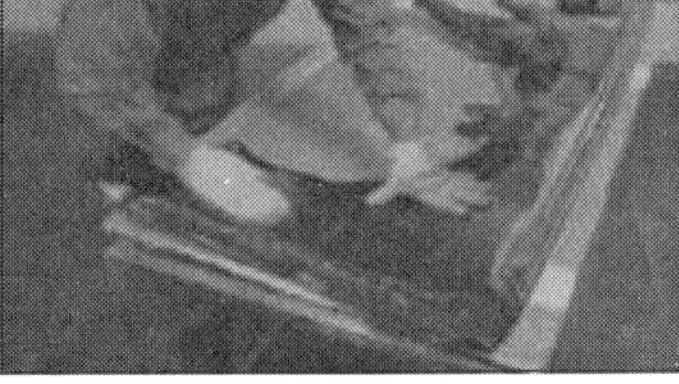

전체 면 연마(#320번)

공기불어내기

공정 2. 도료의 배합

(1) 아크릴 우레탄계 유색(주제)/해당 경화제/적용 희석제

= 배합비율(매뉴얼에 의한 중량비, 또는 부피비)로 배합한다.

(2) 배합비율에 따라 도료 선택

* 도료를 선택하기 전에 품질의 목표 설정 기준에 따라 선택해야 한다.

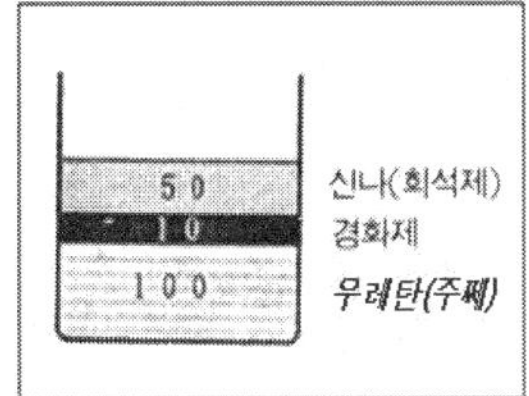

공정 3. 탈지(청소)

탈지제(실리콘오프)를 깨끗한 헝겊에 묻혀서 1차 닦아낸 다음 탈지제가 마르기 전에 새로운 깨끗한 헝겊으로 닦아낸다.

공정 4. 솔리드 색상(단칠)의 도장

(1) 배합도료의 여과 → 여과망(또는 여과지)을 통해서 스프레이 건에 넣는다.

(2) 도장의 조건 : HVLP건, 노즐구경 1.3mm 기준

구분	예비도장	마감도장
에어압력(kg/㎠)	1.5~2.0	1.5~2.0
토출량(눈금)	6	6
분사각도(패턴 폭)	완전히 연다	완전히 연다
피도체와 건의 거리(㎝)	10	10
건의 운행속도(초/m)	2.0~2.5	2.5~3.0

(3) 예비도장 → 화살표 부분을 먼저 도장한다.

(4) 마감도장 → 안쪽(뒷면) 전체를 은폐 불량이 되지 않도록 균일하게 도장한다.

(5) 예비건조(플레쉬 타임) → 1~2분

(6) 예비도장 → 조립했을 때 도장하기 힘든 점선 표시부분 2~3회 도장한다.

(7) 건조 → 20℃에서 16시간 또는 10분 셋팅 후에 60℃에서 20분간 건조시킨다.

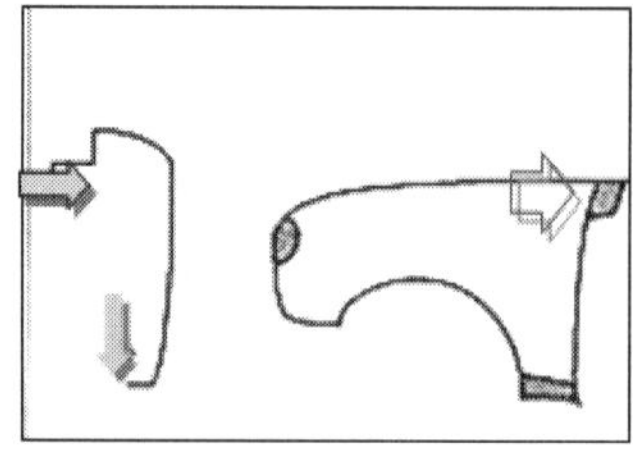
화살표 가장자리 먼저도장

안쪽 내면도장

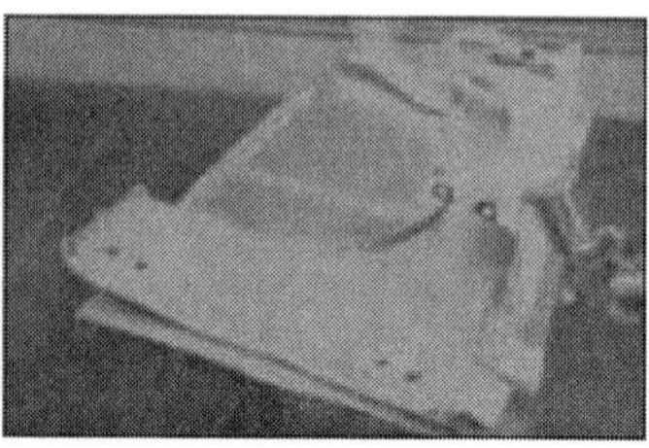
전체 마감도장

이상의 작업이 숙달되면 다음 공정으로 넘어간다.
* 작업정도, 작업속도는 합격기준에 숙달되었는가?
* 용구의 사용능력이 정확 신속하고, 사용 후에는 적절히 처리하는가?

C. 후드(본넷트) 뒷면(안쪽)의 도장

후드 뒷면의 도장 연습을 통해서 도막을 균일하게 하고 흐름(Sagging)현상이 일어나지 않게 도장요령을 습득한다.

[필요용구]

(1) 아크릴 우레탄계, 폴리에스테르계 베이스코트, 中 선택 : 1 ℓ

(2) 우레탄 경화제 : 1통

(3) 우레탄 또는 베이스코트 희석제(신나) : 4 ℓ

(4) 탈지제(실리콘오프) : 2 ℓ

(5) 실링제(우레탄계) : 1통

(6) 저울(계량용, 소수점 2자리) : 1대

(7) 비닐 용기(포리 컵, 1.5 리터) : 1개

(8) 교반 봉(스페튤라) : 1개

(9) 여과망(스트레이나) : 1개

(10) 연마지(샌드페이퍼) : 약간

(11) 흰 면 헝겊(종이 보루, 깨끗한 면 헝겊) : 약간

(12) 스프레이 건(구경 : 1.3mm, 중력식) : 1대

(13) 마스킹 테이프 : 약간

(14) 에어더스트 건(에어브로우잉 용) : 1대

(15) 적외선 건조기 : 1대

(16) 후드(본넷트) : 1개

공정1. 소재처리

#220번 연마지(샌드페이퍼)로 전체적으로 균일하게 연마한다.

소재처리

공정2. 공기불어내기(Air blowing)

더스트건을 이용하여 공기불어내기를 하면서 이물질을 제거한다.

공기불어내기, 탈지

공정3. 탈지

탈지제(실리콘오프)를 깨끗한 헝겊에 묻혀서 탈지한다.

공정4. 마스킹 작업

실링(공간 메꿈 작업이 필요한 경우)을 깨끗하게 하기 위해서 테이프로 마스킹을 한다.

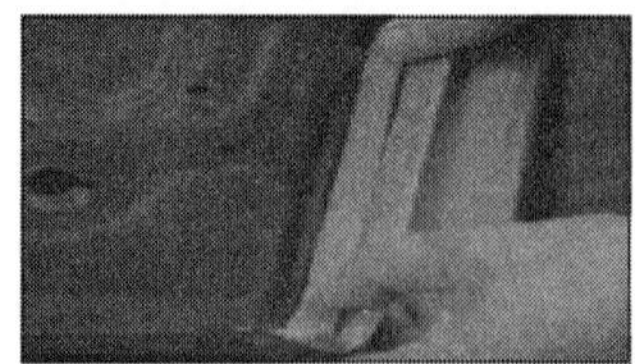

공정5. 몸체 실링 작업

판넬의 합쳐진 끝부분(자동차 메이커 매뉴얼에 지시하고 있는 부위)에 몸체 실링제를 도포한다.

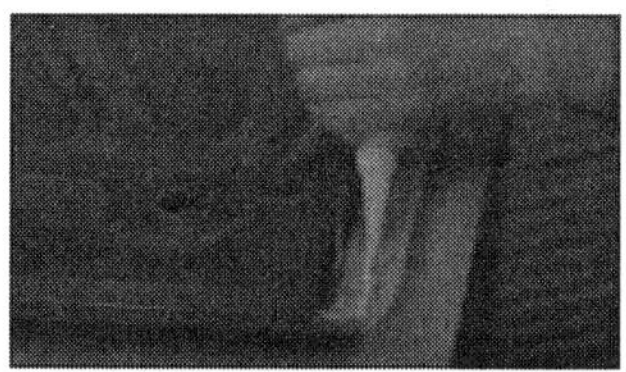

* 주의사항 - 초급자의 자세는 몸체 실링을 깨끗하게 하기 위해서 필요한 마스킹을 행해야 한다.

공정6. 마스킹 떼어내는 작업

공정 4의 마스킹 테이프를 떼어낸다.

공정7. 도료의 배합

(1) 아크릴우레탄계 유색(주제)/해당 경화제/적용 희석제(신나) = 배합비율(매뉴얼에 의한 중량비, 또는 부피비)로 배합한다.

(2) 배합비율에 따라 도료선택 - 품질의 목표 설정 기준에 따라 선택해야 한다.

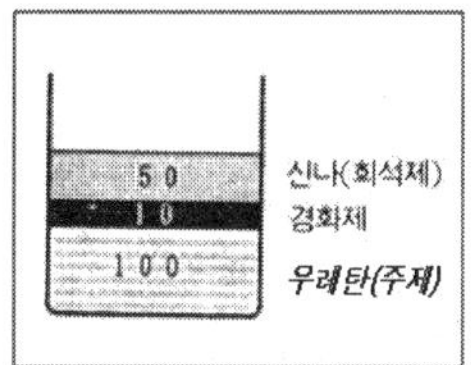

공정8. 솔리드 색상(단칠)의 도장

(1) 도료의 여과 → 미리 배합된 도료를 여과망(스트레이나)을 통해서 스프레이 건에 넣는다.

(2) 도장의 조건(HVLP건, 노즐구경 1.3mm 기준)

구분	초벌도장	예비도장	마감도장
에어압력(kg/㎠)	1.5~2.0	1.5~2.0	1.5~2.0
토출량(눈금)	6	6	6
분사각도(패턴 폭)	완전히 연다	완전히 연다	완전히 연다
피도체와 건의 거리(㎝)	10	10	10
건의 운행속도[m/초(sec)]	1.5~2.0	2.0~2.5	2.5~3.0

(3) 초벌도장 → 전체적인 면을 얇고 균일하게 도장한다.

(4) 예비건조(플래쉬 타임) → 1~2분

(5) 예비도장 → 골이진 부분 또는 속 내부와 가장자리 부분 등 도장하기 힘든 복잡한 형상의 부위에 먼저 도장한다.

(6) 마감도장 → 전면을 도장하고 주위의 작은 구멍 부분을 도장하여 마무리 한다.

(7) 건조 → 20℃ × 16시간 또는 10분 셋팅 후에 60℃ × 20분 건조한다.

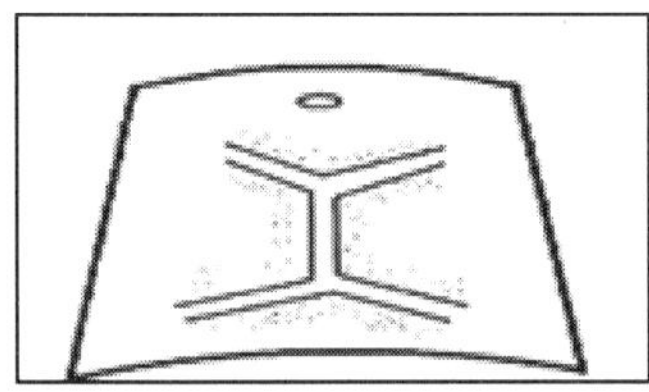

이상의 작업이 숙달되면 다음 공정으로 넘어간다.
* 작업정도, 작업속도는 합격기준에 숙달 되었는가?
* 용구의 사용능력이 정확, 신속하고, 사용 후에는 적절히 처리하는가?

D. 솔리드 색상(단칠)의 상도 도장요령

도장하는 요령에 따라서 색상의 변화가 다양한 것이 메탈릭도료(은분칠)와 펄(마이카) 색상도료이지만, 솔리드 색상은 메탈릭 색상에 비해 도장 방법에 따른 이색의 차이는 적지만 색상의 변화는 약간씩 발생하고 있다.

따라서, 도장 요령의 표준화가 이루어지지 않으면 도장 작업자에 따라서 색상의 차이가 많이 생기게 된다. 그러므로 도장요령을 철저히 습득하고 스프레이 건 작동방법, 공기압력조절 등을 균일하게 하는 도장의 표준화를 시키는 것이 매우 중요한 과제이다.

색상 얼룩현상(이색)

[필요용구]

(1) 중고용 판넬(문짝 외판) : 1매

(2) 아크릴 우레탄계 유색(주제) : 1 ℓ

(3) 우레탄경화제(추천제품) : 필요량

(4) 우레탄 희석제(신나 - 추천제품) : 4 ℓ

(5) 저울(계량용, 소수점 두자리) : 1대

(6) 비닐 용기(포리 컵) : 1개

(7) 교반봉(스페튤라) : 1개

(8) 연마지(샌드페이퍼) : 1개

(9) 송진포(텍크크로스) : 약간

(10) 탈지제(실리콘오프) : 1G/A

(11) 페인트 여과망(스트레이나) : 2 ℓ

(12) 흰 면헝겊(종이보루, 걸레) : 약간

(13) 스프레이 건(구경 : 1.3mm, 중력식) : 1개

(14) 에어더스트 건(Air blowing 용) : 1개

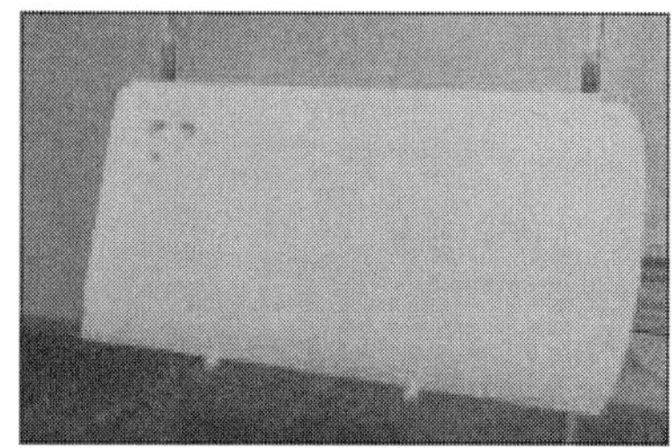

문짝 판넬

[작업요령(동작순서)]

공정1. 소재 조정

전체 면을 연마지(샌드페이퍼) #400번을 사용해서 건식 연마를 한다.

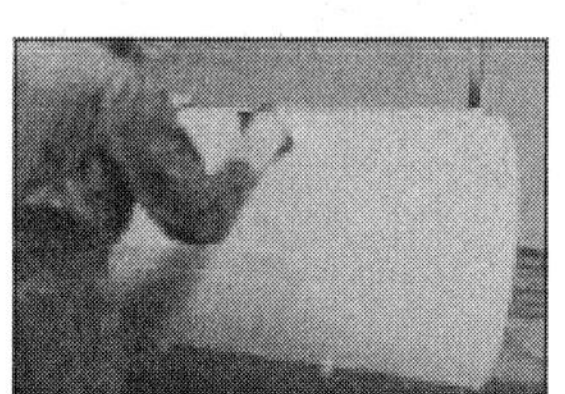

공정2. 공기불어내기(Air blowing)

에어더스트 건을 에어호스에 부착해서 공기불어내기를 하면서 먼지, 이물질을 제거한다.

공정3. 도료의 배합

색상을 맞춘 도료에 경화제를 넣고 저어준 다음 희석제를 넣고 교반봉(스페튤라)으로 잘 혼합하여 준다.

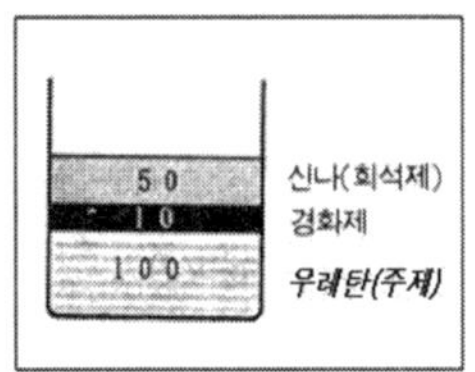

* 배합비율 : 유색(주제)/경화제/희석제(신나) = 도료회사(메이커)의 제품 추천 시방대로 계량하여 사용해야 한다.
* 도료의 선택이 품질을 좌우할 수 있다.

공정 4. 탈지

탈지제(실리콘오프)로 깨끗이 탈지한다.

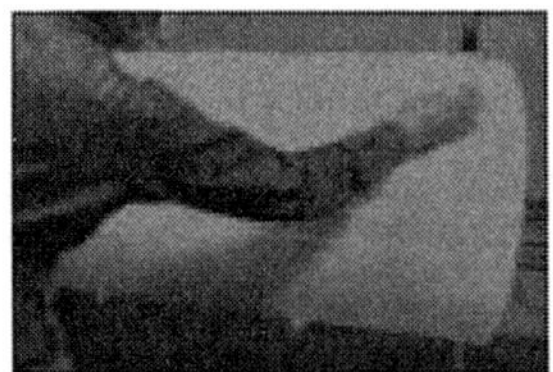

공정 5. 청소

송진포(텍크크로스)로 티, 먼지, 이물질이 부착되어 있는 곳에 표면을 가볍게 문질러서 청소를 한다.

공정 6. 상도 도장 조건

구분	초벌도장	예비도장	마감도장
에어압력(kg/㎠)	1.5~2.0	1.5~2.0	1.5~2.0
토출량(눈금)	6	6	6
분사각도(패턴 폭)	완전 개방	완전 개방	완전 개방
피도체와 건의 거리(㎝)	10~15	10~15	10~15
건의 운행속도[m/초(sec)]	1.5	2.0	2.5

(1) 도료의 여과 → 배합하여 혼합된 도료를 여과망(스트레이나)를 통하여 스프레이 건에 넣는다.

(2) 초벌도장 → 분화구(크레이터링=하지끼), 기공, 연마자국 등을 확인하기 위해서 얇고 균일하게 도장한다.

[참고사항]

Q 초벌도장의 목적

ⓐ 분화구, 기공 등이 발생 하는가를 확인한다.

ⓑ 발생하였을 경우에 수정을 쉽게 하기 위해서(한 번에 두껍게 올리면 요철(凹凸)이 크게 되어 수정이 어렵게 되고 건조시간이 길어진다.)

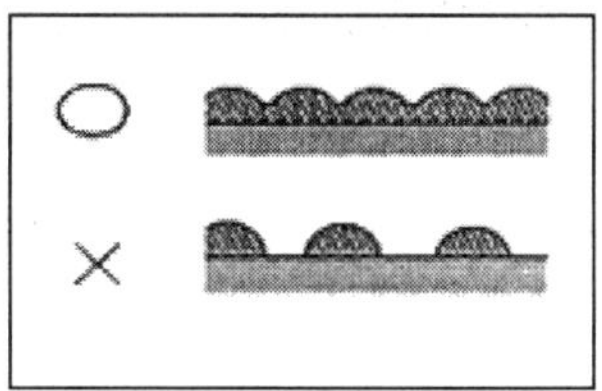

* 도막이 일정간격으로 균일하게(도막두께가 비슷하게)하는 것이 필요하다(건의 운행속도를 빠르게 했다 느리게 했다 하거나, 거리가 멀었다 가까웠다 하면 도막이 일정한 두께가 되지 않는다.).
* 분화구(크레이터링) → 도료를 도장할 면에 균일하게 부착시켜 물방울이 튄것처럼 된 상태 또는 요철(凹凸) 상태를 말한다.

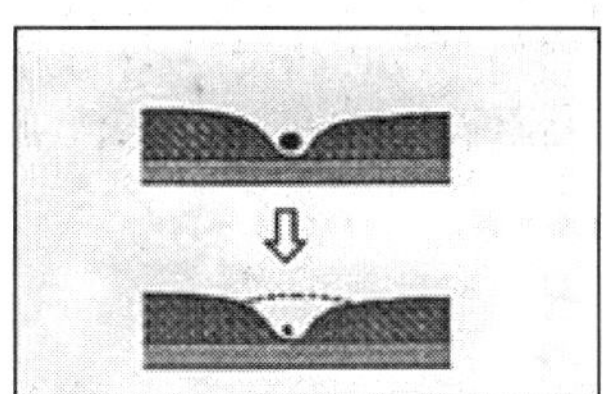

분화구(크레이터링, 하자끼)의 원인

ⓐ 공기(에어) 중에 기름, 수분 그 외 불순물이 함유 되었을 때

ⓑ 탈지가 불량하여(실리콘계의 먼지, 손기름, 땀 등)이 남아 있을 때

ⓒ 환경 → 근접한 공장에서 왁스분(유분)이 날라올 때(예, 플라스틱 사출공장)

* 분화구(Cretering)의 수정 : 스프레이 건의 패턴 폭을 둥글게 불어낼 수 있도록 조절해서 분화구 부분이 메꿔 지도록 도료를 여러 차례(수 회) 나누어 공기로 건조시키면서 도포한다(드라이 도장법이라고 한다.).
* 원통형 스프레이 = 페턴 폭 조절밸브를 잠근다.
* 드라이도장 = 건의거리를 30cm 정도 띄우고, 토출량을 적게 티처럼 나가도록 당김쇠를 반 정도만 당겨서 도장하는 것을 말하며 미스트 스프레이라고도 한다.
* 프레쉬 타임 → 1~2분(지촉 건조) : 연속해서 도장하면 흘러내리기 쉬우므로 이것을 방지하기 위해서 프레쉬타임을 두고 희석제(신나)가 날아갈 수 있도록 한다.

(3) 색 도장(예비도장) → 판넬 전체를 2~3회 나누어서 은폐 불량(소지가 보이는 것)이 없도록 도장한다. 이때 하지(소지)색이 보이지 않을 때까지 도장하는 것을 색 도장이라 한다.

* 프레쉬 타임 : 4~5분(지촉 건조)
* 지촉 건조란 → 도장 면(도막)을 가볍게 손으로 만져서 도료가 손가락에 묻어나지 않는 건조 상태를 말한다.

(4) 마감도장 → 판넬 전체를 도막외관을 보아가면서 도장한다.

(5) 건조 → 20℃에서 16시간 이상 또는 60℃ × 30분 건조한다.

* 강제건조(60℃× 30분)할 때는 최소한 10분 정도 셋팅을 준 후에 건조하며, 적외선 건조기를 사용할 때는 최소한 30cm 이상 거리를 띄워야 한다.

이상의 작업이 숙달되면 다음 공정으로 넘어간다.
* 작업정도, 작업속도는 합격기준에 숙달되었는가?
* 용구의 사용능력이 정확 신속하고, 사용 후에는 적절히 처리하는가?

E. 메탈릭 색상(은분칠)의 상도 도장 요령

도장하는 요령에 따라서 색상의 변화가 다양한 것이 메탈릭도료(은분칠)와 펄(마이카) 도료이다. 따라서 도장요령의 표준화가 이루어지지 않으면 도장 작업자의 도장요령에 따라서 색상의 차이(이색)가 많이 생기게 된다. 그러므로 도장 요령을 철저히 습득하고 스프레이 건 작동방법, 공기압력 조절, 도료의 점도 등을 일정하게 하는 도장의 표준화를 준수하는 것이 매우 중요한 과제이다.

[필요용구]

(1) 아크릴우레탄계 도료, 폴리에스테르계 베이스코트, 수용성 베이스코트 중 선택 : 1L

(2) 우레탄용 경화제(필요 시) : 1개

(3) 아크릴 우레탄계 또는 수용성 우레탄 투명 : 1L

(4) 우레탄 또는 수용성 우레탄 투명용 경화제 : 1개

(5) 우레탄 또는 수용성 희석제 : 1G/A

(6) 계량저울 : 1대

(7) 비닐 용기(포리 컵) : 1개

(8) 교반봉(스페튤라) : 1개

(9) 연마지(샌드페이퍼) : 약간

(10) 탈지제(실리콘오프) : 1L

(11) 페인트 여과망(스트레이나) : 1개

(12) 흰 면헝겊(종이 보루) : 약간

(13) 스프레이 건(구경 : 1.3mm) : 1대

(14) 송진포(텍크 크로스) : 약간

(15) 에어더스트 건(Air blowing) : 1대

공정 1. 소지 조정

연마지 #400번으로 전면을 연마한다.

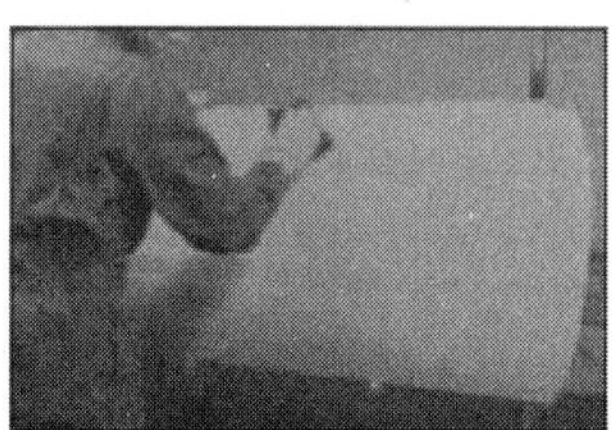

공정2. 공기불어내기(Air blowing)

에어더스트 건을 에어호스에 부착해서 공기불어내기하면서 먼지, 이물질 등을 깨끗이 제거한다.

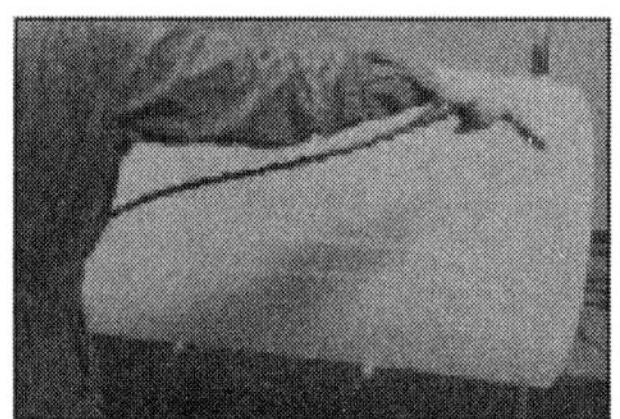

공정3. 도료의 배합

색상을 맞춘 도료(주제)와 투명(크리어)에 경화제 또는 희석제(신나)를 배합하여 교반봉(스페튤라)으로 잘 혼합하여 준다.

* 배합비율 : 아크릴우레탄 임의색(주제)/우레탄 경화제/희석제 = 배합비는 제품 매뉴얼을 참조한다.
* 도료의 선택이 품질을 좌우할 수 있으며, 다음 사항을 참조하여 사용 도료를 선정하고, 제품 사용설명서(매뉴얼 혹은 TDS)을 확인하고 배합비율대로 배합한다.

구분 / 배합비율	메탈릭도료(A)			투명(B)	
	아크릴우레탄	베이스코트	수용성	유성우레탄	수용성 우레탄
주제	100	100	100	100	100
경화제	25	-	-	50	50
유성 희석제	30～60	90～120	-	0～10	-
수용성 희석제	-	-	10～30	-	0～20

* 도료 제조회사별로 차이가 있을 수 있다.

공정 4. 탈지

탈지제(실리콘오프)로 깨끗이 탈지한다. 탈지는 매우 중요한 공정이다. 도장기술의 불만요인을 제거하기 위해서는 철저한 요령을 습득하고 준수해야 할 공정이다.

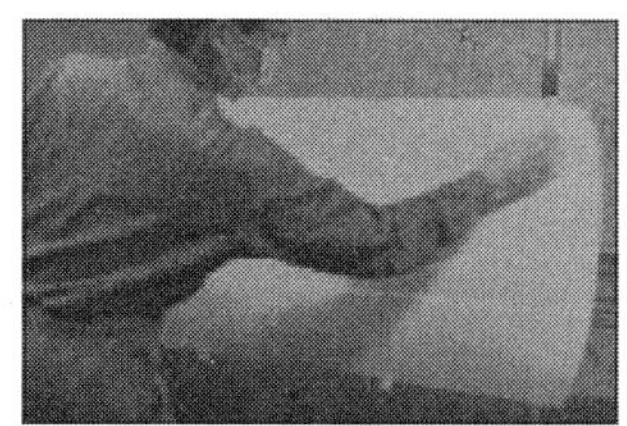

공정 5. 청소

송진포(텍크크로스 = 탈지포)로 살짝 눌러서 티, 먼지, 이물질 등을 제거한다.

* 탈지면에 송진포를 세게 눌러서 문지르면 오히려 역효과가 날 수 있으므로 주의해야 한다.

공정 6. 상도 도장 조건

(1) 공정3에서 선택하여 배합한 도료를 사용한다.

(2) 도장 조건 : 유성/수용성(HVLP건, 노즐구경 1.3mm 기준)

구분	메탈릭도료			투명(크리어)	
	초벌도장	색(예비)도장	마감도장	초벌도장	마감도장
에어압력(kg/㎠)	2.0~2.5	2.0~2.5	2.0~2.5	1.5~2.0	1.5~2.0
토출량(눈금)	4	4	4	6	6
분사각도(패턴 폭)	완전 개방	완전 개방	완전 개방	완전 개방	완전 개방
피도체와 건의 거리(㎝)	10	10	15	10	10
건의 운행속도[m/초(sec)]	1.0~1.5	1.0~1.5	1.5~2.0	1.5~2.0	2.0~2.5

구분	메탈릭도료			투명(크리어)	
	초벌도장	색(예비)도장	마감도장	초벌도장	마감도장
에어압력(kg/㎠)	1.5~2.0	1.5~2.0	1.0~2.0	1.5~2.0	1.5~2.0
토출량(눈금)	5	6	6	6	6
분사각도(패턴 폭)	완전 개방	완전 개방	완전 개방	완전 개방	완전 개방
피도체와 건의 거리(㎝)	10~15	10~15	20~25	15~20	15~20
건의 운행속도[m/초(sec)]	0.6~1.0	0.6~1.0	0.6~1.0	0.6~1.0	0.6~1.0

(3) 도료의 여과 → 미리 배합된 도료를 여과망(스트레이나)을 통해서 스프레이 건에 넣는다.

* 수용성베이스 사용 시 여과망이 유성과 다르므로 주의해야 한다.

(4) 초벌도장 → 분화구(Cratering)을 확인하기 위해서 전체적으로 얇고 균일하게 도장한다.

[참고사항]

A. 초벌도장의 목적

ⓐ 분화구(Cratering), 핀홀, 연마자국이 생기는지 확인하기 위해서

ⓑ 발생했을 경우에 수정을 쉽게하기 위해서(한 번에 두껍게 도장하면 요철(凹凸)이 크게 생기고 건조가 느려 수정이 어렵다.)

B. 도막이 연속해서 있도록 하는 것이 필요하다. 건 운행속도가 빠르거나 거리가 멀면 도막이 연속(균일하게 도포)되지 않는다.

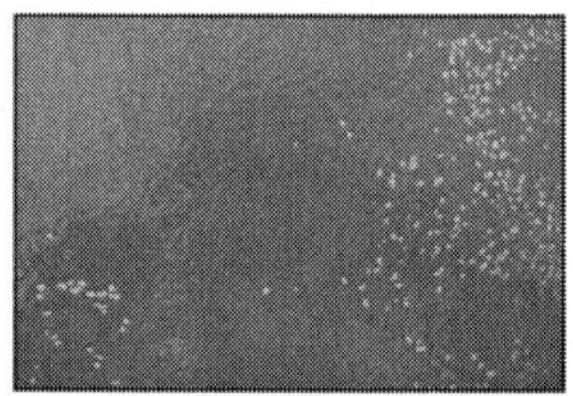

크레터링 현상

C. 분화구(Cratering)이란 → 도료가 도장면(피도체)에 균일하게 붙었을 때, 분화구 상태 또는 요철(凹凸)상태가 생긴 것을 말한다.

D. 분화구(Cratering)의 원인

ⓐ 공기의 중심에 기름, 물 그 외의 불순물이 함유되었을 때

ⓑ 탈지가 불충분해서 불순물(실리콘계의 먼지나 지문, 기름, 땀 등)이 남아 있을 때

ⓒ 환경 : 근처의 공장으로부터 왁스분이나 실리콘계의 먼지가 날아 올 때

E. 분화구(Cratering)의 수정 → 지촉건조 후 스프레이 패턴을 원형이 되도록 해서 분화구 부분에 요철을 메꿀 수 있도록 도료를 여러 번 반복 도장한다.

* 이때, 도료가 먼지처럼 나가도록 하는 것(미스트 스프레이 방법)이 중요하다.

(5) 프레쉬 타임(지촉건조) → 유성도료는 1~2분, 수용성은 5분

* 지촉 건조란 : 도장 면을 가볍게 손가락을 대어서 도료가 손가락에 묻어나지 않는 건조 상태로 메탈릭의 경우는 지촉 건조 될 때까지 건조시키지 않는다면 메탈릭 얼룩이 일어나므로 필히 확인한다. 수용성 베이스는 최소 15℃ 이상에서 약 5분 정도 공기불어내기를 해야 하며, 메탈릭 얼룩은 유성에 비해 거의 없다.

공정 7. 메탈릭 도료(은분칠) 색 도장

(1) 사용도료 → <공정3>에서 선택하여 배합한 메탈릭 도료(A)를 사용한다.

(2) 도장 조건 → <공정 6> 표 참조

(3) 도료의 여과 → 스트레이나(여과망)를 통해서 스프레이 건에 넣는다.

(4) 색도장 → 판넬 전체를 1~2회(수용성 1회)로 나누어서 소지가 잘 감추어지도록 도장한다.

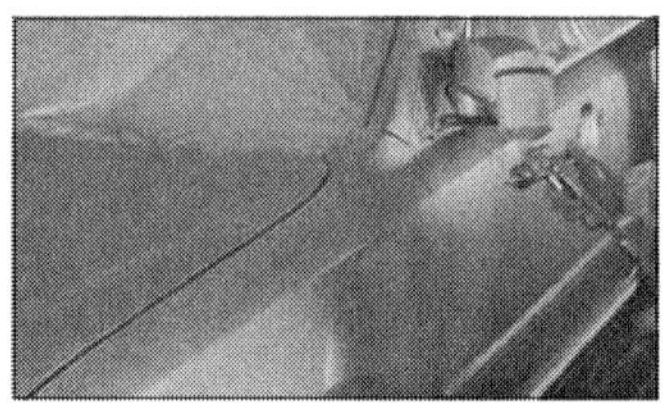

(5) 프레쉬 타임 → 유성도료는 2~3분, **수용성은 5분 정도 공기불어내기(특정설비사용)**한다.

공기불어내는 특정설비

공정 8. 메탈릭 얼룩 없앰 도장

(1) 사용도료 → <공정3>에서 선택하여 배합한 메탈릭도료(A) 또는 색상도장 시 남은 도료에 희석제

(신나)를 약 20% 첨가해서 사용한다. 분사되는 정도가 양호하지 않으면 신나를 10~20% 더 넣어서 사용할 수도 있다.

(2) 도장 조건 → <공정 6> 표 참조

(3) 메탈릭 얼룩 없앰 도장 → 판넬 전체를 얇게 1~2회 연속해서 반광 정도로 도장한다.

* 수용성베이스는 거의 이 공정이 필요없다.
* 베이스코트(1액형 색도료)의 경우에는 대부분 색상도료를 도장하면 광택이 반광 이하가 된다.

[참고사항]

A. 메탈릭 얼룩 없앰 도장의 목적 → 색상도장은 색을 얻기 위해서 소지가 감추어지게 하고 색을 나타내는 것을 목적으로 해서 도장하기 때문에 메탈릭 얼룩이 발생하기 쉽다. 이때 생긴 얼룩을 수정해서 균일한 색을 얻기 위한 목적이 있다.

B. 메탈릭 얼룩 → 알루미늄(은분)입자의 분포가 균일하지 않고 색의 밝고 어둡기가 다르게 나타나고 있는 상태 즉 얼룩얼룩한 상태를 말한다.

C. 외관의 반광 정도 → 광택이 반광 정도로 균일하게 되도록 도장한다.

* 광이 없는 상태 → 메탈릭 얼룩이 있는지 없는지 알 수 없다.
* 완전히 광택이 있는 상태 → 메탈릭 얼룩을 제거할 수 없다.

D. 메탈릭 도장 방법이 종전에는 4~7회 나누어서 여러 번 도장 하였으나 도료 타입이 속건화(3~4회 도장), **수용성화(1.5~2.5회 도장)**로 고급화 되면서 도장요령이 변화되고 개발되어지고 있다.

특히 **수용성베이스코트는 칼라매칭성이 우수하며 얼룩없앰도장이 거의 필요없다**.

* 도막이 균일하고 도장 횟수를 3~4회로 줄여서 도장하는 것이 습관의 변화를 주 고 손목을 움직여 도장하는 요령에서 몸이 움직여 피도체(자동차 도장 면)와 수평 으로 움직이게 되도록 도장하는 요령을 습득하는 것이 꼭 필요하며, 도장하는 사람마다 색상의 변화(이색)를 줄일 수 있는 방법임을 명심해야 한다.

(4) 메탈릭 얼룩의 유무(有,無)를 확인한다 → 얼룩이 있는 경우는 다시 한번 같은 요령으로 도장한다.

(5) 남은 도료는 폐도료 수집 캔에 버리고 건을 세척용 신나로 세척한다.

(6) 프레쉬 타임 → 유성도료는 4~5분

* 수용성 베이스를 도장한 경우는 수분이 충분히 증발되도록 공기불어내기(특정설비 사용)하여 기포 등 외관불량을 미리 예방한다.

공정 9. 투명(크리어) 초벌 도장

(1) 사용도료 → 투명의 종류는 다양하므로 배합비율과 품질, 도장작업성을 고려하여 선택하는 것이 좋으며, 하이솔리드형이나 수용성 친환경 제품을 추천한다.

(2) 도장 조건 → <공정 6> 표 참조

(3) 도료의 여과 → 여과망(스트레이너)를 통해서 스프레이 건에 도료를 넣는다.

(4) 투명(크리어) 초벌도장 → 얇고 균일하게, 약간 광택이 날 정도로 전체적으로 도장한다. 수용성 우레탄의 경우는 우유빛처럼 보이며, 물이 증발하면서 육지감이 좋고 얼룩이 없는 도막이 형성된다.

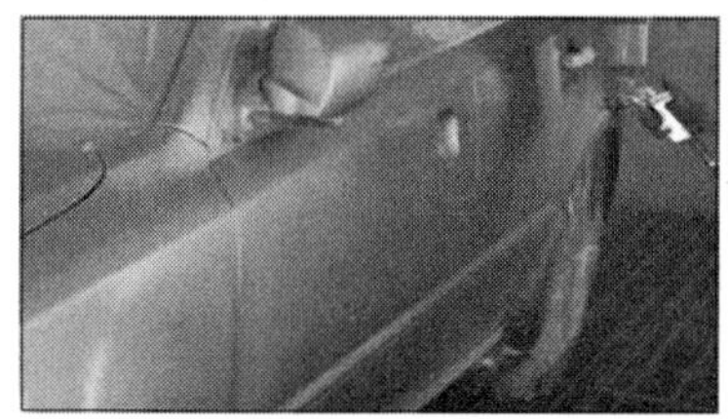

* 유성베이스 도료의 경우는 한번에 두껍게 도장하면 메탈릭 얼룩이 발생한다.

[참고사항]

ⓐ 투명(크리어) 초벌 도장의 목적

→ 메탈릭이 뒤집히는 얼룩을 방지하기 위해서 약간 날려서 도장한다.

ⓑ 뒤집히는 얼룩(모도리무라)

→ 투명을 도장할 때에 색상 도료인 메탈릭 도막이 투명(크리어)의 용제(희석제)에 의해 용해되어, 알루미늄 입자가 움직여 얼룩이 된다.

(5) 프레쉬 타임 → 유성은 3~5분, 수용성은 5~10분 공기불어내기를 행한다.

공정 10. 투명(크리어) 마감 도장

(1) 사용도료 : <공정 9>에서 선택된 투명도료(B)를 사용한다.

(2) 도장 조건 : <공정 6> 표 참조.

(3) 투명마감도장 : 균일하게 중첩되도록 잡아서 1~2회 도장한다.

공정 11. 건조(乾燥)

건조→ 20℃ × 24시간(또는 셋팅 타임 10분 후에 80℃ × 30분)

투명(크리어)의 종류에 따라 건조시간은 차이가 있으므로 도료 제조회사의 제품설명서(매뉴얼)를 참조해야 한다.

이상과 같은 도장요령을 반복 습득하면 훌륭한 도장 기술자가 될 수 있고, 도장 기술은 도료의 종류에 따라 방법의 차이가 있음을 밝혀둔다.

> 이상의 작업이 숙달되면 다음 공정으로 넘어간다.
> * 작업정도, 작업속도는 합격기준에 도달하였는가?
> * 메탈릭 얼룩 등 도막 외관이 양호한가?
> * 용구의 사용능력이 정확 신속하고, 사용 후에는 적절히 처리하는가?

F. 3코트 펄 색상의 상도 도장 요령

도장하는 요령, 특히 펄도료의 도장 시 도막 두께에 따라 색상의 차이가 있을 뿐 아니라, 입자감, 각 변화 등이 달라지므로, 도장 요령을 완벽히 습득하고, 고급 도장 기술자가 되기를 바라며, 정확한 색상 매칭(조색 기술의 습득)을 도입하는 최고의 기술을 습득하여야 한다.

[필요용구]

(1) 속건 아크릴우레탄계, 베이스코트 색상(단칠) 중 선택 : 1L

(2) 우레탄, 유성, 수용성 펄 베이스 색상 중 선택 : 1L

(3) 우레탄 색 도료용 경화제(추천용) : 1개

(4) 친환경적인 아크릴우레탄, 수용성 투명 중 선택 :1L

(5) 투명용 경화제 : 1개

(6) 추천용 희석제(신나) : 1G/A

(7) 계량 저울(소수점 2자리 이상 : 1대

(8) 비닐 용기(포리 컵) : 2개

(9) 교반봉(스페튤라) : 1개

(10) 연마지(샌드페이퍼) : 약간

(11) 송진포(탈지포, 텍크크로스) : 약간

(12) 탈지제(실리콘오프) : 1G/A

(13) 페인트 여과망(스트레이너) : 1개

(14) 흰 면헝겊(종이 보루) : 약간

(15) 스프레이 건(HVLP, 구경1.3mm) : 1대

(16) 에어더스트 건(Air blowing 용) : 1대

[작업요령(동작순서)]

공정1. 소지 조정

도장할 부위를 연마지 #400번으로 전면을 연마한다.

공정2. 공기불어내기(Air blowing)

에어더스트 건을 에어호스에 부착해서 공기불어내기 하면서 먼지, 이물질 등을 깨끗이 제거한다.

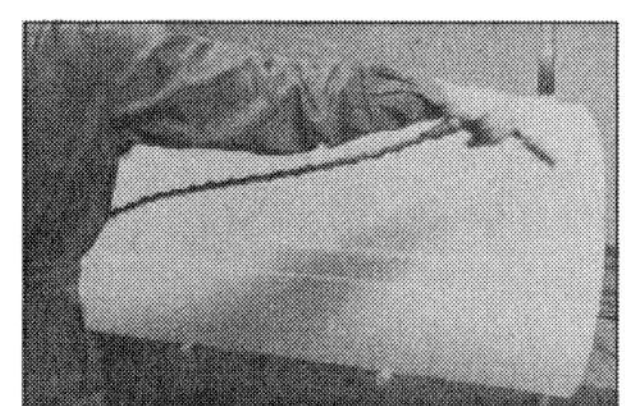

공정3. 도료의 배합

색상을 맞춘 베이스 솔리드 색상도료(주제)와 펄, 그리고 투명(크리어)에 경화제 또는 희석제(신나)를

배합하여 교반봉(스페튤라)으로 잘 혼합하여 준다.

* 배합비율 : 아크릴우레탄 임의색(주제)/우레탄 경화제/희석제 = 배합비율은 제품 매뉴얼을 참조한다.
* 도료의 선택이 품질을 좌우할 수 있으며, 다음 사항을 참조하여 사용 도료를 선정하고, 제품 사용설명서(매뉴얼 혹은 TDS)을 확인하고 배합비율대로 배합한다.

[배합 내용]

배합비율 \ 구분	베이스 솔리드 도료(A)			펄(B)		투명(C)	
	우레탄계 유성	베이스코트		베이스코트		우레탄계	
		유성	수용성	유성	수용성	유성	수용성
주제	100	100	100	100	100	100	100
경화제	25	-	-	-	-	50	50
유성 희석제	30~60	70~100	-	70~100	-	0~10	-
수용성 희석제	-	-	10~30		5~20	-	0~20

* 도료 제조 회사별로 차이가 있을 수 있다.

공정 4. 탈지

탈지제(실리콘오프)로 깨끗이 탈지한다. 탈지는 매우 중요한 공정이다. 도장기술의 불만요인을 제거하기 위해서는 철저한 요령을 습득하고 준수해야 할 공정이다.

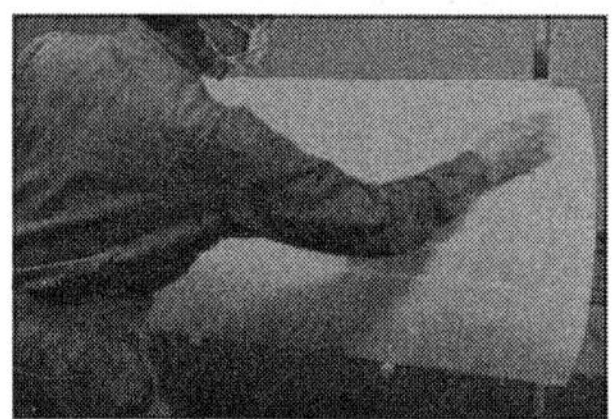

공정 5. 청소

송진포(텍크크로스)로 깨끗이 살짝 눌러서 티, 먼지, 이물질 등을 제거한다.

탈지표면에 송진포를 세게 눌러서 문지르면 오히려 역효과가 날 수 있으므로 주의해야 한다.

공정 6. 베이스 색상(단칠)의 초벌 도장

(1) 사용도료 → 배합도료(A)에서 선택하여 사용한다.

(2) 도장 조건 → 다음의 표 참조(HVLP건, 노즐구경 1.3mm 기준)

구분 / 배합비율	베이스 솔리드 도료(A)			펄(B)		투명(C)	
	우레탄계 유성	베이스코트		베이스코트		우레탄계	
		유성	수용성	유성	수용성	유성	수용성
에어압력(kg/㎠)	2.5~3.0	2.5~3.0	2.0~2.5	2.0~3.0	2.0~2.5	2.5~3.0	2.0~2.5
토출량(회전 수)	2.5	2.5	2.5	2.5	2.5	완전 개방	완전 개방
분사각도(패턴 폭)	60	60	60	60	60	45	45
피도체와 건의 거리(㎝)	15	10	10	15	15	15	10
건의 운행속도[m/초(sec)]	1.5~2.0	1.5~2.0	1.5~2.5	1.5~2.0	1.5~2.5	1.5~2.0	2.0~2.5

(3) 도료의 여과 → 선택되어 배합한 도료를 여과망(스트레이나)을 통해서 스프레이 건에 넣는다.

* 수용성베이스 사용 시 여과망이 유성과 다르므로 주의해야 한다.

(4) 초벌도장 → 분화구(Cratering)을 확인하기 위해서 전체적으로 얇고 균일하게 도장한다.

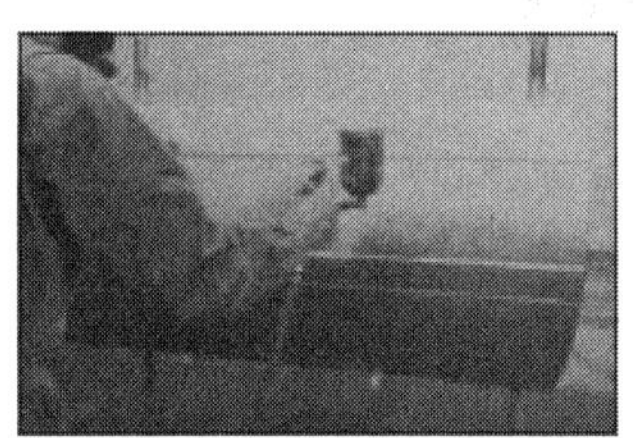

[참고사항]

A. 초벌도장의 목적

ⓐ 분화구(Cratering), 핀홀, 연마자국이 생기는지 확인하기 위해서, ⓑ 발생 했을 경우에 수정도장을 쉽게 하기 위해서 얇게 초벌도장을 한다(한 번에 두껍게 도장하면 요철(凹凸)이 크고 건조가 느려 수정이 어렵다.).

B. 도막이 연속해서 있도록 하는 것이 필요하다.
건 운행속도가 빠르거나 거리가 멀면 도막이 연속(균일하게 도포)되지 않는다.

C. 분화구(Cratering)이란 → 도료가 도장면(피도체)에 균일하게 붙었을 때, 분화구 상태 또는 요철(凹凸)상태가 생긴 것을 말한다.

D. 분화구(Cratering)의 원인

ⓐ 공기의 중심에 기름, 물 그 외의 불순물이 함유되었을 때

ⓑ 탈지가 부족해서 불순물(실리콘계의 먼지나 지문, 기름, 땀 등)이 남아 있을 때

ⓒ 환경 : 근처의 공장으로부터 왁스분이나 실리콘계의 먼지가 날아 올 때

E. 분화구(Cratering)의 수정→ 강제건조(**60℃에서 30분**) 후 분화구와 주변을 #600번 연마지로 연마한 다음 재 도장한다.

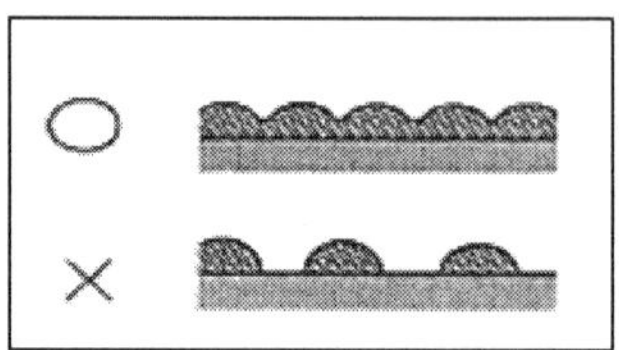

(5) 프레쉬 타임(지촉건조) → 유성도료는 1~2분, 수용성은 5분

수용성 베이스는 최소 15℃ 이상에서 약 5분 정도 공기불어내기를 해야 하며, 메탈릭 얼룩은 유성에 비해 거의 없다.

공정 7. 베이스 색상(단칠) 색(예비) 도장

(1) 사용도료 → 배합한 도료(A)를 사용한다.

(2) 도장 조건 → <공정 6> 표 참조(도료회사 매뉴얼 참조)

(3) 도료의 여과 → 스트레이나(여과망)를 통해서 스프레이 건에 넣는다.

(4) 색상도장 → 판넬 전체를 2~3회(수용성 1회)로 나누어서 은폐가 되도록 도장한다.

(5) 프레쉬 타임 → 유성도료는 2~3분, **수용성은 5분 정도 공기불어내기(특정설비사용)**한다.

* 이 사이에 남은 도료는 폐도료 수집 캔에 넣고, 스프레이 건을 세척용 희석제(수용성은 물)로 닦는다.

공정 8. 펄 색상 도장

(1) 사용도료 → 배합한 도료(B)를 사용한다.

(2) 도장 조건 → <공정 6>의 도장 조건 또는 페인트회사 추천시방 참조

(3) 도료의 여과 → 여과망(스트레이나)를 통해서, 스프레이 건에 넣는다.

(4) 펄 색상도장 → 도장 면 전체에 얇게 2~3회(**수용성은 1~2회**) 나누어 도장한다.

(5) 프레쉬 타임 → 4~5분(지촉건조), 수용성은 공기불어내기를 5분 실시한다.

* 이 사이에 남은 도료를 폐도료 수집 캔에 버리고, 스프레이 건은 세척용 희석제(신나)로 세척한다.

[참고사항]

A. 펄 얼룩 → 펄 입자가 불균일하게 분포되어 눈 모양으로 밝고 어둡게 생기는 상태를 말한다.

B. 펄 얼룩의 방지 → 한 번에 얇고 균일하게 도장하며 건의 운행속도, 건의 거리, 도장이 중첩되게 도장하는 방법을 준수하며, 메탈릭 얼룩 없앰 도장과 같은 요령으로 도장한다.

C. 펄 도막의 두께에 따라 색상의 차이가 있으므로 도장 횟수를 조정해서 도장한다.

* 1㎠ 내의 펄 입자 상태(배열, 입자 수)를 확인하여 도장 횟수를 정하는 것이 중요하다. 일반적으로 1.5~2회 도장한다.

공정 9. 투명(크리어) 초벌 도장

(1) 사용도료 → 배합한 도료(C) 중에서 선택하여 사용한다.

(2) 도장 조건 → <공정 6>의 도장 조건 또는 페인트회사 추천시방 참조

(3) 도료의 여과 → 여과망(스트레이너)를 통해서 스프레이 건에 도료를 넣는다.

(4) 투명(크리어) 초벌도장 → 얇고 균일하게, 약간 광택이 날 정도로 전체적으로 도장한다. 수용성 우레탄의 경우는 우유 빛처럼 보이며, 물이 증발하면서 육지감이 좋고 얼룩이 없는 도막이 형성된다.

(5) 프레쉬 타임 → 유성은 4~5분(지촉건조 이상), 수용성은 5분 정도 공기불어내기를 한다.

[참고사항]

A. 한 번에 두껍게 도장하지 말 것

B. 투명의 초벌도장 목적 → 펄 색상의 뒤집히는 현상(모도리 무라) 을 방지하고, 핀홀 등 불만 내용을 예방하기 위해서이다.

C. 뒤집히는 현상(모도리 무라) → 투명을 도장 했을 때 바탕의 펄 색상이 투명의 희석제(신나)에 의해 용해되어, 펄 입자가 움직이어서 얼룩이 되는 현상이다.

공정 10. 투명(크리어) 마감 도장

(1) 사용도료 : 배합된 도료(C)사용.(초벌 도장 시)

(2) 도장 조건 : <공정 6>의 도장 조건 또는 페인트회사 추천시방 참조.

(3) 투명마감도장 : 전체적으로 균일하게 도막외관을 보면서 잡아서 2회 도장한다. 하이솔리드형은 1회 도장한다.

* 이때 도막외관이 거칠면 남은 도료에 희석제를 10~20% 첨가해서 1~2회 도장한다.

공정 11. 건조(乾燥)

20℃에서 24시간 또는 10분 셋팅 후에 80℃에서 30분간 건조한다.

원적외선 건조

이상과 같이 색상도료의 도장에 대한 기초지식을 알아보고 실습을 하였다.

무엇보다도 도장요령을 습관화하여 표준화하는 것이 가장 중요하다. 도장요원 상호 간에 도장하는 요령이 다르다면 동일한 색상도 이색이 발생하기 때문이다.

특히, 각 공정 순서마다 정확한 습관화로 사전 불량을 예방해야 한다.

각 공정마다 더 좋은 방법을 연구하는 것도 필요하다. 도료의 변화에 따라 도장요령도 변하기 때문이다.

아래의 기준에 합격되면 도장기술자(강사)는 다음 과정을 교육한다.
* 작업정도, 작업속도는 합격기준에 도달하였는가?
* 펄 얼룩 등 도막외관이 양호한가?
* 용구의 사용능력이 정확 신속하고, 사용 후에는 적절히 처리하는가?

3.8 교환 플라스틱 범퍼의 도장기술

이 장에서는 새것의 우레탄 범퍼의 솔리드 색상(단 칠)도장과, P.P범퍼의 메탈릭 색상(은분 칠) 도장에 대한 작업공정, 작업속도, 작업능력, 용구의 사용 방법 등을 습득하여 도장 기술자로써의 위치를 확보하기 위한 것이다. 교보재로써 새것의 우레탄 범퍼가 필요하며, 재생 범퍼를 사용할 수도 있다.

작업공정순서를 습득하고 우레탄 범퍼의 도장기술을 숙달시키는 과정이다.

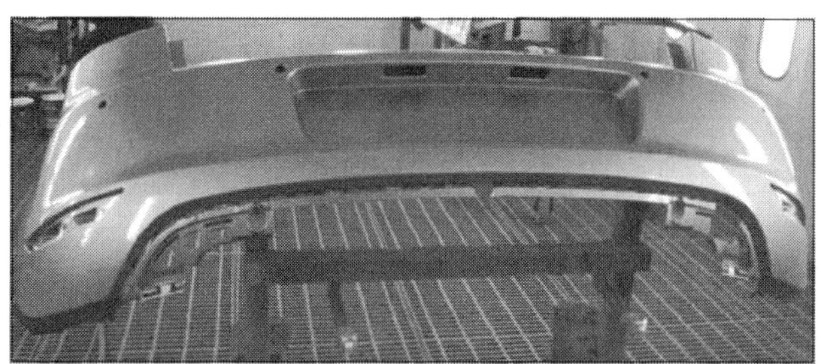

수용성 베이스(색도료)와 우레탄 투명으로 도장된 폭스바겐 범퍼

1. 우레탄 범퍼의 솔리드 색상 도장 기술

[필요용구]

우레탄 범퍼

(1) 아크릴 우레탄계 솔리드 색상 : 1 ℓ

(2) 우레탄 경화제 : 1 ℓ

(3) 아크릴 우레탄 희석제 : 1 ℓ

(4) 탈지제(실리콘오프) : 1 ℓ

(5) 콤파운드 : 1 셋트

(6) 여과망(스트레이너, 여과지) : 1개

(7) 솔(붓) : 1개

(8) 탈지 포(텍크 크로즈, 송진포) : 1개

(9) 면 헝겊(종이 보루) : 약간

(10) 연마(수세미 또는 겐마론S와 동등 제품) : 1개

(11) 스프레이 건(구경 : 1.3mm) : 1대

(12) 에어 더스트 건 : 1대

(13) 전자 저울(계량기) : 1대

(14) 원적외선 건조기 : 1대

[작업요령(동작순서)]

(1) 소지처리

① 물을 흘려가면서 연마(수세미, 겐마론S 등) #400번에 연마용 콤파운드를 묻혀서 전제적으로 연마를 한다. 이때, 소재의 광택이 없어질 정도로 연마해야 하며, 손이 들어가지 않는 곳은 솔(브러쉬, 붓)을 사용한다.

② 맑은 물로 세척한다.

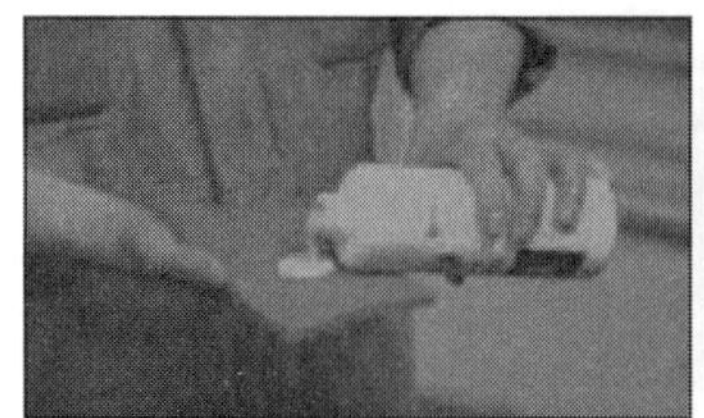

겐마론S에 웟시콤파운드를 바름

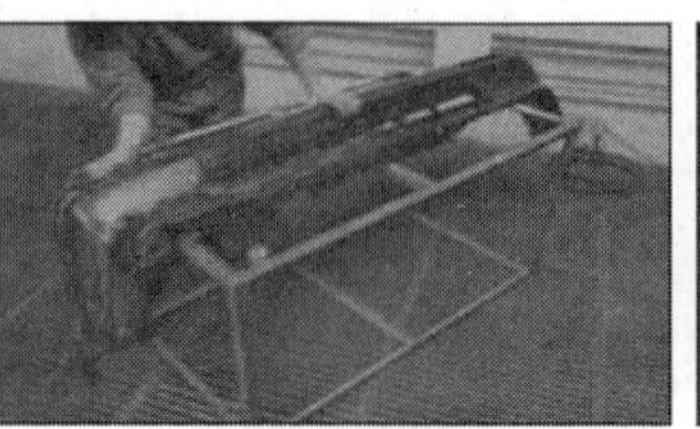

전체 면을 연마

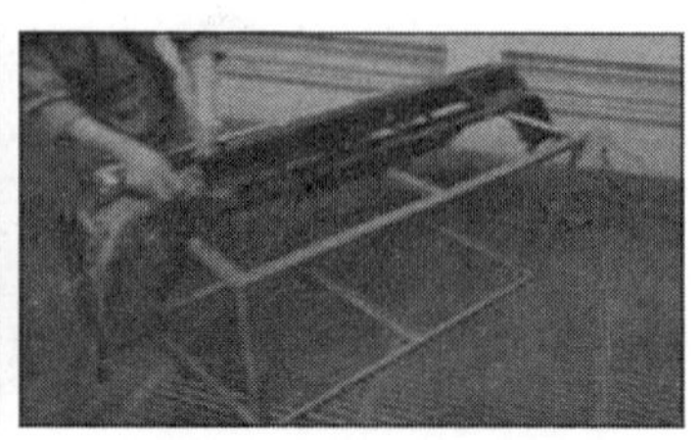

물로 세척, 수절건조

* 이때, 물(水), 분화구(Cratering)가 있는지 확인하고, 분화구가 있는 경우는 다시 한 번 연마용 콤파운드로 연마하여 물로 닦아내고, 소지처리가 끝난 다음 1시간 내에 도장해야 한다. 1시간 이상 경과하면 소재의 중심부분으로부터 이형제가 올라와서 부착 불량의 원인이 될 수도 있다.

(2) 건조(乾燥)

① 공기불어내기(에어브로우잉)으로 수절 건조시킨다.

② 깨끗한 면 헝겊(종이 타올)으로 수분을 완전히 제거한다.

(3) 도료의 배합

새것의 우레탄 범퍼이지만, 요철, 기공 등이 있으면 우레탄 퍼티 또는 우레탄 프라이머 서페이서 유색을 배합하여 도장해야 한다. 왜냐하면 도막 외관을 좋게 할 수 있기 때문이다. 표면이 매끄럽고 이상이 없는 경우에는 다음 순서의 ①~⑫까지 생략하고, 바로 색 도료를 배합하여 도장할 수 있다.

① 우레탄 퍼티의 배합

배합비	우레탄계 퍼티(주제)	100
	우레탄 퍼티 경화제	10

* 배합 후 사용시간 : 6시간 이내(20℃ 기준)

② 탈지 - 탈지제로 깨끗이 탈지한다.

③ 청소 - 송진포(텍크크로스 = 탈지포)로 먼지, 이물질 등을 깨끗이 제거한다.

④ 도장 요령 : 배합된 퍼티를 스폰지 또는 깨끗한 면 헝겊(걸레), 고무주걱(헤라) 등에 묻혀서 문질러 바른다.

* 이때, 스프레이 도장이 필요하면 우레탄 희석제를 넣어서 도장할 수도 있다.

⑤ 건조(乾燥) - 20℃ × 1시간 또는 60℃ × 15분 건조시킨다.

* 이때, 갑자기 열을 주거나 60℃ 이상 급격히 열을 올리면 범퍼 소재의 기공에서 기포(핀홀)이 발생되므로 가능하면 상온 건조시키는 것이 좋다.

⑥ 연마 - 블럭(아데방)을 사용하여 #320~400번 연마지로 매끄럽게 연마한다.

⑦ 탈지 - 공기불어내기(Air blowing)를 한 다음, 탈지제로 깨끗하게 탈지한 후, 송진포(텍크크로스=탈지포)로 먼지 및 이물질을 깨끗이 제거한다.

⑧ 중도 배합(프라이머 서페이서 혼합)

배합비	우레탄 프라이머 서페이서 유색(주제)	100
	우레탄 프라이머 서페이서 경화제	25
	우레탄계 희석제(신나)	30~60

* 배합 후 사용시간 : 20℃ × 3시간 이내

⑨ 도장 요령 : 얇고 균일하게 1회 도장하여 도막의 크레이터링, 핀홀(기포) 등이 있는지를 확인하고 없으면 소재가 감추어지게 잡아서 도장한다.

- 스프레이 시 압력 : 2.5~3.5kg/㎠(기압), HVLP건 사용 기준

* 이때, 기포가 발생되면 60℃에서 10분 건조시킨 다음 퍼티작업을 다시 한다.

⑩ 건조 - 20℃ × 1시간 또는 60 × 10분

⑪ 연마 - 블럭(아데방)을 사용하여 #400~ #800번 연마지로 표면만 균일하게 연마한다.

⑫ 탈지 - 수절건조 시킨 후 탈지제로 깨끗이 탈지한다.

⑬ 아크릴우레탄 색상 도료 배합(솔리드 색상의 지정 색)

배합비	속건 아크릴우레탄 지정색(주제)	100
	도막유연제	10
	우레탄 경화제	15
	우레탄계 희석제(신나)	30~60

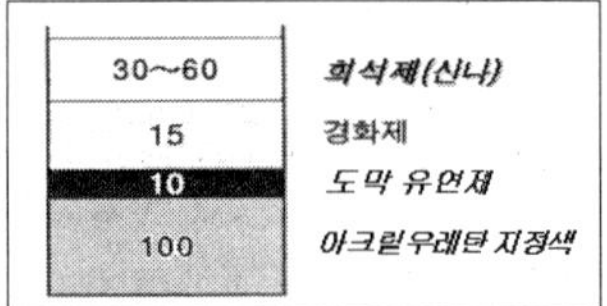

(4) 탈지 : 탈지제로 탈지한다.

(5) 청소 : 송진포(텍크크로스)로 먼지 · 티 · 이물질을 제거한다.

(6) 솔리드 색상(단 칠)의 도장

① 혼합된 도료의 여과 → 여과망(스트레이나, 여과지)을 통해서 스프레이 건에 넣는다.

② 도장 조건(塗裝條件) : HVLP건, 노즐구경 1.3mm 기준

구분 \ 도장순서	초벌도장(1회 도장)	색도장(2회 도장)	마감도장(마무리)
에어압력(kg/㎠)	2.0~2.5	2.0~2.5	2.0~2.5
토출량(회전 수/바퀴)	3	3	3
분사각도(패턴 폭)	완전히 연다	완전히 연다	완전히 연다.
피도체와 건의 거리(㎝)	10~15	10~15	10~15
건의 운행속도[m/초(sec)]	1.5~2.0	1.5~2.0	1.5~2.5

③ 초벌도장(1회도장) → 전체적으로 균일하고 얇게 1회 도장한다.

④ 프레쉬 타임(지촉 건조) → 1~2분, 이때 외관을 보아 분화구(Cratering)가 있는지 확인한다.

⑤ 색 도장 → 흐르지 않을 정도로 잡아서 1~2회 도장한다. 이때, 외관을 보아가면서 소지가 감추어지게 도장한다.

⑥ 프레쉬 타임(지촉건조) → 유성은 3~5분, **수용성은 5분(상온, 에어 건조 설비)**

⑦ 마감도장 → 도막 외관을 보아가면서, 매끄럽게 도장한다. **수용성 베이스 도료는 하지 않으나 얼룩 발생 시는 1회 도장한다.**

초벌도장

색상도장

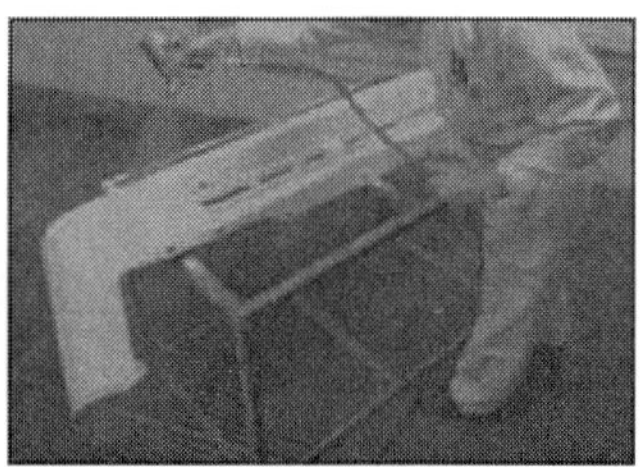
마감도장

⑧ 자연건조 → 20°C×16시간 또는 10분 셋팅 후 60°C×30분 건조시킨다.

* 주의사항
강제 건조를 행할 때는 온도에 주의할 것. 가열온도가 높아지면, 범퍼가 손상되거나 오염되고, 기포가 생길 수 있다.

이상의 작업을 숙달시키고 올바른 작업 수행을 위해서는
* 작업속도가 합격기준에 도달하였는가?
* 작업 정도가 합격기준에 도달하였는가?
* 도막외관은 양호하였는가?
* 용구의 사용방법은 적절하였는가?
* 용구 사용 후의 손질과 정리정돈이 적절히 수행하였는가?를 검토하면서 기술을 습득하고 숙련시키는 것이 마스터 하는 것이다.

2. 신품 PP 범퍼의 메탈릭 색상 도장 기술

이 장에서는 새것의 PP범퍼에 대해서 도장 기술을 습득하기로 한다.

일반적으로 PP는 용제(희석제)에 녹지 않으며, 도료의 부착력이 나쁘기 때문에 프라이머를 잘 선택해서 사용하고 특히, 도장 요령을 습득하여 도장 후에 도막이 벗겨지는 것을 방지하는 기술을 습득한다.

2코트 시스템으로 펄 도장도 동일 방법으로 행하는 것을 염두에 두기 바란다.

[필요용구]

(1) 폴리에스테르계 베이스코트 지정색(메탈릭 색상) : 1ℓ

(2) 베이스코트용, 우레탄용 희석제(신나) : 각 1G/A

(3) 하이솔리드형 우레탄계 투명 : 1ℓ

(4) 우레탄용 경화제 : 1ℓ

(5) 탈지제(실리콘오프) : 1G/A

(6) PP용 프라이머 투명 또는 회색 : 1ℓ

(7) 에어더스트 건 : 1ℓ

(8) 송진포(탈지포=텍크크로스) : 약간

(9) 면 헝겊(종이 보루) : 약간

(10) 저울(전자저울) : 1대

(11) 도료 여과 장치(스트레이나) : 1대

(12) 플라스틱 테이프 : 1개

(13) 내열테이프(직선 및 곡선용) : 각 1개

(14) 붓, 솔, 카터 나이프(칼) : 각 1개

(15) 원적외선 건조기 : 1대

(16) 고데(테이프 끝 눌러 붙이는 것) : 각 1개

(17) 연마(수세미, 겐마론S 와 동등 제품) : 1개

(18) 스프레이 건(HVLP건, 노즐구경 : 1.3mm) : 1개

[작업요령(동작순서)]

(1) 마스킹 : 도장하지 않고 남아 있을 부분을 마스킹한다.

(2) 소지처리 : 도장할 부분을 연마(수세미, 겐마론S) #400번으로 전체를 연마한다.

* 이때, 소재가 광택이 없어지도록 균일하게 연마해야 한다.

(3) 공기불어내기(Air blowing) : 에어더스트 건을 이용하여, 공기불어내기로 연마 찌꺼기를 제거한다.

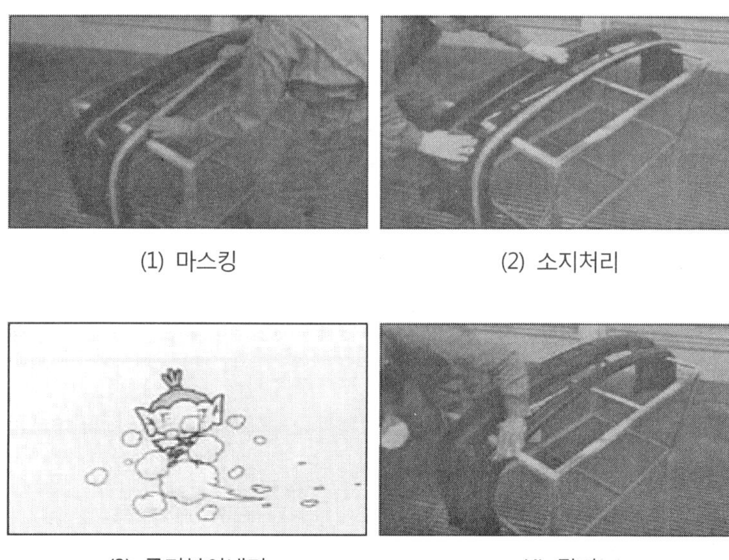

(1) 마스킹 (2) 소지처리

(3) 공기불어내기 (4) 탈지

(4) 탈지(脫脂)

① 마스킹을 떼어낸다.

② 탈지제로 마스킹 테이프를 붙일 부분을 탈지한다.

(5) 마스킹

① 소재의 남길 중심부분을 내열테이프로 마스킹한다.

② 가장자리 선을 플라스틱 테이프로 마스킹한다.

(6) 탈지(脫脂) : 탈지제로 전면을 깨끗이 탈지한다.

(7) 청소 : 송진포(텍크크로스 =먼지제거포)로서 먼지, 티, 이물질 등을 제거한다.

(8) 프라이머 도장 : PP 프라이머 투명 또는 회색을 광택 및 도막이 균일하게 되도록 얇게 스프레이 한다.

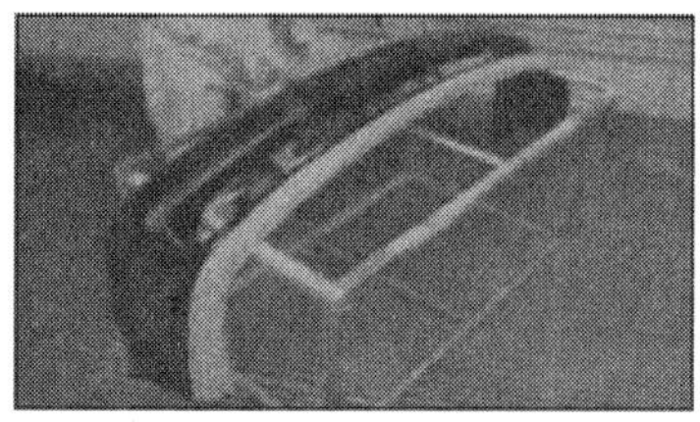

* 이때, 투명의 경우 도막이 두껍게(5마크론 이상) 도장되면 부착불량이 발생하므로 주의한다. 1회 도장으로써 얇고 균일하게 도장하는 것이 좋다(매뉴얼 참조).

(9) 건 조 : 20℃에서 10~30분 건조시킨다.

* 건조 시 주의사항

① 24시간 이상 방치하거나 습기가 많은 곳에 방치하면 상도(색도료)가 부착력이 없어지게 된다.

② 이 공정에서 강제 건조 하지 말 것 - 밀착(부착) 불량을 일으킬 수 있다.

(10) 메탈릭 색상의 도장

① 도료의 배합 : 주제와 경화제를 배합비율 대로 혼합한다.

a) 메탈릭 색상도료

베이스코트 메탈릭 색상(주제)	100
도막유연제	5
베이스코트용 희석제(신나)	60~100

b) 투명배합

우레탄 투명(주제)	100
도막유연제	5
우레탄 투명용 경화제	55

* 신차에 사용되는 범퍼용 투명은 유연성이 좋아 충격에 잘 갈라지지 않는다.

② 도장 조건(HVLP건, 노즐구경 : 1.3mm 기준)

구분	메탈릭 색상 도장			투명 도장	
	초벌도장	색도장	얼룩없앰도장	초벌도장	마무리도장
에어압력(kg/㎠)	1.5~2.0	1.5~2.0	1.5~2.0	1.5~2.0	2.0~2.5
토출량(눈금)	4	4	4	6	6
분사각도(패턴 폭)	완전개방	완전개방	완전 개방	완전개방	완전 개방
피도체와 건의 거리(㎝)	10	10	15	10	10
건의 운행속도[m/초(sec)]	1.0~1.5	1.5~2.0	1.5~2.0	1.5~2.0	2.0~2.5

③ 메탈릭 색 도료의 초벌 도장

ⓐ 사용도료 → 배합한 도료 a)를 사용한다.

ⓑ 도장 조건 → ②의 표 참조

ⓒ 도료의 여과 → 여과장치(페인트 스트레이너 또는 여과망)를 통해서, 스프레이 건에 넣는다.

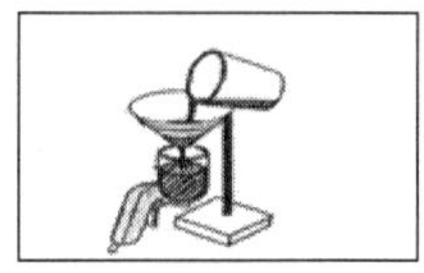

ⓓ 초벌도장 → 분화구(Cratering)를 확인하기 위해서, 전면을 얇고 균일하게 1회 도장한다.

* 참고사항
초벌도장의 목적은 분화구(Cratering), 기포(Pinhole),연마자국 등이 생기는지 확인하기 위해서 실시하며, 도장표면이 이상이 없으면 색상도장을 하고, 이상이 있으면 스프레이 건을 원형 분무상태로 조절(패턴변경)하여, 건의거리를 멀리(30cm정도)해서 분화구 부분을 얇게 수 회 나누어서 미스트스프레이로 분화구를 수정 도장한다.

④ 프레쉬 타임(지촉건조) → 1~2분

⑤ 메탈릭 색 도료의 색상 도장

ⓐ 사용도료 → 배합한 도료 a)를 사용한다.

ⓑ 도장 조건 → ②의 표 참조

ⓒ 색상 도장 → 부품 판넬 전체에 2~3회 나누어서, 은폐 불량이 발생되지 않도록(상처부위의 소재색상이 보이지 않도록) 도장한다.

⑥ 프레쉬 타임(지촉건조) → 유성은 2~3 분, 수용성은 5분(상온에서 공기불어내기로 건조 시킨다)

⑦ 메탈릭 얼룩 없앰 도장

ⓐ 사용도료 → 메탈릭 색상 배합 도료 a)에 희석제를 20% 추가하여 사용한다.

메탈릭 얼룩없앰 도장용 도료	메탈릭 색상 배합도료 a)	100
	베이스 도료용 희석제	20

ⓑ 도장 조건 → ②의 표 참조

ⓒ 메탈릭 얼룩 없앰 도장 방법 → 부품 판넬 전체에 얇게 1~2회, 반광 정도가 되도록 도장한다.

⑧ 셋팅(지촉건조) → 얼룩없앰도장 후 유성도료는 5~10분, 수용성 도료로 작업하면 공기불어내기로 건조한다. 이 사이에 남은 도료를 폐기하고, 스프레이 건을 세척한다.

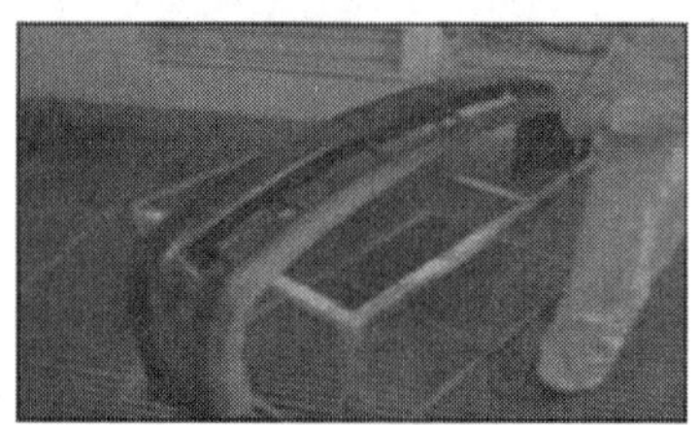

⑨ 투명(크리어) 초벌 도장

ⓐ 사용도료 → 배합한 투명 도료 b)를 사용한다.

ⓑ 도장 조건 → ②의 표 참조

ⓒ 도료의 여과 → 여과망(페인트 스트레이너)를 통해서, 스프레이 건에 넣는다.

ⓓ 투명(크리어) 초벌도장 → 얇게 2회 나누어서, 다소 광택이 나는 정도로 범퍼 전체를 도장한다.

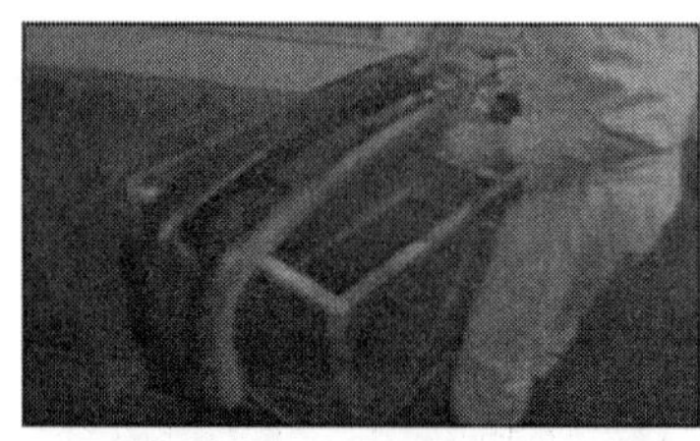

⑩ 프레쉬 타임(셋팅) → 4~5분 지촉 건조한다.

⑪ 투명(크리어) 마무리 도장

ⓐ 사용도료 → 배합한 투명도료 b)를 사용한다.

ⓑ 도장 조건 → ②의 표 참조

ⓒ 투명(크리어) 마무리 도장 → 범퍼 전체에 살오름이 충분하고 평활해 지도록 도장하며, 2회 도장하여 마무리 한다.

⑫ 건조

ⓐ 건조 : 20℃에서 16시간 또는 셋팅 10분 후 60℃에서 20분 건조한다.

ⓑ 셋팅 후, 바깥 쪽의 플라스틱 테이프(마스킹 테이프)를 벗기고, 건조 후 안쪽의 내열 마스킹 테이프를 벗긴다.

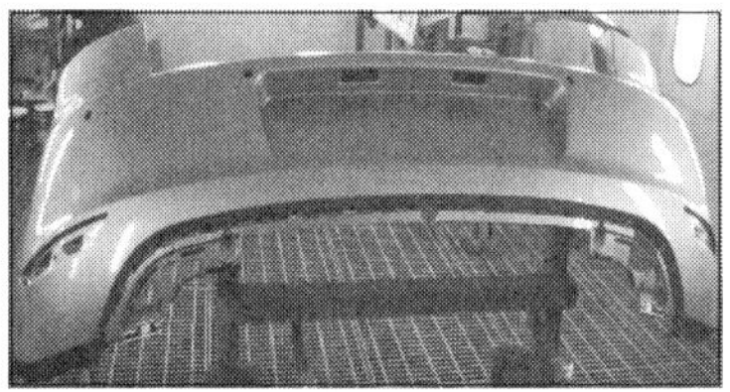

이상의 작업을 숙달시키고 올바른 작업 수행을 위해서는
* 작업 정도가 합격 기준에 도달하여 있는가?
* 작업 속도가 합격 기준에 도달하여 있는가?
* 메탈릭 얼룩, 도막외관은 양호한가?
* 용구의 사용방법이 적절였는가?
* 용구의 사용 후 처리 및 정리 정돈은 적절히 시행하였는가?

를 검토하면서 기술을 습득하고 숙련시키는 것이 이 장을 마스터하는 것이다.

* 플라스틱 범퍼(PP, Pu-Rim 등)의 도막 부착에 대해서

1. 일반적으로 소재에 도료가 부착이 나오게 하는 방법은

(1) 소재에 요철을 주어 도막이 요철에 흡착되어 부착이 나오게 하는 방법(연마, 샌드 브라스트 등) → 범퍼 등 일부 플라스틱류는 표면에 티가 발생하지만 연마하여 프라이머를 도장할 수 있다.

(2) 소재의 표면을 부식시키거나, 도막과 친화성이 우수한 요철이 많은 피막을 형성 시키는 방법 → 화성 피막 처리 또는 산, 알칼리 처리, 화염처리, 코로나방전처리 등을 하거나 에칭프라이머를 도장한다.

(3) 도막의 특성이 소재의 특성 또는 상도도막의 특성과 유사하게 하여(반응) 부착이 나오게 하는 방법 → PP(폴리프로필렌)소재의 PP 프라이머를 도장하거나 화염처리 또는 코로나방전처리를 하여 하도용 도료를 도장한다.

(4) 소재가 용제에 녹아 도막과 서로 엉겨 붙는 방법 → ABS, PS소재 등은 희석제에 녹아서 도료와 섞여서 경화되어 부착이 나온다. 따라서 건조 후 도막의 광택이 없어지거나 도막이 약해지는 경우에는 60℃에서 20분 건조 후 한번 더 도장을 해야 한다.

2. 범퍼 소재의 부착 불량 요인은?

(1) 소재 종류의 파악이 잘못되어 도료 선택을 잘못한 경우

→ 폴리프로필렌(PP) 범퍼와 폴리우레탄림(Pu-Rim) 범퍼의 구분(범퍼의 안쪽에 소재의 종류가 표시되어있음)해야 한다.

(2) 소재 탈지가 부족한 경우

(3) 프라이머를 너무 두껍게 도장한 경우

(4) 프라이머 서페이서, 색 도료 및 투명을 강한 도막(수축력의 차이)으로 도장한 경우

(5) 기타(이슬점 이하에서의 도장, 수분, 기름, 이물질의 혼입 등)

3. 대책

(1) 어떤 차종에 어떤 소재를 사용하는지 사전에 충분히 관찰하여 숙지한다.

(2) 일반 용제류를 탈지제로 사용하면 탈지가 불충분한 경우가 발생하므로 하이타이를 수세미에 묻혀서 강하게 문질러서 세척 후 공기불어내기를 한 다음 탈지제로 2차 탈지한다.

(3) 프라이머 도장 시 추천건조도막을 준수한다(PP용 프라이머 투명을 도장할 때는 건조도막 두께가 3~5μm이 좋다.).

(4) 프라이머 서페이서, 색상도료 및 투명도장 시 도막 유연제를 사용한다.

(5) 봄, 가을 등 계절이 변하는 시기에는 이슬점 이하에서 도장되지 않도록 충분히 주의한다.

(6) 수분, 기름, 이물질 등이 혼입되지 않도록 주의한다.

(7) 플라스틱 소재에 대한 도장 시방서를 충분히 숙지하고 훈련시키는 것이 필요하다.

3.9 플라스틱 범퍼의 보수 도장(塗裝) 기술

이 장에서는 플라스틱 범퍼의 보수(補修)에서 도장까지의 작업을 숙지하고 숙달 시키기 위한 것으로 폴리프로필렌(PP)범퍼의 솔리드 색상도장과 우레탄 범퍼의 메탈릭 색상 도장요령을 설명한다.

1. PP 범퍼의 솔리드 색상 보수 도장

[교재 : 상처난 PP 범퍼]

PP 범퍼의 상처난 부분의 수리 또는 솔리드(단칠)의 도장기술을 습득한다.

[필요용구]

(1) 아크릴우레탄계 지정색(D 겔렉시화이트) : 1G/A
(2) 우레탄 경화제 : 1개
(3) 우레탄 희석제 : 1G/A
(4) 탈지제(실리콘오프) : 1G/A
(5) 범퍼용 퍼티(에폭시 또는 우레탄 퍼티) : 1G/A
(6) 판금(아연) 퍼티 : 1G/A
(7) 판금 퍼티 경화제 : 1개
(8) 프라이머 서페이서 유색 : 1G/A
(9) 프라이머 서페이서 경화제 : 1통
(10) 연마지, 내수 연마지 : 약간
(11) PP프라이머 투명(에어로졸) : 1개
(12) 송진포(테크크로스, 탈지포) : 약간
(13) 여과망(여과지, 스트레이나) : 약간
(14) 에어 더스트 건 : 1개
(15) 면 헝겊(종이 보루) : 약간
(16) 연마포(부직포, 수세미 또는 겐마론 S와 동등 제품) : 약간
(17) 스프레이 건(구경 : 1.3mm) : 1개
(18) 싱글 회전 연마기(UHP-2700과 동등 제품) : 1대
(19) 고무 주걱 또는 플라스틱 주걱 : 1개
(20) 블럭(파일=아데방) : 1개
(21) 저울(계량용 저울, 소수점 두자리) : 1대
(22) 원적외선 건조기 : 1대

[작업순서(作業順序)]

(1) 소재조정

① 정상인 부분의 인접한 판넬을 면 테이프로 보호한다.

② 손상된 부분의 거친 면을 싱글회전연마기(UHP-2700 동등 제품)에 #120번 연마지를 부착시켜 연마하여 매끄럽게 한다.

(2) 가장자리 및 하지처리

구도막(舊塗膜) 주위를 블럭(파일)을 이용하여 #180번 연마지로 가장자리를 매끄럽게 연마하고 손상부위를 초벌 연마한다.

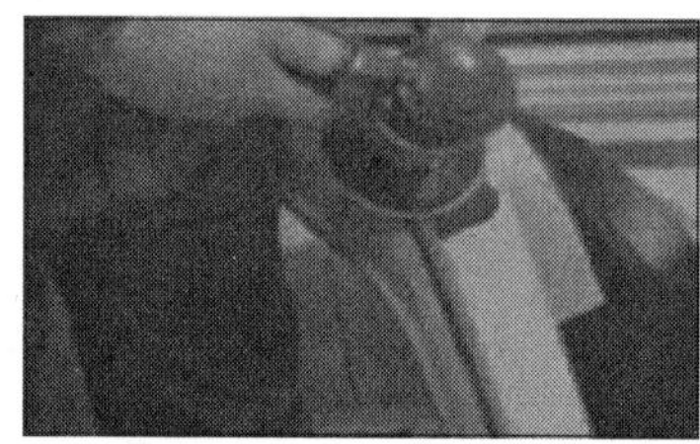

구도막 제거(#120번 연마지)

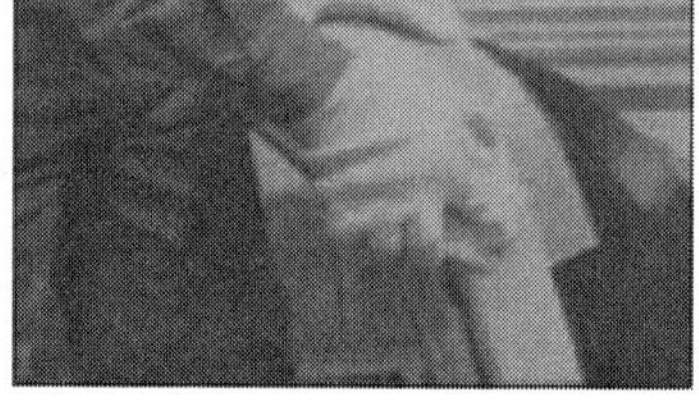

초벌 및 가장자리 연마(#180)

(3) 공기불어내기(Air blowing) 및 탈지(脫脂) : 에어더스트 건을 이용하여 공기불어내기를 하고, 탈지제로 깨끗이 탈지한다.

(4) 프라이머 도장 : PP 프라이머를 소재가 나타나는 부위에 얇게(3~5μ) 스프레이 도장한다. 도장이 균일하게 도장 될수록 부착력은 향상된다. 이때, 투명은 눈으로 보아 광택이 균일하면 도장이 잘 되었다고 확인할 수 있다.

(5) 건조 → 20℃에서 10~30분 정도 건조한다.

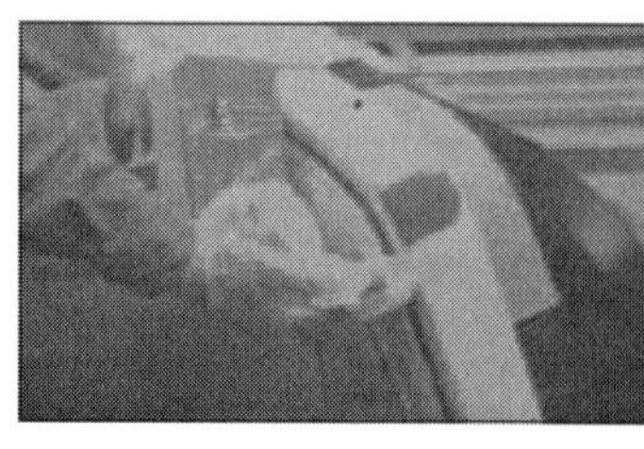

탈지제로 탈지

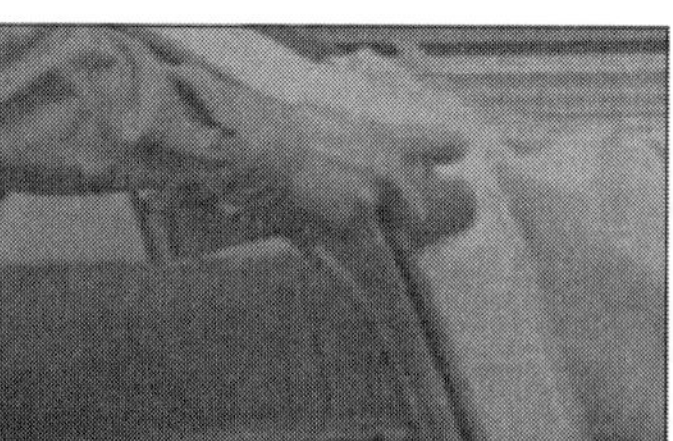

에어로졸 PP 프라이머 도장

건조(60℃×5분)

* 주의사항

① 24시간 이상 방치하면 상도 도료가 밀착력이 떨어지게 된다.

② 밀착력 불량이 되는 오염이 될 수 있으므로, 장기간 건조는 적합하지 않다.

(6) 퍼티 도포

① 퍼티의 배합 - 에폭시계 퍼티 : 에폭시경화제 = 100 : 25(무게비, 매뉴얼 참조)
또는, 범퍼용 퍼티 : 범퍼용 퍼티 경화제 = 50 : 50(무게비, 매뉴얼 참조)

* 이때, 균일한 혼합색(회색, 갈색 또는 청색)이 되도록 충분히 교반한다.

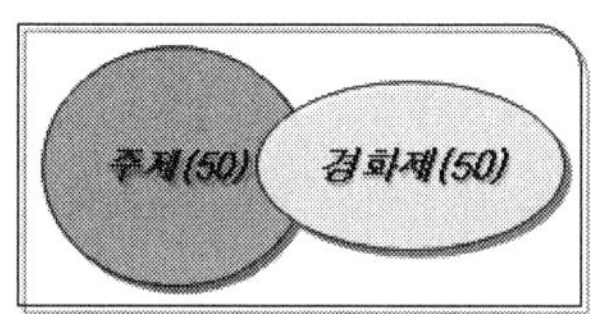

② 퍼티 도포 : 처음에 주걱을 세워서 힘껏 당겨서 부착하고, 다음에 구도막에 조금 닿을 정도로 부착하며, 전체적으로 평활하게 부착한다.

(7) 건조(乾燥) : 20℃에서 30분간 건조한다.

(8) 퍼티면 연마

① 블럭(파일)을 사용하여 #120번 연마지로 거친 요철을 제거하도록 연마한다.

② 블럭(파일)을 사용하여 #220번 연마지로 마무리 연마를 한다.

(9) 공기불어내기(Air blowing) : 공기불어내기를 하면서, 먼지를 깨끗이 제거한다.

* 이 작업공정에서 퍼티 도포면을 관찰하여 요철, 기포 등이 있으면 (6)공정 퍼티 도포 공정부터 재작업을 해야 한다.

퍼티 도포

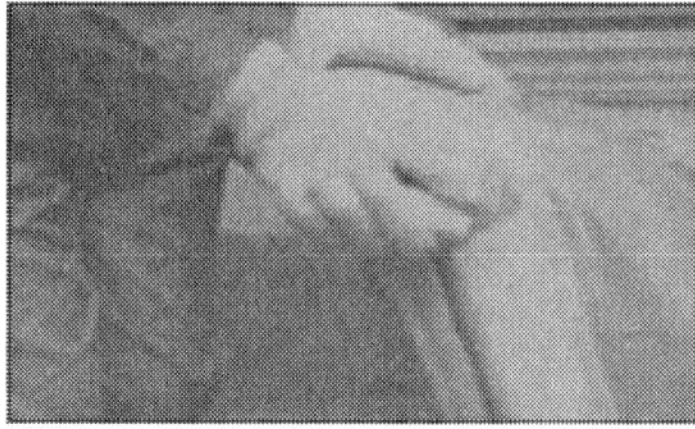
퍼티 연마(#120)

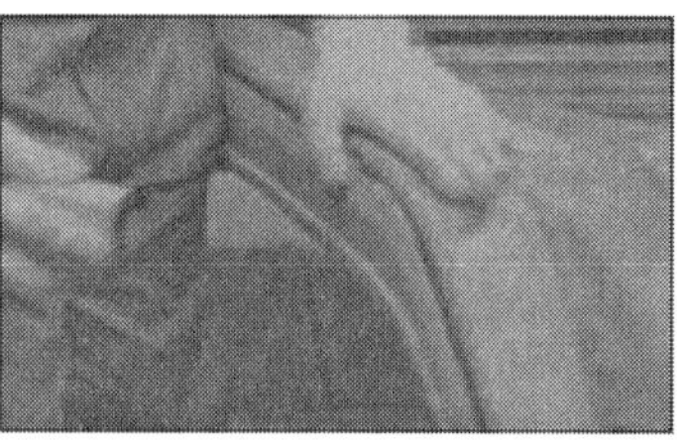
퍼티 연마(#220)

(10) 프라이머 서페이서 도장 부위의 연마(부착력, 외관 향상을 위한 작업)

① 프라이머 서페이서를 도장할 범위보다도 약간 넓게(퍼티 가장자리에서 10cm 정도) #320번 연마지로 연마를 하고, 블럭을 사용하여 구도막이 광택이 없어질 때까지 연마한다.

② 요철이 심하여 블럭(파일)을 사용할 수 없는 부위는 연마포(부직포, 수세미 또는 겐마론S) #320번으로 연마한다.

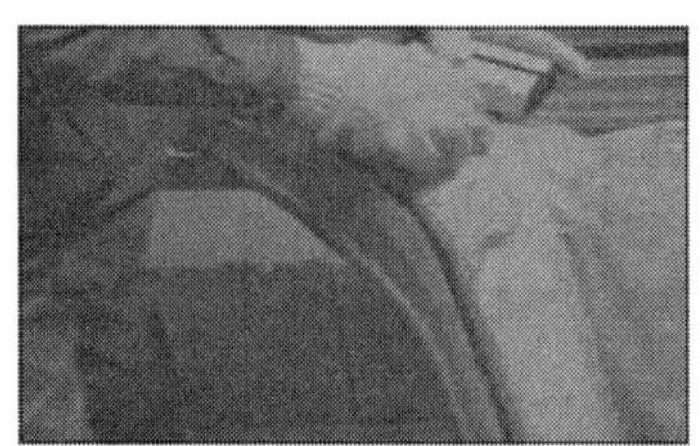

프라서페 도장면 연마(#320)

(11) 공기불어내기(Air blowing) : 공기불어내기를 하면서 먼지, 이물질 등을 깨끗이 제거한다.

(12) 탈지(脫脂) : 탈지제(실리콘오프)로 도장할 부위보다 넓게 깨끗이 닦아낸다.

(13) 프라이머 서페이서 도장 면의 마스킹 작업: 프라이머 서페이서를 도장할 부위보다 약간 넓게 마스킹작업을 한다. 이때, 사진과 같이 소재를 터널이 생기도록 마스킹작업을 해야 도막의 층이 안 생기게 된다.

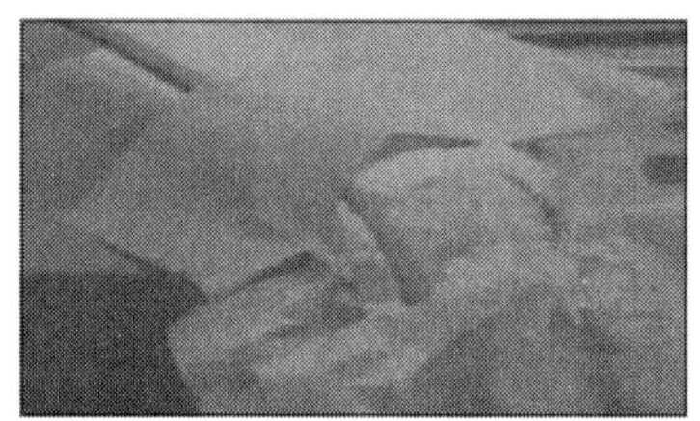

(14) 프라이머 서페이서 도장 요령

① 도료의 배합 - 우레탄 프라이머 서페이서 유색 : 경화제 = 100 : 50(무게비)

* 도료 제조회사 매뉴얼(TDS) 참조하여 배합한다.
* 이때 도막유연제 투명을 2~5% 넣어서 도장하면 도막의 유연성이 우수해진다.

② 배합이 완료되면 교반봉을 사용해서 충분히 저어 도료가 완전히 섞이도록 혼합한다.

③ 배합된 도료를 여과망(스트레이너)으로 걸러서 스프레이 건에 넣는다.

④ 프라이머 서페이서(중도 칠)의 도장 조건(HVLP건, 노즐구경 : 1.5mm)

도장 조건	초벌도장	마감도장
공기압력(kg/㎠)	2.0~2.5	2.0~2.5
토출량	6	6
분사각도(패턴 폭, 조절레바)	완전히 연다	완전히 연다
피도체와 건의 거리(㎝)	10	10
건의 운행속도[m/초(sec)]	1.5~2.0	1.5~2.0

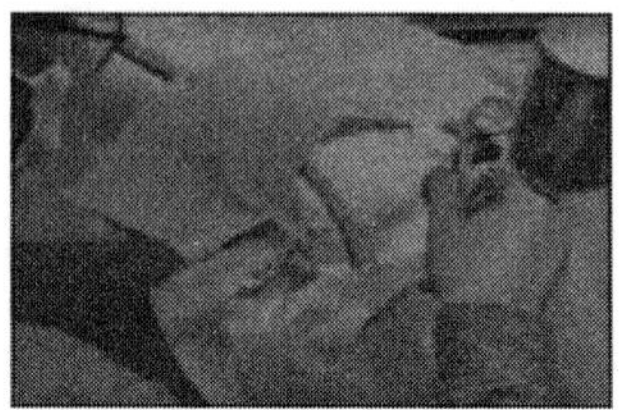

초벌도장

⑤ 초벌도장 - 퍼티부분에 얇게 1회 도장한다.

⑥ 마감도장 - 퍼티 도포면 보다 조금 넓게(약 5cm) 2회 도장한다.

* 스프레이 도장 할 때 도장부위의 좌우 양쪽 끝에서 스프레이 건의 당김쇠를 놓았다가 당겼다 하는 동작을 반복하여 스프레이 더스트가 적게 되도록 한다.
  잘못 행하면 더스트의 비산, 흐름현상의 원인이 되므로 숙달될 때까지 반복 연습한다.

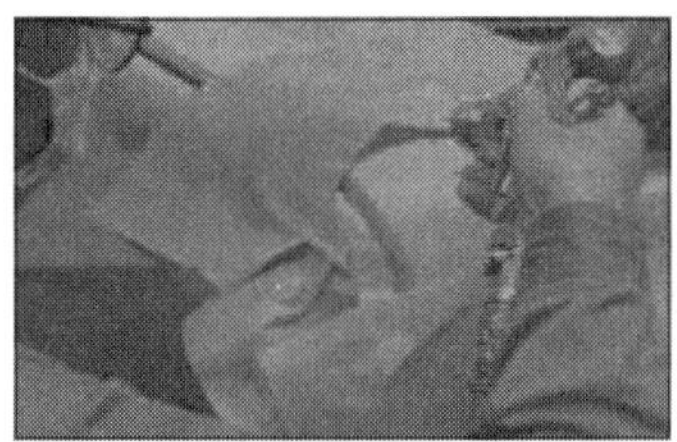

마감도장

(15) 건조(乾燥) : 건조시간은 20 ℃기준으로 1시간 또는 10분간 실온 방치(셋팅) 후 60℃에서 10분 건조시킨다.

* 강제건조를 할 때는, 온도에 주의할 것. 가열(加熱)시 온도가 높아지면, 범퍼를 손상(변형)시킬 수가 있다.

(16) 마무리 퍼티(락카계 퍼티 혹은 우레탄 퍼티) 도포

* 주의사항

프라이머 서페이서(중도 도료) 도장 면의 작은 구멍이나 연마자국을 확인하고, 프라이머 서페이서 면을 연마한 후 없어졌는지, 작은 구멍이나 연마 자국이 남아 있어 마무리 퍼티를 사용해야 할지를 판단해야 한다. 이때, 마무리 퍼티가 필요 없으면 공정 (16)과 (17)은 생략한다.

① 마무리 퍼티 도포면의 초벌연마 : 내수(耐水) 연마 시 #400번으로, 마무리 퍼티가 필요한 부분을 연마한다.

② 공기불어내기→ 에어더스트 건을 설치하여 연마찌꺼기, 먼지, 이물질을 제거한다.

③ 탈지 → 탈지제(실리콘오프)를 사용하여 탈지를 한다.

④ 마무리 퍼티의 도포→ 마무리용 퍼티를 작은 구멍(기포 등)에 고무 주걱을 사용해서 힘껏 눌러서 당겨 도포한다.

* 한번 작업 후 완전히 메꾸어 지지 않았을 경우에는 5~10분 정도 간격을 두고 여러 번 나누어 당겨서 도포한다.

(17) 건조(마무리 퍼티 작업을 행하였을 경우) : 20℃에서 1시간 또는 60℃에서 10분 건조시킨다.

(18) 마무리 퍼티 및 프라이머 서페이서 도포면의 연마 : 블럭(파일=아데방)에 내수연마지 #400~600번을 부착시켜, 물을 적신 스폰지로 물을 흘려가면서 프라이머 서페이서 도포면 전체를 연마한다.

(19) 물 세척 후 공기불어내기(Air blowing)

① 프라이머 서페이서(중도) 도장하여 연마한 표면과 주변의 연마 찌꺼기 등, 이물질을 물로 깨끗이 닦아낸다.

② 공기불어내기 → 에어더스트 건을 장착하여 수분이 없어지도록 모서리 부분까지 깨끗이 공기불어내기를 한다.

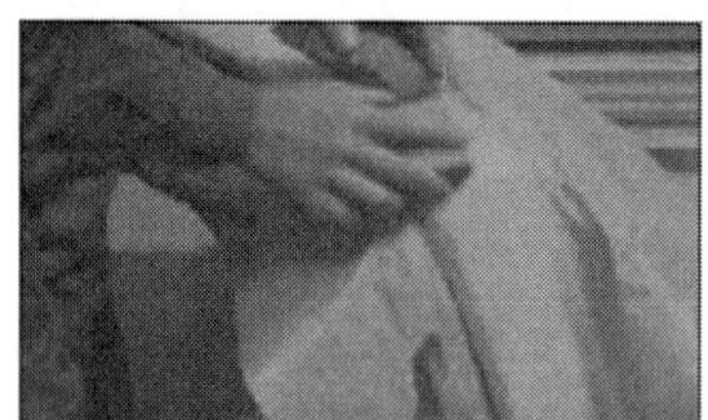

프라이머 서페이서 연마

* 공기불어내기를 한 다음 작은 상처(연마자국)이나 작은 구멍(핀홀, 기포 등)으로 외관이 불량한 경우는 (16) 공정으로 되돌아가서 다시 작업한다.

(20) 구도막에 색도장 하기 전의 전처리

① 도장하지 않을 부분을 테이프로 마스킹한다.

② 연마포(수세미 또는 겐마론S) #400번으로 전면을 연마한다.

* 구도막은 광택이 없도록 완전히 연마해야 한다.

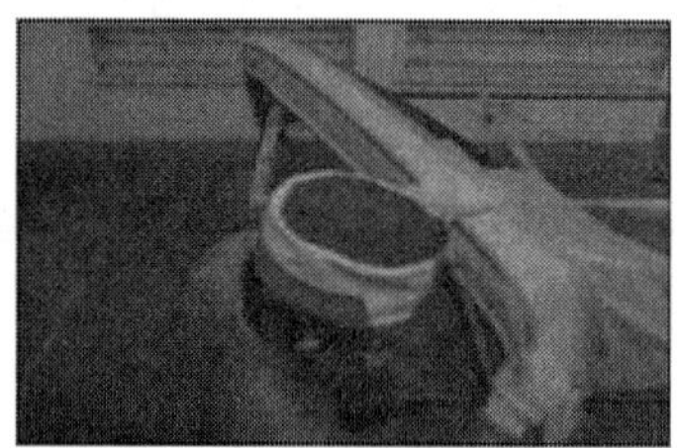

(21) 공기불어내기(Air blowing)

① 공기불어내기를 하여 연마찌꺼기, 이물질 등을 깨끗이 제거한다.

② 마스킹 테이프를 벗겨낸다.

(22) 상도(색도료) 도장용 마스킹 : 도장하지 않는 부분을 마스킹한다.

이때, 내열 테이프를 사용하는 것이 좋다.

(23) 탈지(脫脂) : 탈지제로 깨끗이 탈지한다.

이때, 깨끗한 면 헝겊을 사용하는 것이 좋다. 오염된 걸레를 사용하면, 분화구, 기포, 광택소실 등이 발생할 수 있다.

(24) 청소 : 송진포(텍크크로스 또는 탈지포)를 이용해서 먼지, 티 등을 제거한다.

(25) 솔리드(단칠) 색상의 도장(塗裝)

① 도료의 배합 : 건조가 빠른 도료를 사용할 때는 속건 우레탄 또는 베이스코트을 건조가 느리지만 하이솔리드형(HS) 우레탄 도료나 수용성 도료를 선택할 수도 있다.

구분 \ 배합비율	솔리드 색상 도료			
	우레탄계		베이스코트	
	속건형	HS형	유성	수용성
주제	100	100	100	100
도막유연제	10	10	3	-
경화제	25	-	-	-
유성 희석제	50~70	0~20	70~100	-
수용성 희석제	-	-	-	10~30

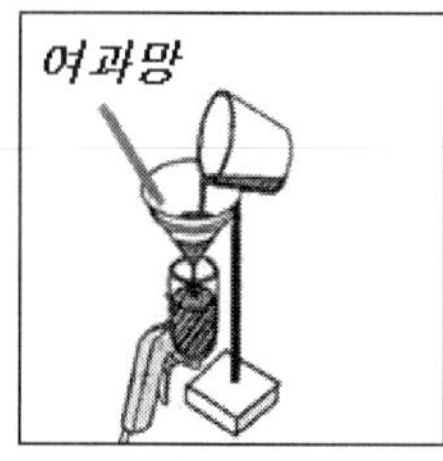

여과 장치

② 도료의 여과 → 선정한 도료를 배합 후 스페튤라로 충분히 혼합한 다음, 여과망으로 걸러서 스프레이 건에 넣는다.

③ 도장 조건(HVLP건, 노즐구경 : 1.3mm 기준)

구분	유성계			수용성계		
	초벌도장	색도장	마감도장	초벌도장	색도장	마무리도장
에어압력(kg/㎠)	1.5~2.0	1.5~2.5	1.5~2.5	1.5~2.0	1.5~2.0	1.0~2.0
토출량(눈금)	6	6	6	6	6	6
분사각도(패턴 폭)	완전 개방	완전 개방	완전 개방	완전 개방	완전 개방	완전 개방
피도체와 건의 거리(㎝)	10	10	10	10	10	20
건의 운행속도[m/초(sec)]	1.5~2.0	2.0~2.5	2.5~3.0	1.5~2.0	2.0~2.5	2.5~3.0

④ 초벌도장 → 전면을 얇게 1회 도장한다.

⑤ 프레쉬 타임(지촉 건조) : 유성은 1~3분, 수용성은 5분(공기불어내기 건조)

* 지촉건조란 도장된 표면을 손가락 끝으로 살짝 대어 보았을 때 도막이 묻어나오지 않는 상태까지의 시간을 말한다.

⑥ 색상 도장 → 2회로 나누어서 소재가 보이지 않도록 잡아서 도장한다. 수용성 도료는 1회로 도장을 완료한다.

⑦ 프레쉬 타임 → 속건형 도료는 3~5분, 하이솔리드(HS)형은 5~10분, 수용성 도료는 에어불어내기 건조 5~7분한다.

⑧ 마감 도장 → 도막의 외관을 보아가면서, 1회 도장한다. 이때, 속건우레탄의 경우는 희석제(신나)를 10~20% 추가 희석하여 도장하며, 하이솔리드(HS)형 우레탄 도료는 도장할 필요가 없지만 도막 외관에 오렌지 필 현상이 있으면 희석제(신나)를 5% 추가하여 잡아서 도장한다.

초벌도장

색도장

마감도장

⑨ 지촉 건조 후 잘 보면서 테이프를 벗겨낸다. 이때 표면 가장자리의 보이는 테이프만 벗겨내야 한다(마스킹 종이와 붙어있는 테이프는 제외).

⑩ 건조 → 아그릴 우레탄의 경우는 10분 셋팅 후 60~80℃ × 30분 또는 20℃ × 16~24시간 건조한다.

* 1액형 베이스코트와 수용성의 경우는 5분 셋팅(수용성은 20℃에서 5분 공기불어내기)한 다음 우레탄 투명을 도장해야 한다. 2액형 솔리드 색상의 경우도 광택과 외관을 좋게 하기 위해서 투명을 도장한다.

⑪ 건조 후 모든 마스킹을 벗겨낸다.

* 상기의 작업공정을 숙달되도록 노력하면서 다음의 합격 기준을 참조한다.

이상의 작업을 숙달시키고 올바른 작업 수행을 위해서는 다음의 합격기준에 도달하여야 한다.

* 작업정도가 합격 기준에 도달하였는가?
* 작업속도는 느리지 않았는가?
* 공구의 사용방법이 적절 하였는가?
* 도막 외관의 관찰력이 정확한가?
* 필요 용구의 사후관리 및 청소는 잘 정리, 정돈이 되고 있는가?

2. 보수(補修) 우레탄 범퍼의 메탈릭(은 분칠) 도장

[교재 : 상처가 난(손상된) 우레탄림 또는 PP 범퍼]

PP 또는 우레탄림 범퍼의 상처가 난 부분을 수리 또는 메탈릭 색상도장 요령의 기술을 습득하기 위해서 도장공정순서와 작업요령을 습득한다.

[필요용구]

(1) 아크릴 우레탄계 하이솔리드(HS)형 투명 : 1G/A

(2) 유성 또는 수용성 베이스코트 조색품 : 1G/A

(3) 우레탄 투명용 경화제 : 1Q/T

(4) 베이스코트용 희석제(신나) : 1G/A

(5) 탈지제(실리콘오프) : 1G/A

(6) 범퍼용 퍼티(에폭시 또는 우레탄 퍼티) : 1G/A

(7) 도막유연제 투명 : 1G/A

(8) 프라이머 서페이서 유색 : 1G/A

(9) 프라이머 서페이서용 경화제 : 1통

(10) 도료 여과장치 : 1set

(11) 연마지, 내수 연마지 : 약간

(12) PP프라이머 투명(에어로졸) : 1개

(13) 연마포(수세미) : 약간

(14) 에어더스트 건 : 1개

(15) 면 헝겊(종이 보루) : 약간

(16) 송진포(테크크로즈, 탈지포) : 약간

(17) 스프레이 건(HVLP건, 구경 : 1.3mm) : 1대

(18) 싱글회전연마기(UHP-2700과 동등 제품) : 1대

(19) 고무 또는 플라스틱 주걱 : 1개

(20) 블럭(파일=아데방) : 1개

(21) 저울(계량용 저울, 소수점 2자리) : 1대

(22) 원적외선 건조기 : 1대

[작업순서(作業順序)]

(1) 소재조정 : 손상된 부분의 거칠어진 부분을 싱글 회전 연마기(UHP2700)에 #120번 연마지를 부착시켜서 구도막과 거칠어진 손상 면을 매끄럽게 연마한다.

* 주의사항

소재조정 후에는 1시간 이내에 퍼티 작업을 해야 한다. 1시간 이상 경과하면 소재가 연마된 중앙부분에서 이형제가 표면에 떠올라 밀착 불량의 원인이 될 수 있다.

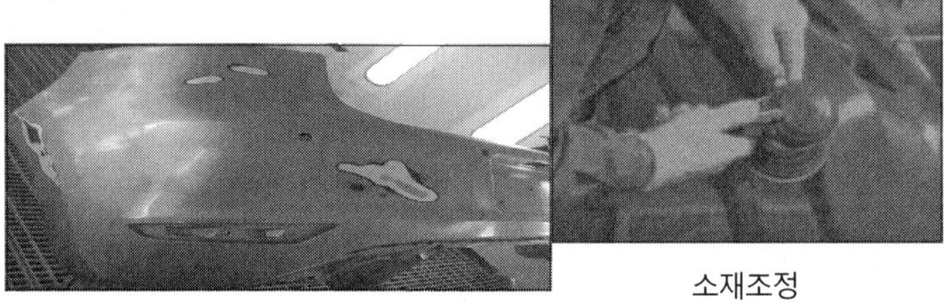

소재조정

(2) 가장자리 주변 및 초벌 연마 : 구도막 주변의 가장자리를 블럭(파일)에 #180번 연마지를 부착시켜 연마하고, 손상된 부분에 도료가 잘 붙을 수 있도록 초벌연마를 한다.

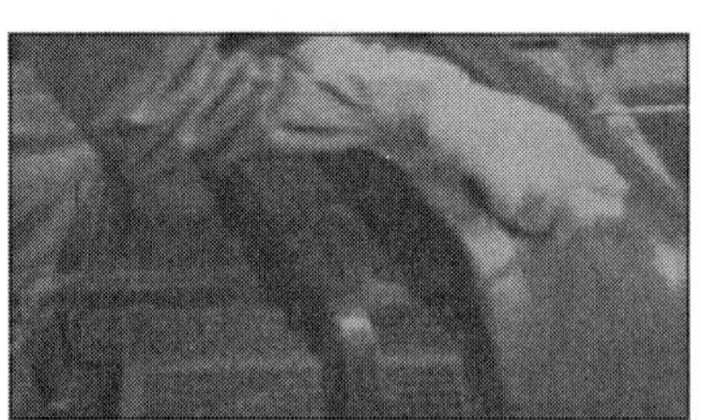

초벌연마(#180)

(3) 공기불어내기(Air blowing) : 에어호스에 에어더스트 건을 장착시켜서 연마찌꺼기, 먼지 등을 제거한다.

(4) 탈지(脫脂) : 탈지제(실리콘오프)를 사용해서 깨끗한 마른 헝겊에 묻혀서 탈지한다. 이때, 한 손에

는 탈지제를 적신 헝겊을 잡고, 다른 한 손에는 깨끗한 헝겊을 잡고 탈지하는 것이 좋다. PP범퍼의 경우 연마 시 소재가 들어났을 경우에는 PP프라이머를 1회 균일하게 도장하고 20℃에서 10~20분 건조(도료제조사의 TDS 참조)시킨다.

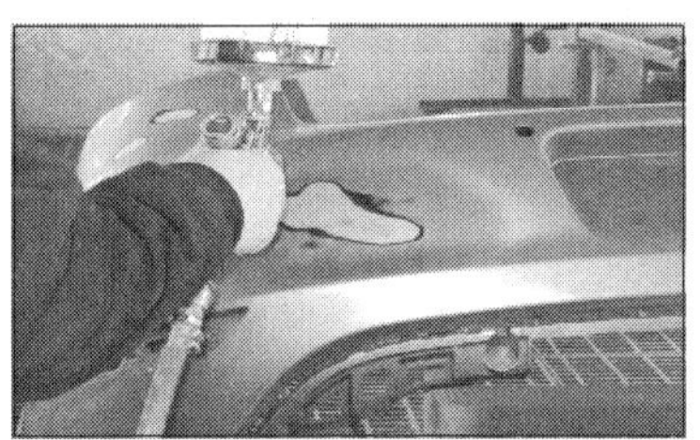

PP프라이머 투명 도장

(5) 퍼티 도포(빠데작업)

① 퍼티의 배합 : 우레탄 퍼티 대신에 포리솔 퍼티(일반용)를 사용할 수도 있으나 내충격성이 나빠서 깨지기 쉽다.

우레탄 퍼티(주제)	100
우레탄 퍼티경화제	10

② 퍼티의 도포 : 처음에 주걱을 세워서 끌어당겨서 도포하고, 다음에 구도막 가장자리에 조금 도포될 정도로 도포하여 손상부위 전체를 매끄럽고 평활하게 도포하여 부착시킨다.

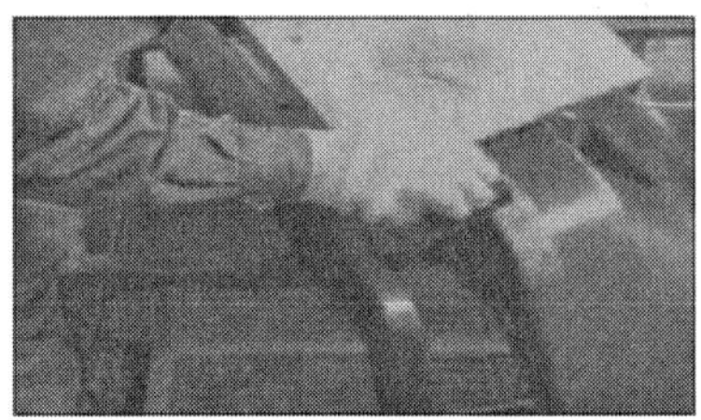

퍼티도포

(6) 건조(乾燥) : 퍼티를 도포한 후 20℃ × 1시간 또는 60℃에서 10분 건조시킨다.

(7) 퍼티면의 연마(硏磨)

① 블럭(파일)에 #220번 연마지를 밀착시켜 면(굴곡) 조정 연마를 한다.

② 블럭(파일)을 사용하여 #240~320번 연마지로 표면을 매끄럽게 연마한다. 이때, 퍼티 도포면과 구도막 사이에 턱(단=층)이 생기지 않도록 손끝으로 표면을 만지면서 매끄럽게 되도록 연마해야 한다.

퍼티면, 가장자리 연마

(8) 공기불어내기(Air blowing) : 공기불어내기를 하여 먼지, 티, 이물질 등을 제거한다. 이때, 요철이 덜 메꾸어지거나 형태가 잘못 수정되었을 경우에는 공정 (4)부터 재수정 작업을 해야 한다.

(9) 프라이머 서페이서 도장 면의 초벌연마 : 프라이머 서페이서를 도장해야할 면보다도 약간 넓게(가장자리 연마 부위 보다 10cm 정도 넓게) #320번 연마지를 블럭(파일)에 붙여서 구도막이 광택이 없어질 때까지 매끄럽게 연마한다.

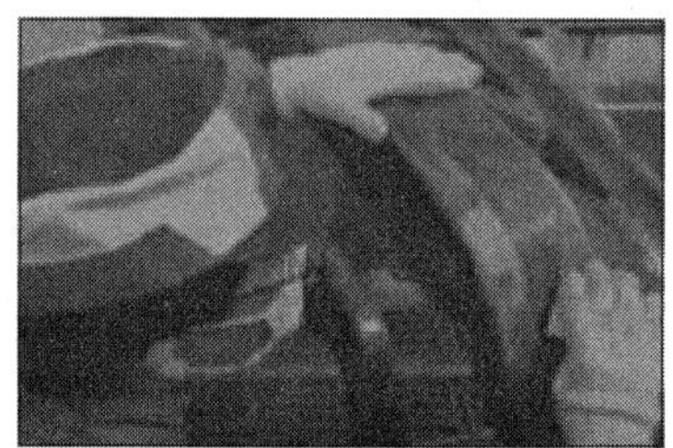

프라이머 서페이서 도포면 연마

(10) 공기불어내기(Air blowing) : 에어더스트 건을 장착시켜 공기불어내기를 하여 먼지, 티, 이물질을 제거한다.

(11) 탈지(脫脂) : 탈지제(실리콘오프)를 사용해서 깨끗이 탈지한다.

(12) 프라이머 서페이서(中途) 도장(塗裝)

① 도료의 배합

우레탄계 프라이머 서페이서 유색(주제)	100
우레탄계 프라이머 서페이서용 경화제	25
우레탄 서페이서 희석제(신나)	30~70

② 배합이 완료되면 도료를 교반해서 잘 혼합한다.

③ 도료의 여과 → 도료의 여과장치(여과망, 스트레이나)로 걸러서 스프레이 건에 넣는다.

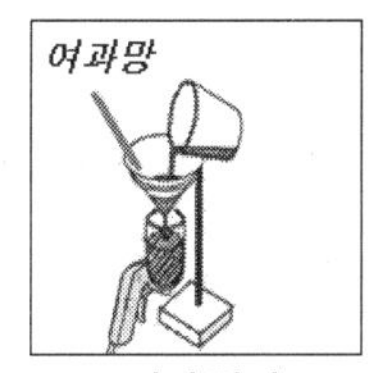

여과 장치

④ 프라이머 서페이서의 도장 조건(HVLP건, 노즐구경 : 1.5mm 기준)

구분	초벌도장	마감도장
공기압력(kg/㎠)	1.5~2.0	1.5~2.0
토출량	6	6
분사각도(패턴 폭, 조절레바)	완전히 연다	완전히 연다
피도체와 건의 거리(㎝)	10	10
건의 운행속도[m/초(sec)]	1.5~2.0	2.0~2.5

⑤ 초벌도장 → 퍼티 도포면에 얇게 1회 도장한다.

⑥ 마무리 도장 → 퍼티 도포면 보다 조금 넓게(약 5cm 정도) 2회 도장한다. 이때, 스프레이 도장요령은 퍼티 도포면을 중심으로 양쪽 끝에 도달할 때는 스프레이 건의 당김쇠를 당겼다 놓았다 하는 동작을 조작하여야 한다.

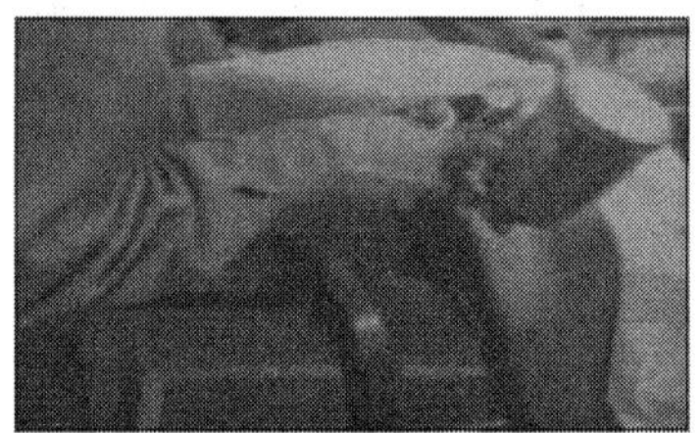
프라이머 서페이서 도장

* 이것은 도장할 때 가장자리에서 스프레이 먼지(더스트)가 많이 날아 붙어 더스트에 의한 오렌지 필이 생기고, 흐름현상의 원인이 되므로 조작을 숙달하여야 한다.

(13) 건조(乾燥) : 20℃에서 16시간 또는 10분 셋팅 후 60℃에서 30분 건조한다.

* 이때, 남은 도료는 폐기하고, 스프레이 건을 깨끗이 세척한다.
* 주의 사항 - 강제건조를 할 때는, 온도에 주의할 것. 가열(加熱)시 온도가 높아지면, 범퍼를 손상(변형)시킬 수가 있고, 부품음, 기포 등이 발생할 수 있다.

(14) 마무리 퍼티 도포 : 프라이머 서페이서 면 상태가 기포, 핀홀, 연마 자국이 있는가 확인하고, 연마면의 상처가 퍼티작업을 해야 할 것인지 판단한다. 퍼티 작업이 불필요한 경우는 공정 (14)~

(16)은 생략한다.

① 마무리 퍼티 할 부분의 초벌 연마 → 내수 연마지 #400번으로 필요한 부분을 연마한다.

② 공기불어내기 → 연마 찌꺼기, 수분 등을 제거한다.

③ 탈지→ 탈지제(실리콘오프)를 사용해서 깨끗이 탈지한다.

④ 마무리 퍼티 도포 → 락카계 퍼티(작은 상처 메꿈용 퍼티)를 기포 속으로 힘껏 눌러 훑어서 부착한다.

이때, 한번에 메꿔지지 않으면 메꿔질 때까지 여러 번 도포한다.

(15) 건조(乾燥) : 건조는 20℃에서 1시간 또는 60℃에서 10분 건조한다.

(16) 퍼티와 프라이머 서페이서 도장면 연마 : 블럭(파일=아데방)에 #400번 연마지로 마무리 퍼티 도포면을 우선 연마한 다음에 면 전체를 마무리 연마한다.

(17) 색 도료 도장부위 연마 : 연마포(부직포=수세미, 겐마론 S와 동등 제품) #400번으로 범퍼 전체를 연마한다.

프라이머 서페이서 도장면 연마

(18) 공기불어내기(Air blowing) : 연마 찌꺼기를 에어로 불어낸다.

(19) 탈지(脫脂) : 탈지제(실리콘오프)를 사용해서 깨끗이 탈지한다.

(20) 청소 : 송진포(텍크크로스 또는 탈지포)를 이용해서 먼지, 티 등을 제거한다.

(21) 메탈릭 색상 도장(塗裝)

① 도료의 배합

구분 / 배합비율	메탈릭 베이스코트		우레탄계 투명	
	유성	수용성	유성	수용성
주제	100	100	100	100
해당 경화제	-	-	50	50
유성 희석제	70~100	-	0~10	-
수용성 희석제	-	5~20	-	0~20

* 수용성도료를 사용할 경우는 부분보수도장(Fade out)도 멋지게 도장할 수 있다.

② 도장 조건 → 색상도료와 투명도료의 도장 조건은 다음과 같다.

색상도료

구분	유성계			수용성계		
	초벌도장	색도장	마감도장	초벌도장	색도장	마무리도장
에어압력(kg/㎠)	1.5~2.5	1.5~2.0	1.5~2.0	1.5~2.0	1.5~2.0	1.0~2.0
토출량(바퀴)	4	4	4	5	5	5
분사각도(패턴 폭, 조절레바)	완전 개방	완전 개방	완전 개방	완전 개방	완전 개방	완전 개방
피도체와 건의 거리(㎝)	10	10	10	10~15	10~15	20~15
건의 운행속도[m/초(sec)]	1.0~1.5	1.5~2.0	1.5~2.0	0.6~1.0	0.6~1.0	0.6~1.0

투명도료

구분	유성계		수용성계	
	초벌도장	마감도장	초벌도장	마감도장
에어압력(kg/㎠)	1.5~2.0	1.5~2.0	1.5~2.0	2.0~2.5
토출량(바퀴)	6	6	5	5
분사각도(패턴 폭, 조절레바)	완전개방	완전개방	완전개방	완전 개방
피도체와 건의 거리(㎝)	10	10	15	15
건의 운행속도[m/초(sec)]	1.5~2.0	2.0~2.5	2.0~2.5	2.5~3.0

* 도장 조건은 스프레이 건의 종류에 따라 다르며, HVLP건, 노즐구경 1.3mm 기준의 기준임

③ 메탈릭 초벌도장 → 앞에서 선정한 도료로 퍼티와 프라이머 서페이서 도장면을 얇게 1회 도장한 다음 전체적으로 1회 도장한다.

초벌도장

* 이때, 분화구(Cratering)을 확인하고, 쉽게 수정하기 위해서 얇게 1회 도장하는 것이다.

④ 프레쉬 타임(지촉건조) : 유성도료는 1~3분, **수용성은 5분 정도 공기불어내기로 수절 건조**시킨다.

⑤ 메탈릭 색상 도장 : 2~3회 나누어서 은페가 되도록 도장한다. **수용성은 잡아서 은폐되도록 1회 도장한다**.

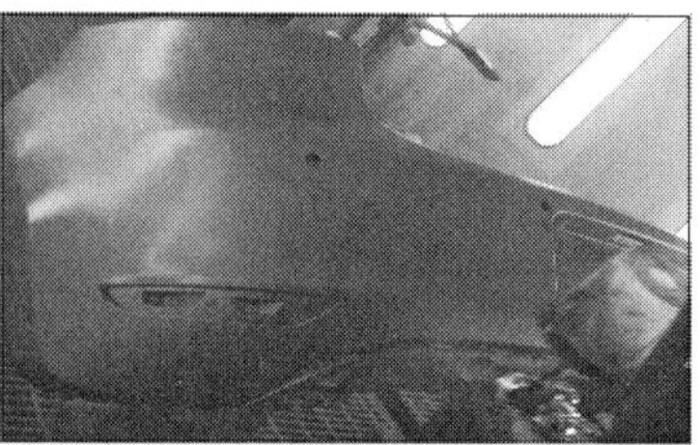

색상도장

⑥ 프레쉬 타임(지촉건조) : 유성도료는 2~3분, **수용성은 5분(에어불어내기)로 건조**한다.

⑦ 메탈릭 얼룩 없앰 도장 → 색상도장하고 남은 도료에 희석제를 20% 첨가해서 사용한다. 전체 면을 얇게 2~3회 반광이 되도록 도장한다. 수용성 색상도료는 얼룩 발생이 거의 없어 생략할 수도 있다.

⑧ 프레쉬 타임 → 유성은 5~10분, **수용성은 5분(20℃에서 공기불어내기로 건조한다.)**

* 이 사이에 남은 도료는 폐기하고, 스프레이 건은 세척한다.

⑨ 투명(크리어) 초벌 도장 → 준비된 투명을 여과하여 스프레이 건에 넣는다. 조금씩 광이 나도록 전체 면을 도장한다.

⑩ 프레쉬 타임(지촉 건조) → 유성은 4~5분, 수용성은 5분(20℃에서 Air blowing한다.)

⑪ 투명(크리어) 마무리 도장

ⓐ 사용도료 → 선택하여 배합한 투명도료를 사용한다.

ⓑ 도장 조건 → ②의 표 참조

ⓒ 투명(크리어) 마무리 도장 → 오렌지필이 있는가 보아가면서 전체적으로 2회 도장한다.

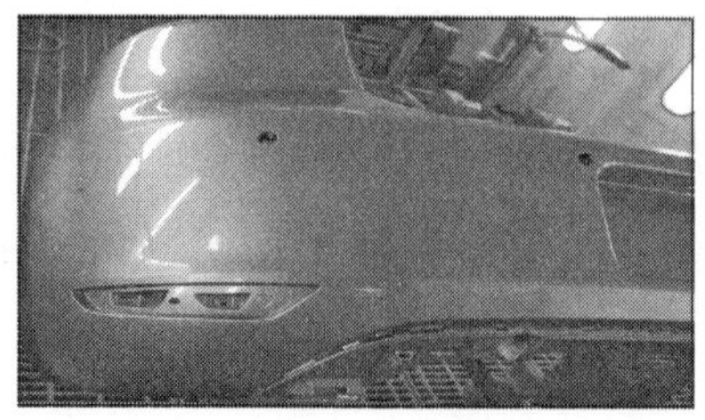

⑫ 건조

ⓐ 20°C에서 16시간 또는 10분 셋팅 후 60°C에서 30분 건조한다.

ⓑ 수용성의 경우는 5~10분간 Air blowing하여 수분을 날려 보낸 후 강제건조 시킨다.

수용성 색상도료로 도장한 폭스바겐 범퍼

* 강제건조 시 온도에 주의할 것 : 온도가 과열되면 범퍼가 손상되고, 오염될 수 있다.

K사수용성 메탈릭 색상(3D) 도료로 전체 도장한 로체

공정별 사용도료

이상의 작업을 숙달시키고 올바른 작업 수행을 위해서는 다음의 합격기준에 도달하여야 한다.
* 작업 정도가 합격 기준에 도달하였는가?
* 작업 속도는 느리지 않았는가?
* 메탈릭 얼룩 및 도막외관은 양호한가?
* 용구의 사용방법이 적절 하였는가?
* 필요 용구의 사후관리 및 청소는 잘 정리, 정돈이 되고 있는가?

3.10 광택(Polishing)내는 기술

자동차 보수 도장을 한 다음 도막을 건조시키면 도막 표면에 먼지, 티, 이물질 등이 붙어있어 외관이 매끄럽지 못한 경우나 보수도장 시 가장자리의 광택이 균일하지 못한 경우가 있다.

이러한 도막 표면을 검토하고 외관을 깨끗하게 마무리하기 위해서 행하는 작업이 광택내는 기술(포리싱)이다.

- 도막 표면을 보아 티, 이물질이 없을 경우에는 가능하면 포리싱 작업을 하지 않는 것이 좋다.
- 우레탄도장의 경우 - 완전 건조 후에 행하는 것이 좋다.
- 부분보수도장한 경우 - 도막의 건조가 불충분할 경우에는 도막이 밀리거나 손상을 입어 내후성(변퇴색, 물자국, 광택소실 등) 불량을 일으키며, 가장자리의 턱(층=단) 발생에도 주의해야 한다.

[광내기 작업의 준비 사항]

연마석 : 밑 부분은 평활하고, 각 부분은 둥글게 되도록 #1500~2000번 연마지로 연마하여 사용한다.

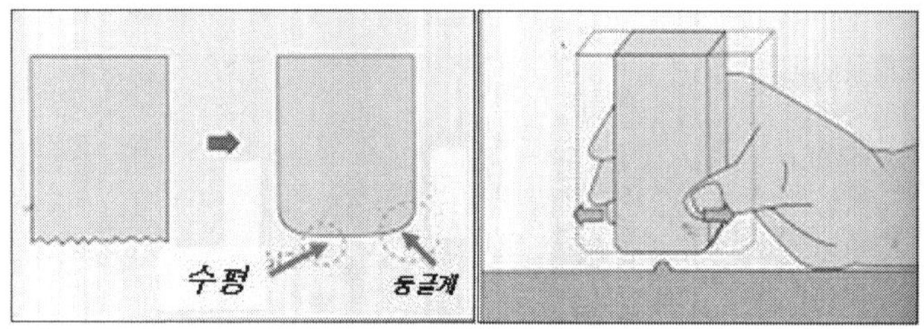

연마석 만드는 방법

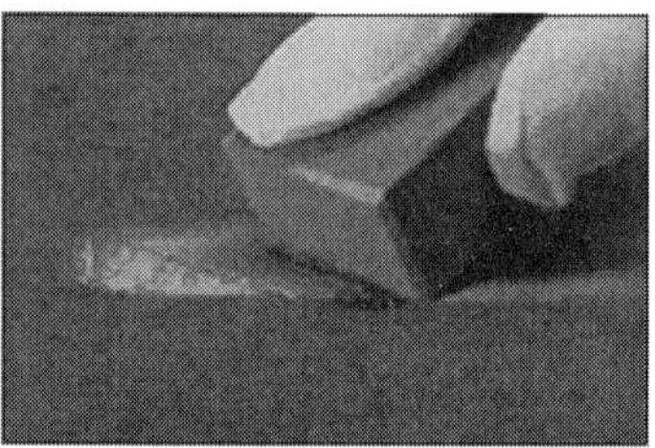

연마석 잡는 법

[필요용구]

(1) 전동 폴리싱기 : 1대

(2) 원형 스펀지 분첩(스펀지 버프) : 연마용 1개

(3) 원형 스펀지 분첩(스펀지 버프) : 마무리용 1개

(4) 부드러운 면 헝겊 : 약간

(5) 폴리싱콤파운드(1) 연마용 : 약간

(6) 폴리싱콤파운드(2) 마무리용 : 약간

(7) 분무기 : 1대

(8) 중성세제 : 1통

(9) 스펀지 : 1개

(10) 블럭(파일=아데방) : 1개

(11) 걸레 : 약간

(12) 내수 연마지 : 필요 량

A. 도장한 면이 양호할 때 광내기 작업

[작업요령 – 광택내는 표면연마]

(1) 원형스펀지분첩을 폴리싱기에 장착한다.

* 연마용/마무리용의 분첩을 공용으로 사용할 수 없다.

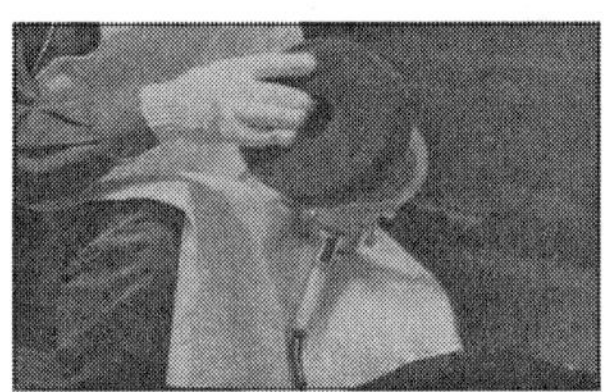

스폰지분첩 장착

(2) 포리싱 콤파운드(연마용)를 도막 표면 위에 적당량(주입구에서 1cm 정도 튜브로부터 짜내어 6~8 군데 정도) 도포한다.

콤파운드/도면상에 도포

* 이때 연마범위는 한 번에 가로 50cm 세로 50cm 정도로 한다.

(3) 원형 스펀지 분첩이 도막 면에 닿게 해서 콤파운드를 균일하게 묻도록 문지른다.

(4) 전동 폴리싱기 작동 → 원형 스펀지 분첩을 도막 면에 가볍게 닿게 해서 스위치를 ON(작동) 시킨다. 상 · 하 · 좌 · 우로 움직여서 표면을 연마한 다음 깨끗한 걸레로 닦아낸다.

도막면에 콤파운드 바름

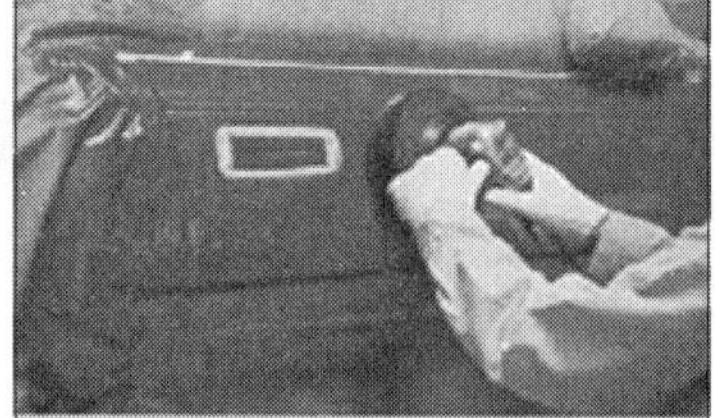
좌우로 움직여 연마

모직물(깨끗한 면걸레)로 닦아냄

주의 사항
전동 폴리싱기를 누르는 힘 → 조심스럽게 하는 것이 좋다(잡아끄는 정도).
* 수평면 → 전동 폴리싱기의 무게를 이용해서 가볍게 힘을 가하는 정도
* 수직면 → 전동 폴리싱기의 무게를 유지할 정도의 힘, 눌리는 정도 유지
* 전동 폴리싱기는 위·아래로 통통 튀지 않도록 해야 한다.
* 전동 폴리싱기는 한곳에 정지하지 않도록 하며 보통 움직임을 계속한다.
* 움직임(작동)을 방해할 정도의 힘을 주면 안된다.
- 전동 폴리싱기가 튀어 오르는 원인은 콤파운드가 적게 묻었거나 분첩이 닿는 모양이 나쁘거나 힘을 세게 주어 눌러서 작동시킬 때 튀어 오르므로 주의해야 한다.

(5) 전동 폴리싱기는 몸체(차체)의 형태에 따라서 앞, 뒤, 좌, 우로 움직인다.

주의 사항
장시간 사용하면 분첩 면에 콤파운드가 고착하기 때문에 2~5% 정도로 묽게 한 중성세제수를 분무기로 도막 표면에 스프레이 한다.

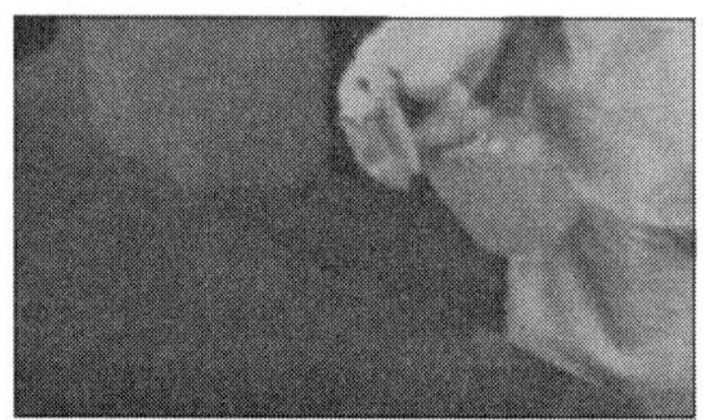
중성세제수 분무

[광택(윤) 내기]

(1) 마무리용의 원형스펀지 분첩으로 교환한다.

(2) 폴리싱 콤파운드(마무리용)을 도막 표면 위에 교차되게(엇갈리게) 도포하고 넓게 문질러 바른 다음 전동 포리싱기를 작동시켜 광택내기를 한다.

콤파운드 마무리용 도포

[브렌딩(겹지기=보카시) 도장의 가장자리의 광택내기]

이 방법은

① 브렌딩 도장(겹치기 도장=보카시) 부분

② 가장자리(에이지)부분

③ 자동차 차제의 선(프레스라인)의 광택내는 방법으로써 잘못하면 도막 층(턱=단차)이 발생하므로 조심해서 행해야 한다.

(1) 브렌딩 도장되는 부분 → 도막이 얇고, 주변 순환이 쉬우므로 힘을 지나치게 넣지 않도록 가볍게 문지르면서 브렌딩 도장 한 방향으로 문지른다.

(2) 차제의 선(프레스라인) 부분 → 도막이 타 부분보다 얇고, 동시에 함께 연마하면 하지도료까지 연마되기 쉬우므로 마스킹 테이프를 길게 늘여 뜨려 남겨놓고 손으로 광택내기를 한다.

차체의 선 광택내기

[표면 청소]

비산되어 달라붙어있는 콤파운드를 부드럽고 깨끗한 면 헝겊으로 닦아낸다.

표면 청소

[사후 처리]

원형 스펀지 분첩을 포리싱기로부터 분리하여 물로 세척하고 먼지가 묻지 않도록 보관한다.

아래의 사항에 합격되면 다음 작업공정으로 넘어간다.
* 작업 정확도가 합격 기준에 도달하였는가?
* 작업 속도가 합격 기준에 도달하였는가?
* 도막 표면의 광택이 양호한가?
* 용구의 사용 방법은 적절하였는가?
* 용구 사용 후에 청소, 정리 정돈은 제대로 행하였는가?

B. 도장한 면이 나쁜 경우의 광택내기 작업

도장면의 요철(미세한 오렌지필)이 있거나 광택소실 등이 있는 경우로써, 도장 면이 나쁠 때 광택내기로 수정하는 작업이며, 광택내기 작업공정에 따라 면조정과 광택내기를 행한다.

도장표면이 나쁜 판넬

[작업요령 및 순서]

1) 면 조정 : 신차도막 또는 구도막에 비해서 보수한 도장부분의 마무리표면이 나쁜 경우 연마지(샌드페이퍼)로 연마해서 표면조정을 행한다.

(1) 블럭(파일, 아데방)에 내수연마지 #1200번을 고정시켜서 물을 적셔서 연마석으로 가볍게 문지른다.

* 연마지가 고와지므로 서로 얽히지 않도록 연마석을 붙인다.

(2) 도장표면의 긴 방향으로 그 위에 일정한 방향으로 전면을 연마해서 칠한 표면의 높은 부분을 반정도 연마하여 낮춘다.

- 항상 물이나 연마석(석검)을 묻혀서, 연마지의 분말을 방지한다.

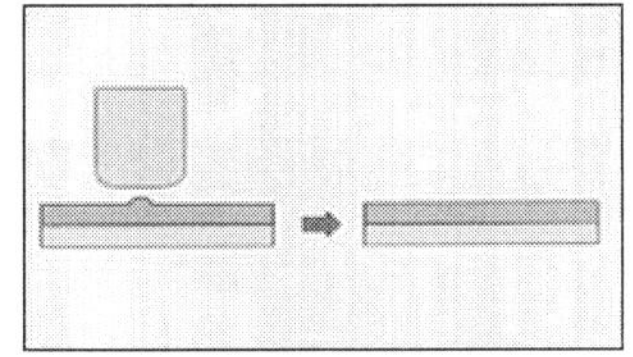

주변의 높은 도막을 연마

- 연마지의 연마가루가 약해지면 새연마지(샌드페이퍼)로 교환한다.
- 연마 과정에서도 연마가 부족하지 않도록 해야 하며, 근접한 판넬의 도막 표면을 보면서 구도막과 같게 표면을 만든다(이때 구도막의 표면도 나쁘면 함께 연마한다.).
- 협소한 곳이나 휘어진 부분(굴곡진 부분) 등은 블럭(파일, 아데방)을 사용하지 않고, 연마지(샌드페이퍼) 만으로 연마한다.

(3) 연마한 후에 깨끗한 면 헝겊(걸레)로 연마찌꺼기를 깨끗이 닦아낸다.

내수연마지 #1200번에 물을 흘려 석검 문지르기

일정방향의 전면 연마

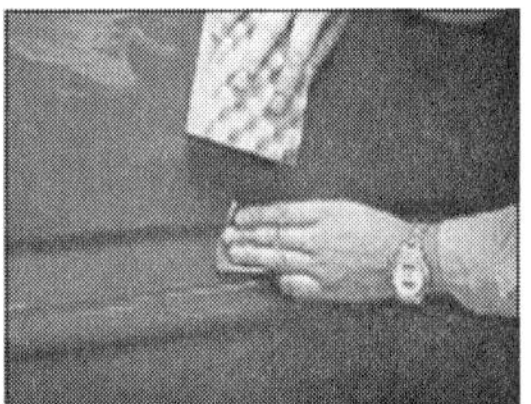

요철, 협소한곳 연마

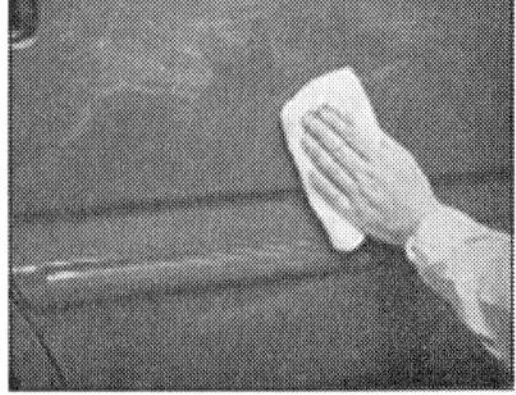

연마찌꺼기 제거

2) 연마지(샌드페이퍼) 자국제거

연마부위의 연마자국(샌드페이퍼 자국) → 폴리싱콤파운드를 도막 표면에 바르고 원형 타올분첩으로 연마하여 연마 자국을 제거한다. 이때 타올분첩의 적당한 각도는 진행할 방향을 쉽게 옮길 수 있도록 하는 것이 기본이다.

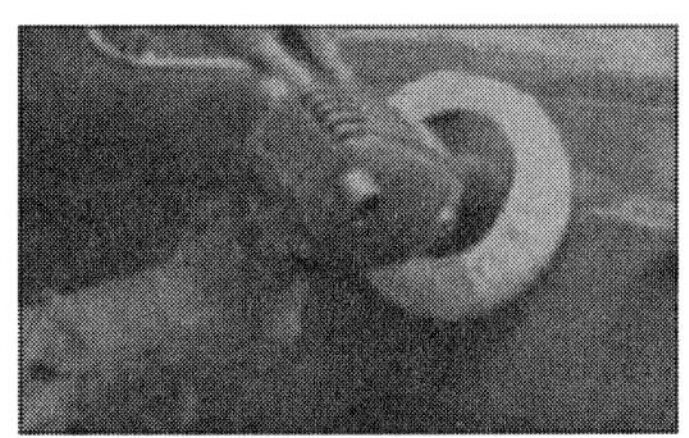

초벌연마(#1200번 연마지)

3) 광택내는 표면연마

(1) 표면연마 → 콤파운드(연마용)로 원형 스펀지분첩을 사용해서 타올분첩의 콤파운드 자국을 제거한다.

(2) 원형 스펀지분첩이 들어가지 않는 부분은 부드러운 면 헝겊에 콤파운드(연마용)을 묻혀서 연마자국이 없게 광택내는 표면연마를 한다.

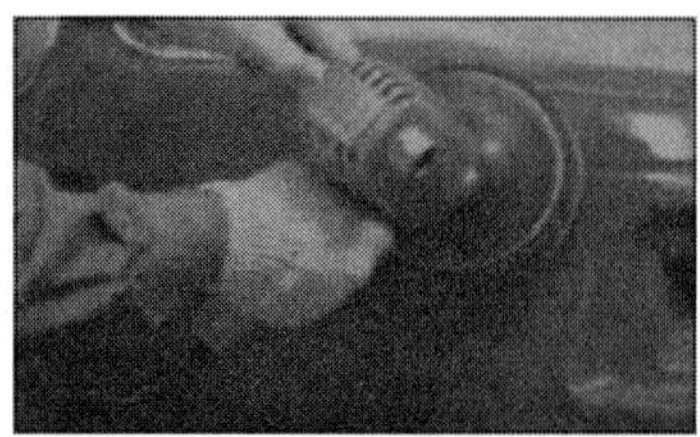

스폰지 패드로 타올패드 자국제거

(3) 남아있는 콤파운드를 부드러운 면 헝겊으로 일정한 간격으로 깨끗이 닦아낸다.

4) 광택(윤)내기

(1) 마무리용 스펀지분첩으로 교환한다.

(2) 콤파운드(마무리용)으로 원형 스펀지분첩을 사용해서 최종의 광택내기를 한다.

(3) 원형 스펀지분첩이 들어가지 않는 부분에는 부드러운 헝겊에 콤파운드(마무리용)을 묻혀서 연마하여 최종 광택내기를 한다.

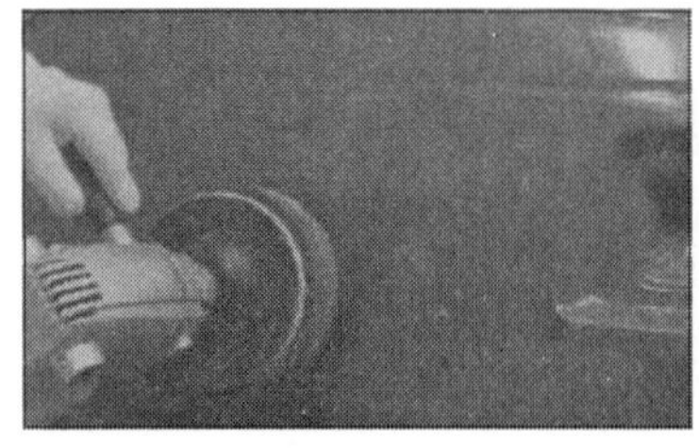

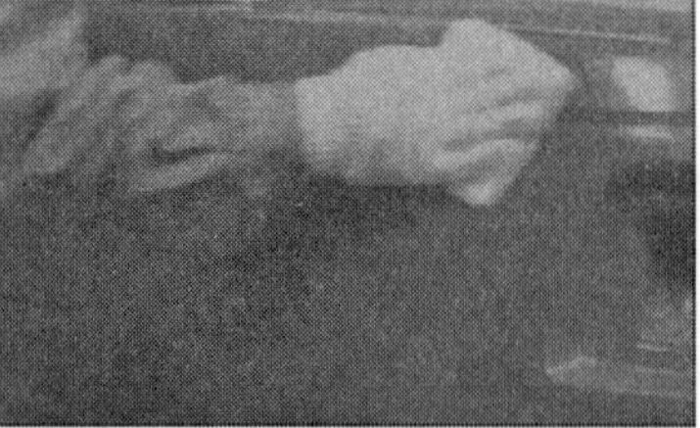

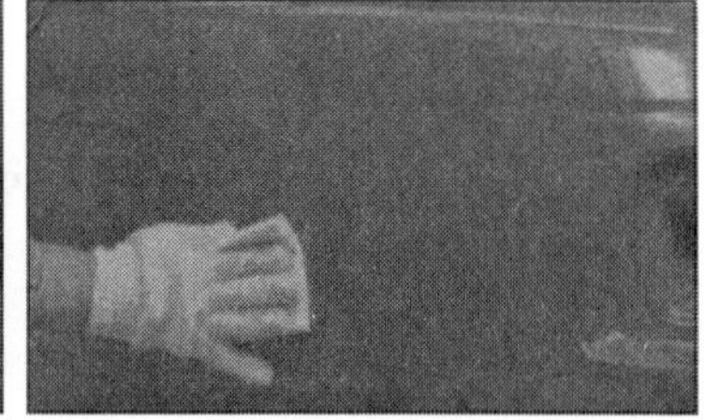

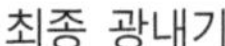

최종 광내기 | 요철부분 광내기 | 콤파운드 가루 닦기

5) 표면 청소

비산되어 달라붙어있는 콤파운드를 부드러운 면 헝겊으로 닦아낸다.

6) 사후관리

원형 스펀지분첩을 폴리싱기에서 떼어낸 다음 물로 닦아서 깨끗이 보관한다.

물로 분첩 세척

아래의 사항에 합격되면 다음 공정으로 넘어간다.
* 작업 속도, 정확도가 합격 가준애 도달하였는가?
* 티, 요철은 깨끗이 제거되고 도막외관은 양호한가?
* 용구의 사용 방법은 적절하였으며, 용구 사용 후에 청소, 정리 정돈은 제대로 행하였는가?

C. 도장한 면에 먼지, 티가 있는 경우의 광내기 작업

도장을 완료한 다음 건조 후에 도막 표면에 먼지, 티 등이 발생하여 불만이 있는 판넬 또는 부품으로서 불만을 해결하기 위해서는 이때 외관의 티, 먼지를 제거하는 광택내기 작업이 필수적이다.

[작업요령 및 순서]

1) 먼지 제거

(1) 평활한 면에 #600번 연마지(샌드페이퍼)를 놓고 연마석의 밑 부분을 평활하게 하고 각(모서리부분)은 둥글게 만든다.

* 연마석에 각이 있으면 먼지제거 시 도막 표면에 상처를 낼 수 있기 때문이다.

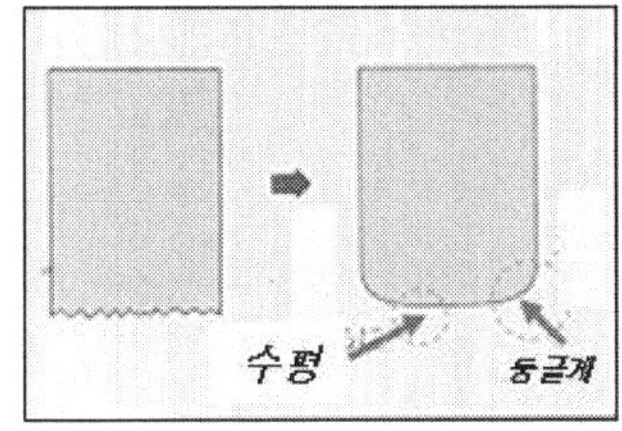

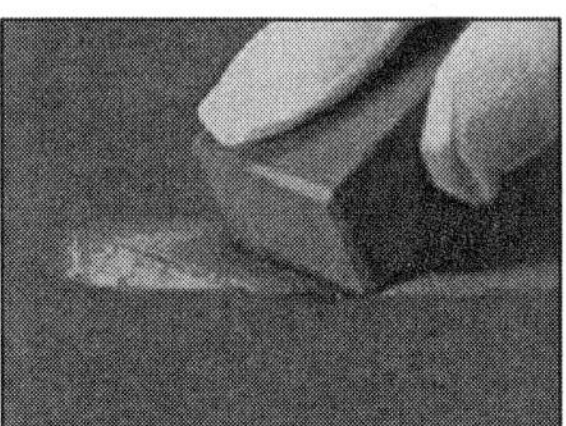

연마석 만드는 작업

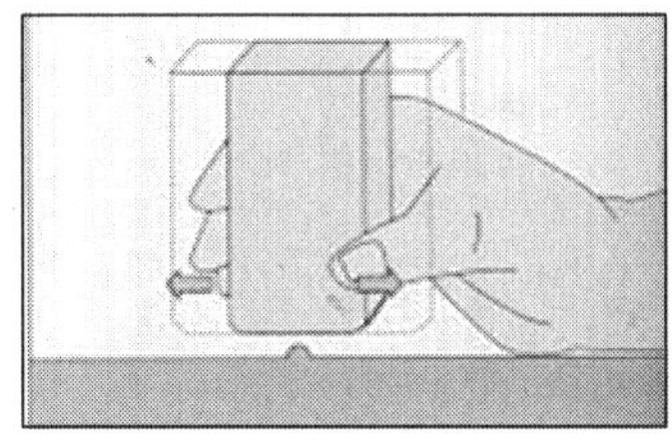

연마석 잡는 방법

(2) 먼지, 티의 부착 부분을 미리 표시한다.

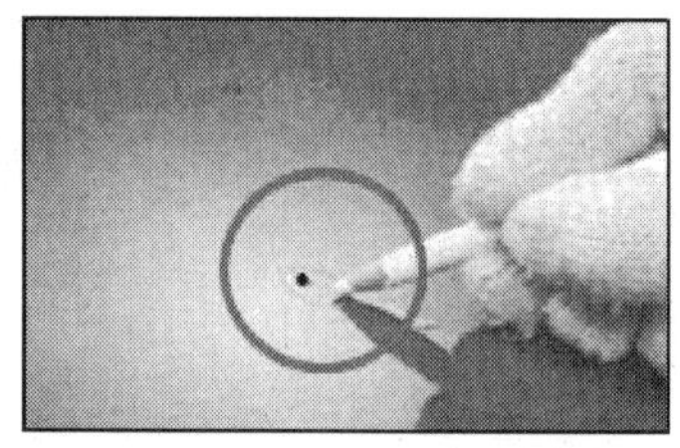

티(먼지) 표시

(3) 윤활제로써는 연마석에 폴리싱콤파운드(연마용)을 소량 묻힌다. 손을 도막 표면에 밀착시켜서 조정하고 작은 원을 그리는 형태로 움직이면서 먼지, 티를 주변의 도막 표면 높이로 평활하게 되도록 신중하게 연마한다.

* 밑 부분을 수평으로 유지하고 안정감이 있도록 정확하게 움직이면 상처가 나지 않는다.

(4) 먼지, 티를 연마한 다음 부드러운 면 헝겊으로 콤파운드를 제거한다. 먼지제거가 깨끗하지 않으면 다시 한 번 더 (3)의 방법으로 동작을 행한다.

2) 연마자국 제거

(1) 폴리싱콤파운드(연마용)로, 원형 타올분첩을 사용하여 연마한 연마석 자국을 없앤다.

(2) 부드러운 면 헝겊으로 콤파운드의 분말을 제거한다.

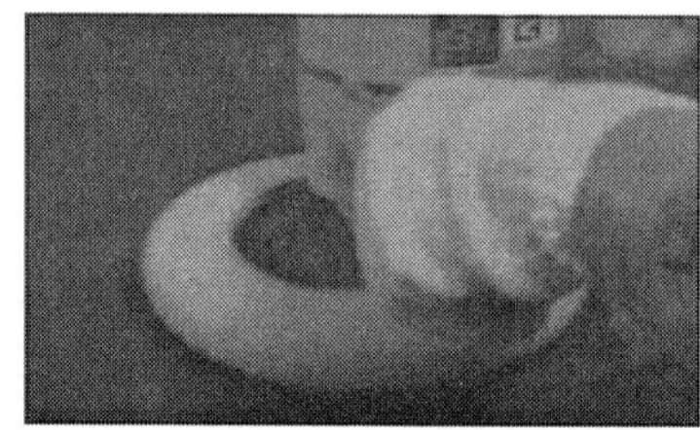

연마석 자국 제거

3) 광택내는 표면 연마

(1) 폴리싱콤파운드(연마용)으로 원형 스펀지분첩을 사용해서 원형 타올분첩의 분첩 자국을 제거하고 전체를 광택내기를 한다.

(2) 부드러운 면 헝겊으로 콤파운드의 분말을 닦아낸다.

4) 광택(윤)내기

(1) 마무리용 스폰지 분첩으로 교환한다.

(2) 폴리싱콤파운드(마무리용)으로 최종의 광내기를 한다.

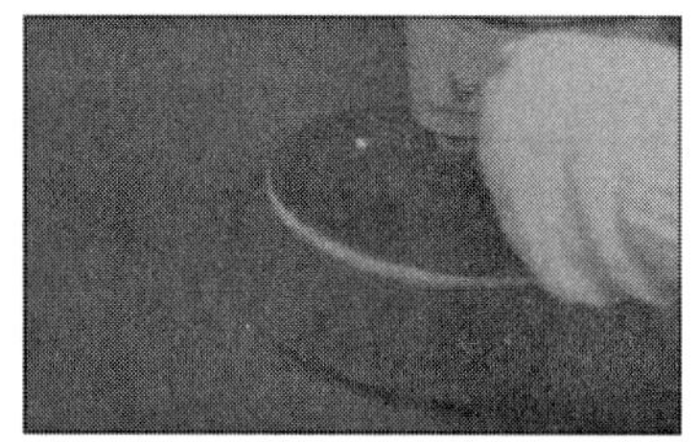

스폰지분첩, 광택(윤)내기

5) 표면 청소

비산된 콤파운드를 부드러운 면 헝겊으로 깨끗이 닦아낸다.

6) 사후처리

원형 분첩을 물로 깨끗이 세척하고, 먼지가 붙지 않도록 깨끗이 보관한다.

* 광택내기는 최근 들어 도장설비와 도장환경이 좋기 때문에 광택 내기를 하지 않는 경우도 많아지고 있다.

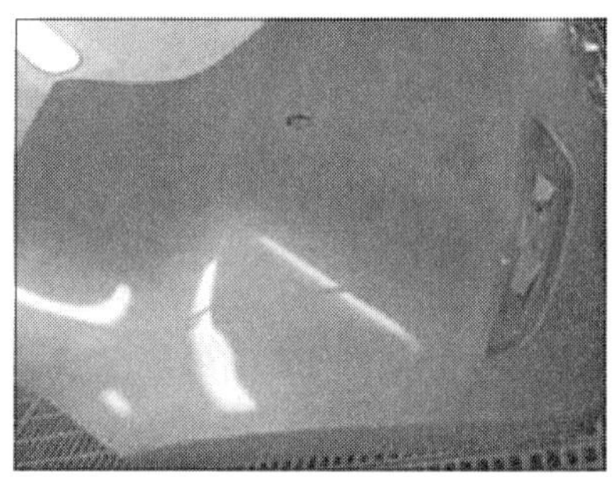

수용성 베이스 메탈릭 색상에 우레탄 투명 도장 후 광택내기 안한 상태

이상과 같이 광택내기 작업 공정에 대해서 알아보고 실습을 하였다. 고객 만족을 위해서는 언제나 고객 입장에서 생각하고 판단해야할 것이다.

우리 기술자들의 작은 행동과 실천이 큰 기쁨을 준다는 것을 잊지 않는다면 더욱 열심히 노력하여 멋진 기술자가 될 것이다.

아래의 사항에 합격되면 다음 공정으로 넘어간다.
* 작업 속도, 정확도가 합격 가준에 도달하였는가?
* 티는 완벽하게 제거되었으며, 도막외관은 양호한가?
* 용구의 사용 방법은 적절하였으며, 용구 사용 후에 청소, 정리 정돈은 제대로 행하였는가?

3.11 부분보수(Fade out)도장(塗裝) 기술

부분보수도장 요령을 마스터하려면 앞에서 실습한 방법들을 염두에 두고 다음과 같은 작업공정으로 실습을 반복하여 습득해야 한다.

실습용 판넬은 자동차에 장착된 상태로 하는 것이 좋다. 차에 장착되어 있는 앞휀다 부분의 손바닥 크기의 손상 부위(긁힘)가 발생하여 이 부분을 보수도장하기 위한 방법을 습득하고자 한다(자동차에 장착된 상태).

* 부분보수도장(Fade out)은 부품의 일부, 즉 상처 부위만 감쪽같이 도장하는 방법으로 브렌딩 도장(부품 도장 후 이색을 방지하기 위해 접촉되는 옆면에 색상을 날려 뿌리는 방법, 또는 겹치기도장 = 보카시 도장)과는 다른 방법이다.
  이 도장 방법은 도료의 손실 방지는 물론 시간 절약과 고객 만족 향상, 품질 보증까지 책임질 수 있는 최신 공법이다.
  도장하는 기술력 차이에 의해 색상 매칭과 도막외관, 미려한 광택이 중요하므로 사전에 도료를 잘 파악하여 제품을 선정하는 것도 중요하다.
  특히, 색상 매칭 기술은 고객 만족과 직결되므로 조색 기술도 필히 습득하여야 한다.

1. 솔리드(단칠) 색상의 부분보수도장(Fade out)

솔리드 색상은 메탈릭이나 3코트 펄 색상에 비하면 간단하고 쉬운 편이므로 아크릴우레탄계 색상도료를 사용하여 습득한다.

[도료의 배합]

1) 재료(材料)-배합비율

솔리드(단칠) A	아크릴우레탄(주제)	100
	우레탄 경화제	10
	우레탄용 희석제(신나)	30~70

* 희석제는 도장 작업실의 온도에 따라 동절용, 표준용, 하절용, 지건용, 초지건용 등으로 구분되어 있으므로 잘 선택하여 사용해야 훌륭한 도막외관을 얻을 수 있다.

[공구 및 참고 사항]

① 저울(계량용 저울)

② 비닐 컵(깨끗한 용기)

③ 교반봉(스페튤라)

[작업요령(作業要領)]

① 배합 비율대로 도료를 혼합한다. 이때, 도장할 부위에 필요한 양만큼만 배합하여 사용하면 도료를 절감(원가절감)할 수 있다.

② 도료의 여과 : 배합된 도료를 여과망(여과지, 스트레이나)로 여과한다.

[색상 도료의 초벌 도장]

1) 재료(材料)

① 배합하여 여과 된 도료 A

② 도장 조건

에어압력(kg/㎠)	1.0~1.5
토출량(회전 수/바퀴)	3
분사각도(패턴 폭, 조절레바)	완전히 연다
피도체와 건의 거리(㎝)	10
건의 운행속도[m/초(sec)]	2.0~2.5

* 도장 조건은 스프레이 건의 종류에 따라 다르며, HVLP건, 노즐구경 1.3mm 기준으로 설정하였다.

2) 공구 및 참고사항

① 스프레이 건(노즐구경 : 1.3mm, 에어토출 구멍 수 6개 이상)

② 스프레이 건으로는 HVLP(높은 볼륨 낮은 압력) 건을 사용하는 것이 좋다.

3) 작업요령(作業要領)

① 도장 횟수 → 2~3회(소재가 은폐되도록 도장한다.)

* 도장 횟수가 많아지면서 도장범위를 조금씩 넓혀서 도장한다.

② 프레쉬 타임(지촉건조) → 2~3분(20℃ 기준)

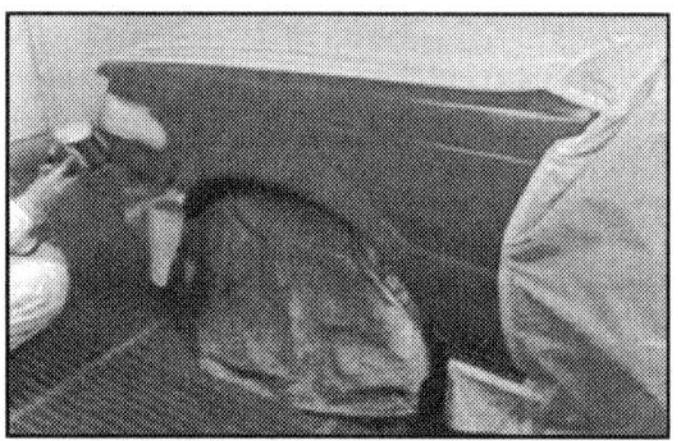

프라이머 서페이서 표면 도장부터

[마감도장]

1) 재료(材料)

① 배합하여 여과된 도료 A

② 도장 조건(HVLP건, 노즐구경 1.3mm 기준)

에어압력(kg/㎠)	1.0~1.5
토출량(회전 수/바퀴)	3
분사각도(패턴 폭, 조절레바)	완전히 연다
피도체와 건의 거리(㎝)	10
건의 운행속도[m/초(sec)]	2.0~2.5

2) 공구 및 참고사항

① 스프레이 건(노즐구경 : 1.3mm, 에어 구멍 수 6개 이상)

② 스프레이 건으로는 HVLP(높은 볼륨 낮은 압력) 건을 사용하는 것이 좋다.

③ 여과장치(페인트 스트레이나, 여과망)

3) 작업요령(作業要領)

① 도장 횟수 → 1~2회

* 초벌색상 도장된 범위보다 조금 넓게(약 5㎝) 도막의 오렌지 필 상태를 확인하면서 마감 도장한다.

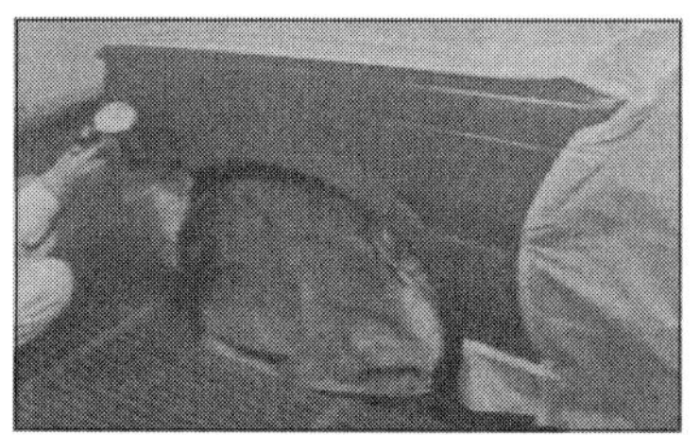

프라이머 서페이서 표면 도장부터

[부분보수도장 표면의 도막외관 조정 I]

1) 재료(材料)

도료	솔리드(단칠) A	100
	우레탄용 희석제(신나)	50

2) 도장 조건(HVLP건, 노즐구경 1.3mm 기준)

에어압력(kg/㎠)	1.0~1.5
토출량(회전 수/바퀴)	1
분사각도(패턴 폭, 조절레바)	완전히 연다
피도체와 건의 거리(㎝)	15
건의 운행속도[m/초(sec)]	1.0~1.5

3) 용구 및 참고사항

① 스프레이 건(노즐구경 : 1.3mm, 에어 구멍 수 : 6개)

② 페인트 여과장치(스트레이나, 여과망)

4) 작업요령 : ① 도장 횟수 → 2~3회 도장

마무리 도장 직후에 겹쳐지는 가장자리에 수 회 나누어서 도장하고, 도막외관이 매끄럽게 되도록 조정한다.

주1 : 가볍고 살짝 얇게 도료를 사용하여 도장하기 때문에 두껍게 도장 할 때와 같이 흘러내리기 쉽다.

주2 : 마무리 도장 후 프레쉬 타임을 두지 말 것

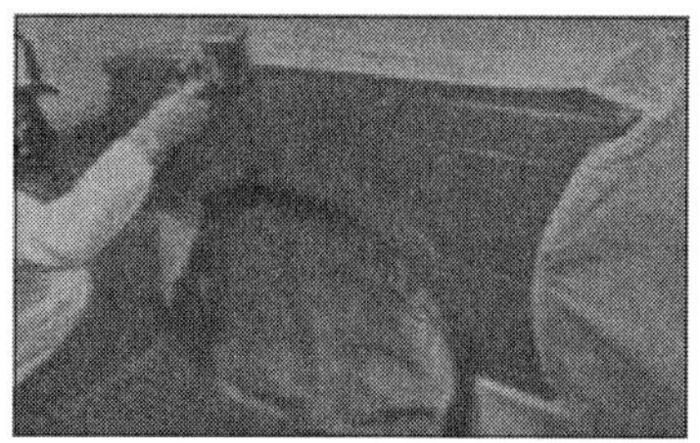

가장자리 조정도장 I

[부분보수도장 표면의 도막외관 조정 II]

1) 재료(材料) : 부분보수용 희석제(Fade out용 희석제)

2) 도장 조건(HVLP건, 노즐구경 1.3mm 기준)

에어압력(kg/㎠)	1.0
토출량(회전 수/바퀴)	1
분사각도(패턴 폭, 조절레바)	완전히 연다
피도체와 건의 거리(㎝)	15
건의 운행속도[m/초(sec)]	1.0~1.5

3) 용구 및 참고사항 : ① 스프레이 건(노즐구경 : 1.3mm, 에어구멍 : 6개)

② 여과장치(여과망 또는 스트레이나)

4) 작업요령(作業要領)

① 스프레이 건을 세척한 다음, 여과장치(여과망 또는 스트레이나)를 통해서 스프레이 건에 부분보수용 희석제(Fade out용 희석제)를 넣는다.

② 도장 횟수 → 1~3회

* 부분보수(Fade out)도장

표면 가장자리의 도막외관 조정 I. 공정이 끝나는 즉시 부분보수도장 표면 가장자리의 미세한 더스트 위에 얇게 수 회 나누어서 색상이 곱고 예쁘게 되도록 도포한다.

조정II(부분보수용 희석제 도장)

[건조(乾燥)]

1) 용구 및 참고사항 : ① 원적외선 건조기

2) 작업요령(作業要領)

① 도장이 완료되면 20℃기준으로 10분 정도 셋팅 후 단절된 부위의 마스킹 테이프를 벗겨낸다.

② 건조 : 20℃에서 16시간 또는 10분 셋팅 후 60℃에서 20분 건조시킨다.

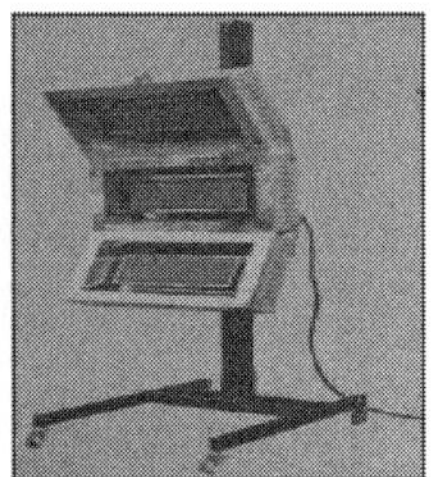

원적외선 건조

[광택 내기(포리싱)]

1) 재료(材料)

① 내수 연마지 #1200번

② 슈퍼콤파운드(초벌용)

③ 슈퍼콤파운드(1)-연마용

④ 슈퍼콤파운드(2)-마무리용

2) 용구 및 참고사항 : 폴리싱기(광택내는 연마기), 원형 타올분첩(Buff), 스펀지분첩 2개

3) 작업요령

① 도막외관 조정 → #1200번 내수연마지로 매끄럽게 연마한다.

② 연마자국 제거 → 슈퍼콤파운드(초벌용)으로 원형 타올분첩을 이용하여 갈아낸다.

③ 광택내기 포함작업 → 슈퍼콤파운드(1) 연마용으로 원형 스펀지분첩을 이용하여 연마한다.

④ 광택내기(윤내는 마무리 작업) → 슈퍼콤파운드(2) 마무리용으로 원형 스펀지분첩을 이용하여 광택내기를 한다.

* 주의 : 도막외관의 상태에따라 요철이 거의 없는 경우는 ①, ② 공정 순서를 생략할 수 있다.

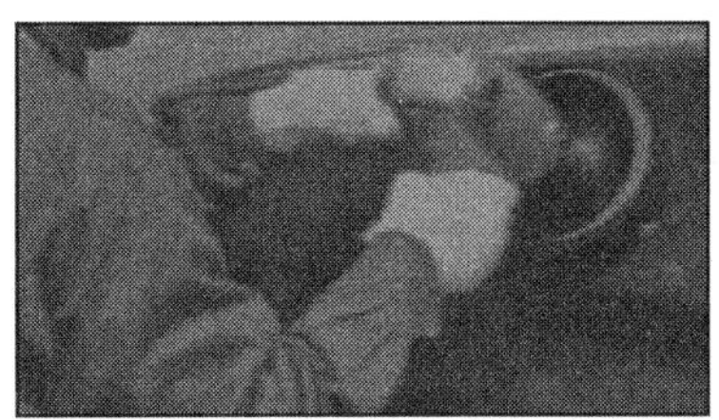

광택내기 작업

[마스킹 벗겨내기]

마스킹을 완전히 벗겨낸다.

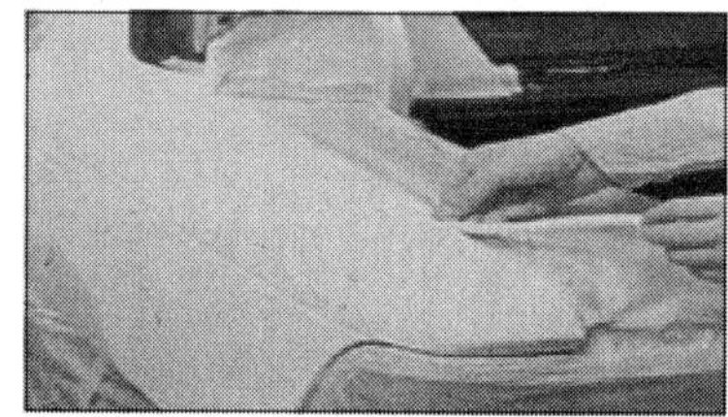

마스킹 벗기기

2. 메탈릭(은분칠) 색상의 부분보수도장

1) 목적(目的)

메탈릭 색상은 스프레이 방법에 따라 색상차이가 심하므로 도장요령이 습득되지 않으면 도장하기가 어렵다. 따라서 메탈릭 색상의 부품(파트) 도장요령이 완전히 습득된 다음에 이 공정을 마스터 하고, 다음 작업 2)~14)공정 순서대로 실습하는 것이 바람직하다.

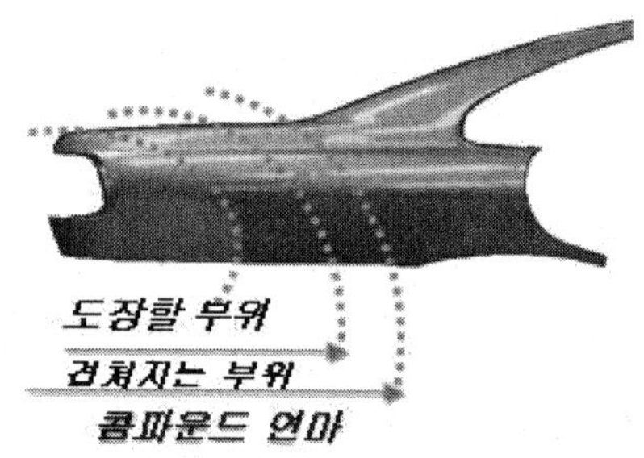

2) 교재

판금 수정한 메탈릭 색상 판넬 1매 또는 자동차에 부착된 휀다를 사용하여 부분보수도장(Fade out) 하는 기술을 습득한다.

이때, 판넬의 판금 수정 공정은 프라이머 서페이서를 도장하는 공정까지는 초급반에서 습득한 기술을 발휘하고, **구도막 부분의 상도도장하기 위한 연마공정**의 구도막 초벌연마는 부분보수 도장할 부분보다 약간 넓게(약 30cm 정도) 슈퍼콤파운드(초벌용)을 원형 타올분첩(Buff)에 부착시켜 광택 내기 요령으로 연마한다.

3) 도료의 배합

(1) 재료(材料)

배합도료(A)	베이스코트 메탈릭(지정색)	100
	베이스코트용 희석제(신나)	80~100

배합도료(B)	아크릴우레탄계 HS 투명	100
	HS 투명 경화제	50

(2) 용구 및 참고사항

① 전자저울(소수점 둘째자리)

② 비닐 컵(포리 컵 또는 깨끗한 용기)

③ 교반봉(스페튤라)

④ 메탈릭 도장의 연습과정을 참조한다.

4) 하도 투명 도장

(1) 재료(材料)

배합도료(B)	100
우레탄용 희석제	100

(2) 도장 조건(HVLP건, 노즐구경 1.3mm 기준)

에어압력(kg/㎠)	1.0
토출량(회전 수/바퀴)	4
분사각도(패턴 폭, 조절레바)	완전히 연다
피도체와 건의 거리(㎝)	10
건의 운행속도[m/초(sec)]	1.5~2.0

(3) 용구 및 참고사항

① 스프레이 건(노즐구경 : 1.3mm, 에어구멍 수 : 6개)

② 페인트 여과장치(스트레이나, 여과망)

(4) 작업요령(作業要領)

① 배합도료의 여과 → 여과장치(여과망 또는 스트레이나)로 여과해서 스프레이 건에 넣는다.

② 보수할 면 보다 넓게(먼지가 날아가 붙는 곳까지) 전체적으로 균일한 도막이 되도록 1회 도장한다.

하도투명도장

* 하도투명을 도장하는 목적은 부분보수 주변의 알루미늄(은분)이 균일하게 정리(배열)되도록 투명을 하도도장 한다. 이때, 투명 층이 두껍게 도장되면 얼룩 및 단차(턱=층)이 생기기 쉬우므로 균일하고 얇게 도장되도록 충분히 습득해야 한다.

** 부분보수도장 요령의 가장 중요한 공정으로서 얇고 균일한 도막이 되도록 스프레이 하고 건조가 되기 전에 메탈릭 색상 도료를 스프레이하는 것이 중요한 도장 기술이다.

5) 메탈릭 색상도료의 초벌도장

(1) 재료(材料)

배합도료(A)	100

(2) 도장 조건(HVLP건, 노즐구경 1.3mm 기준)

에어압력(kg/㎠)	1.5~2.0
토출량(회전 수/바퀴)	4
분사각도(패턴 폭, 조절레바)	완전히 연다
피도체와 건의 거리(㎝)	10
건의 운행속도[m/초(sec)]	1.0~1.5

(3) 용구 및 참고 사항

① 스프레이 건(노즐구경 : 1.3mm)

② 페인트 여과장치(스트레이나, 여과망)

(4) 작업 요령

① 남은 도료를 깨끗이 버리고, 스프레이 건을 세척한다.

② 도료의 여과 → 여과장치(여과망 또는 스트레이나)를 통해서, 스프레이 건에 넣는다.

③ 프라이머 서페이서 도포면 전체에 얇게 1회 도장한다.

* 도장하는 범위는 프라이머 서페이서 도포면보다 약간 넓게(약 5cm) 도장한다.

④ 프레쉬 타임(지촉건조) → 1~2분

색상도료 초벌도장

6) 메탈릭 색상도료의 색 도장(은폐도장)

(1) 재료(材料)

배합도료(A)	100

(2) 도장 조건(HVLP건, 노즐구경 1.3mm 기준)

에어압력(kg/㎠)	1.5~2.0
토출량(회전 수/바퀴)	4
분사각도(패턴 폭, 조절레바)	완전히 연다
피도체와 건의 거리(㎝)	10
건의 운행속도[m/초(sec)]	1.5~2.0

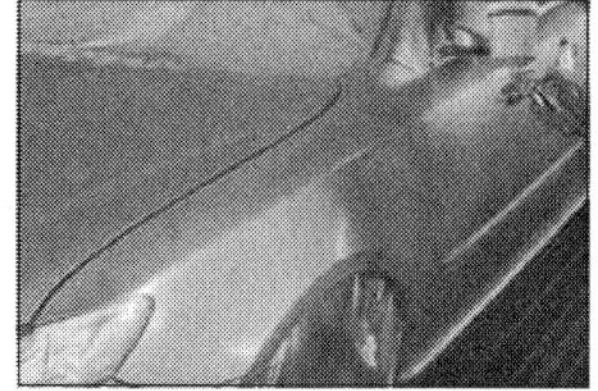

(3) 용구 및 참고사항

① 스프레이 건(노즐구경 : 1.3mm, 에어구멍 수 : 6개 이상)

(4) 작업요령

① 도장횟수 → 2~3회(색이 은폐될 때까지 도장한다.)

색상도장

* 매회 증가할 때마다 도장 부위를 약 3cm 정도로 넓혀 가면서 도장한다.
* 메탈릭 색상도장의 목적은 하도 색상을 완전히 덮어서 원래의 색과 동일하게 만들기 위해서 도장을 한다.

② 프레쉬 타임(지촉건조) → 2~3분(20℃ 기준)

7) 메탈릭 얼룩 없앰 도장

(1) 재료(材料)

배합도료(A)	100
베이스코트용 희석제	30

(2) 도장 조건(HVLP건, 노즐구경 1.3mm 기준)

에어압력(kg/㎠)	1.5~2.0
토출량(회전 수/바퀴)	4
분사각도(패턴 폭, 조절레바)	완전히 연다
피도체와 건의 거리(㎝)	15
건의 운행속도[m/초(sec)]	1.5~2.0

(3) 용구 및 참고사항

① 스프레이 건(노즐구경 : 1.3mm, 에어구멍 수 : 6개 이상)

(4) 작업요령(作業要領) : ① 도장횟수 : 2~3회

* 얇게 연이어서 도장하여 광택이 거의 없을 정도로 도장 범위를 넓혀서(약 10cm) 겹치게 도장한다.
* 베이스코트의 종류에 따라 광택 차이가 심하므로 충분히 습득되도록 해야 한다.
* 연이어서 도장이란 중복도장시간을 짧게 연속해서 도장하는 것으로 얇게 중복도장되면 희석제(신나)가 날아가면서 도막이 될 수 있으므로 메탈릭 얼룩이 없어지게 된다.

② 프레쉬 타임(지촉건조) → 4~5분. 이때, 스프레이 건을 깨끗이 세척한다.

얼룩 없앰 도장

8) 투명의 초벌 도장

(1) 재료(材料)

배합도료(B)	100

(2) 도장 조건(HVLP건, 노즐구경 1.3mm 기준)

에어압력(kg/㎠)	1.5~2.0
토출량(회전 수/바퀴)	6
분사각도(패턴 폭, 조절레바)	완전히 연다
피도체와 건의 거리(㎝)	10
건의 운행속도[m/초(sec)]	2.0~2.5

(3) 용구 및 참고사항

① 스프레이 건(노즐구경 : 1.3mm, 에어구멍 : 6개 이상)

② 여과장치(여과망 또는 스트레이나)

(4) 작업요령(作業要領)

① 도료의 여과 → 여과장치로 걸러서 배합된 도료(B)를 스프레이 건에 넣는다.

② 도장 횟수 → 얇고 균일하게 광택이 나도록 판넬 전체를 도장한다.

③ 프레쉬 타임(지촉건조) → 4~5분

* 첫 번째 투명 도장 층에서 메탈릭의 면을 요철을 메꾸도록 한다.

9) 투명의 마감도장(광택내기 도장)

(1) 재료(材料)

배합도료(B)	100

(2) 도장 조건(HVLP건, 노즐구경 1.3mm 기준)

에어압력(kg/㎠)	1.5~2.0
토출량(회전 수/바퀴)	6
분사각도(패턴 폭, 조절레바)	완전히 연다
피도체와 건의 거리(㎝)	10
건의 운행속도[m/초(sec)]	1.5~2.0

(3) 용구 및 참고사항

① 스프레이 건(노즐구경 : 1.3mm, 에어구멍 수 : 6개 이상)

(4) 작업요령(作業要領)

① 도장횟수 → 2~3회

* 보수도장 부위의 전체적으로 도막 표면의 요철을 보아가면서 도장을 한다.

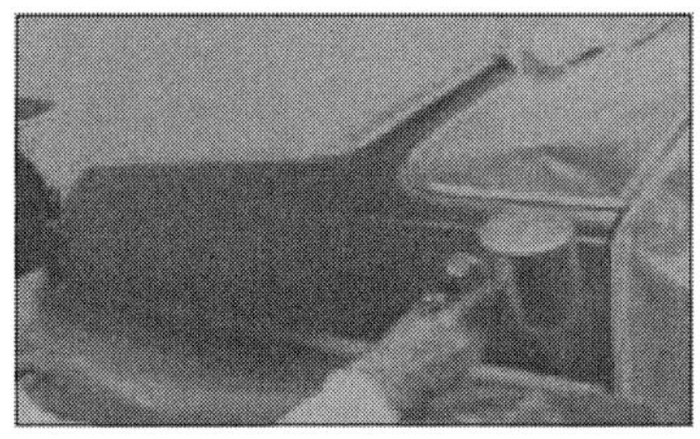

10) 투명 부분보수도장(Fade out) 부위의 요철(오렌지 필) 조정 I

(1) 재료(材料)

배합도료(B)	100
우레탄용 희석제	50

(2) 도장 조건(HVLP건, 노즐구경 1.3mm 기준)

에어압력(kg/㎠)	1.0~1.5
토출량(회전 수/바퀴)	1
분사각도(패턴 폭, 조절레바)	완전히 연다
피도체와 건의 거리(㎝)	15
건의 운행속도[m/초(sec)]	1.0~1.5

(3) 용구 및 참고사항

① 스프레이 건

② 여과장치(여과망, 여과지 또는 스트레이나)

(4) 작업요령(作業要領)

① 도료의 여과 → 배합된 도료를 여과장치(스트레이나)로 걸러서 스프레이 건에 넣는다.

② 도장 횟수 → 2~3회

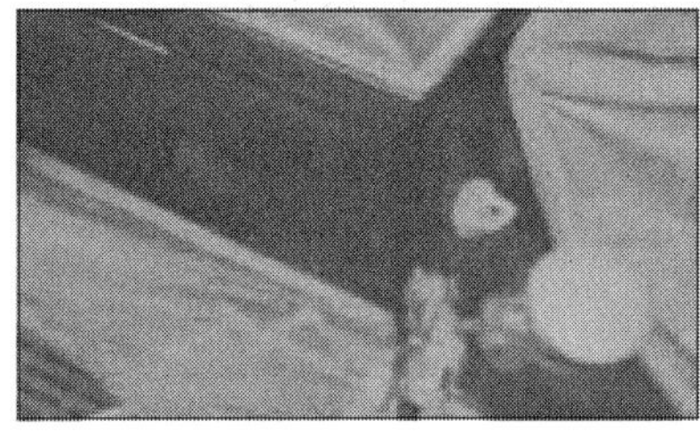

* 투명 마감도장 직후에 부분보수도장(Fade out) 부분의 오렌지 필 부분에 얇게 여러 번 나누어 도장하고 도막 표면을 매끄럽게 조절한다.

11) 투명 부분보수도장(Fade out) 부위의 요철(오렌지 필) 조정 II

(1) 재료(材料)

부분보수용 희석제(Fade out용 희석제)	100

(2) 도장 조건(HVLP건, 노즐구경 1.3mm 기준)

에어압력(kg/㎠)	1.0~1.5
토출량(회전 수/바퀴)	1
분사각도(패턴 폭, 조절레바)	완전히 연다
피도체와 건의 거리(㎝)	15
건의 운행속도[m/초(sec)]	1.0~1.5

(3) 용구 및 참고사항

① 스프레이 건(노즐구경 : 1.3mm)

② 여과장치(여과망, 여과지 또는 스트레이나)

(4) 작업요령(作業要領)

① 부분보수용 희석제를 여과장치(스트레이나)으로 걸러서 스프레이 건에 넣는다.

② 도장 횟수 → 1~3회

보수도장 가장자리 조정II

* 투명 마감도장 직후에 부분보수도장(Fade out) 사이의 시간을 좁게 하여 스프레이 미스트로 얇게 수 회 나누어서 광택이 나도록 스프레이 한다.

12) 건조(乾燥)

(1) 용구 및 참고사항

① 원적외선 건조기(스탠드 형)

* 부위가 넓을 경우는 부스(Booth)를 이용할 수도 있다.

(2) 작업요령(作業要領)

① 셋팅 후 구도막이 보이도록 마스킹한 부위의 마스킹을 벗겨낸다.

② 건조(乾燥) → 20℃에서 16시간 또는 10분 셋팅 후 60℃에서 30분 건조한다.

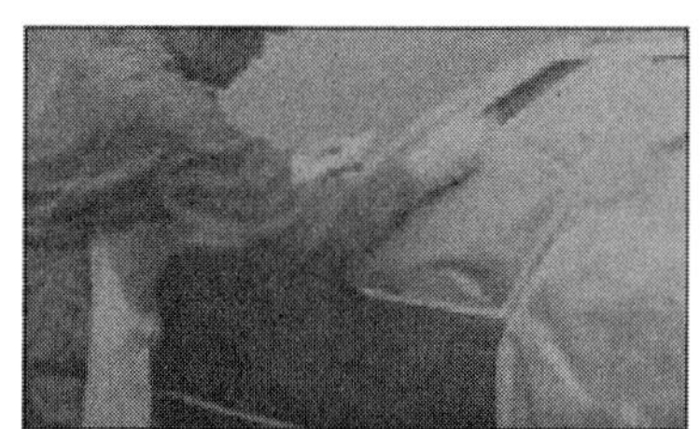

가장자리 마스킹 벗기기

13) 광택내기

(1) 재료(材料)

① 내수 연마지 #1200번

② 슈퍼콤파운드 초벌용

③ 슈퍼콤파운드(1)-연마용

④ 슈퍼콤파운드(2)-마무리용

(2) 용구 및 참고사항

① 폴리싱기(광택 내는 연마기)

② 원형 타올분첩(Buff)

③ 원형 스펀지분첩 2개

(3) 작업요령(作業要領)

① 오렌지 필 조정 → 내수 연마지 #1200번으로 연마한다.

② 연마자국 손질 → 슈퍼콤파운드 초벌용을 도막에 바르고 원형 타올분첩으로 연마한다.

③ 초벌 광택내기 → 슈퍼콤파운드(1)-연마용을 도막에 묻혀서 원형 스펀지분첩으로 연마한다.

④ 광택 내기 마무리 → 슈퍼콤파운드(2)-마무리용을 도막에 묻혀서 원형 스펀지 분첩으로 연마한다.

* 주의 : 도막의 오렌지 필이 적으면 ①, ②를 생략할 수도 있다.

14) 마스킹 제거

자동차에 붙어있는 모든 마스킹을 깨끗이 제거한다.

가능하면 세차는 1주일 뒤에 하는 것이 좋다. 도막이 완전히 경화하려면 우레탄 도막의 경우 20℃에서 7일이상, 아크릴락카의 경우 20℃에서 20일이상이 경과되어야 하기 때문이다.

이상과 같이 메탈릭 색상의 부분보수도장(Fade-Out) 방법을 습득하였다.

반복적인 실습으로 도장요령을 숙달해야 한다.

특히 이 도장방법을 습득함으로써 원가절감은 물론 고객에게 만족한 서비스를 제공하며 도장기술자로서 성장할 수 있을 것이다.

메탈릭 색상은 가장자리에 거뭇거뭇하게 입자모양의 얼룩이 발생하기 쉬우므로 작업 공정을 준수하고, 도료의 특성을 파악하여 도장 작업 부위에 적합한 도료를 선택함으로서 완벽하게 도장할 수 있는 기술을 습득할 수 있도록 연습하는 것이 중요하다.

3. 3코트 펄 색상도료의 부분보수도장

1) 목적(目的)

점점 다양해지는 고급 승용차에 적용되고 있는 3코트 펄의 부분보수도장 기술을 습득하기 위해서는 필히 기초적인 스프레이 도장기술을 습득해야 한다.

기초반에서 습득한 기술로 판금 수정한 판넬(프라이머 서페이서까지 도장하여 연마한 판넬) 1매를 3코트 펄로서 부분보수도장(펄 색상을 부분보수 도장하여 투명을 도장)하는 고급 도장기술을 습득한다.

2) 3코트 펄 도장이란?

1998年 국내에 신규 적용된 도장 시스템으로 기존 메탈릭 색상 베이스 위에 투명이 도장되는 2코트(Coat) 도장 시스템과 달리 3코트(Coat) 도장 시스템은 솔리드(단칠) 색상 베이스(바탕색) 위에 펄 색상도료를 도장한 후 투명을 도장하는 새롭게 변화하는 도장 시스템으로 현재 백색계통의 색상에 많이 적용되고 있다.

이와 유사한 도장 방법으로 캔디칼라(투명에 유색을 틴팅하여 도장하는 시스템으로 바탕색이 노출되는 색상)도 있다.

3) 신차 도막의 2코트와 3코트의 구조 차이

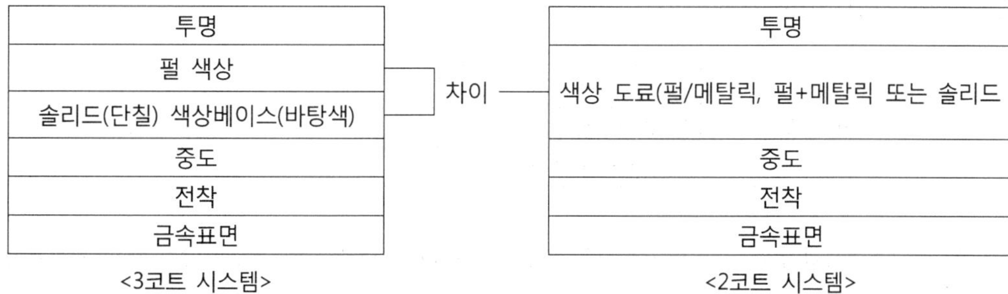

* 펄 색상은 도막두께에 따라 색상차이가 심하며, 펄의 색상이 다양하므로 정확한 선택이 중요하다. 또한, 도장 횟수와 도막두께의 차이에 의한 펄 입자의 수 차이로 색의 변화를 검토하여야 한다.
* 참고 사항 - 3코트(Coat) 펄 조색 요령

(1) 3코트(Coat) 펄 조색은 바탕색인 솔리드색상(단칠)을 확인하여 조색해야 한다.

(2) 솔리드색상(단칠=바탕색) 확인방법은 도막을 연마하여 솔리드색상(단칠)이 노출되게 한 후 확인한다. 실제로 확인이 어려우므로 자동차 회사나 도료 제조회사의 색상 표준편(Color swatch)을 참조하여 조색하는 것이 쉬운 방법이다.

(3) 솔리드색상(바탕색) 조색이 완료된 후 펄 색상도료를 도장하여 색상을 확인한다.

* 펄 색상도료의 도장방법은 메탈릭색상 도장방법과 동일하나 펄 색상의 도막두께에 따라 색상 차이가 심하므로 색상을 확인하면서 도장 횟수를 조절해야 한다.

(4) 펄 색상도료 도장 후 지촉건조(20℃기준 10분)가 되면 투명을 도장하여 최종으로 색상을 확인한다.

4) 교재(教材)

판금 수정한 판넬 1매(자동차에 부착)를 3코트 펄 색상으로 부분보수도장[솔리드색상 베이스, 펄, 투명으로 부분보수도장]하는 기술을 습득한다.

* 이때, 판넬의 판금 수정공정은 처음부터 프라이머 서페이서 도포면을 연마한 후 송진포(테크크로스)로 탈지한 공정까지 초급반에서 습득한 교육과정의 기술을 발휘하면 된다. 구도막 초벌 연마는 부분보수도장(Fade out)할 부분보다 약간 넓게(약 30cm 정도) 슈퍼콤파운드(초벌용)을 원형 타올분첩(버프)에 부착시켜 광내기 요령으로 연마한다.

5) 도료의 배합

(1) 재료(材料)-배합 비율

배합도료(B)	아크릴우레탄 지정색(주제)	100
	우레탄용 경화제	10
	우레탄용 희석제	30~70

* 희석제는 도장 작업실의 온도에 따라 동절용, 표준용, 하절용, 지건용, 초지건용으로 구분되어 있으므로 선택하여 사용한다.

6) 작업 요령(作業 要領)

(1) 솔리드색상 베이스를 맞춘 지정색을 배합 비율대로 도료를 혼합한다. 이때, 도장할 부위에 필요한 양 만큼만 배합하여 사용하면 도료를 절감할 수 있다.

(2) 배합한 도료는 여과 장치(여과망 또는 스프레이나)로 여과한다.

7) 솔리드 베이스 색상 도료의 초벌 도장

(1) 재료(材料) : 배합한 (A)도료를 여과한 도료

(2) 도장 조건(HVLP건, 노즐구경 1.3mm 기준)

에어압력(kg/㎠)	1.0~1.5
토출량(회전 수/바퀴)	3
분사각도(패턴 폭, 조절레바)	완전히 연다
피도체와 건의 거리(㎝)	10
건의 운행속도[m/초(sec)]	2.0~2.5

(3) 용구 및 참고사항

① 전자 자울(소수점 둘째자리)

② 비닐 컵(포리 컵 또는 깨끗한 용기)

③ 교반봉(스페튤라)

④ 메탈릭 도장의 연습과정을 참조한다.

(4) 작업요령(作業要領)

① 도장 횟수 → 2~3회(소재가 은폐되도록 도장한다.)

* 도장 횟수가 많아지면서 도장범위를 조금씩 넓혀서 도장한다.

② 프레쉬 타임(지촉건조) → 2~3분

8) 솔리드색상 베이스 도료의 마감 도장

(1) 재료(材料) : 배합한 (A)도료를 여과한 도료

(2) 도장 조건(HVLP건, 노즐구경 1.3mm 기준)

에어압력(kg/㎠)	1.0~1.5
토출량(회전 수/바퀴)	3
분사각도(패턴 폭, 조절레바)	완전히 연다
피도체와 건의 거리(㎝)	10
건의 운행속도[m/초(sec)]	2.5~3.0

(3) 공구 및 참고사항

① 스프레이 건(노즐구경 : 1.3mm, 에어구멍 수 6개 이상)

(4) 작업요령(作業要領) : ① 도장 횟수 → 1~2회

* 색상도장된 범위보다 조금 넓게(약5㎝) 도막의 오렌지 필 상태를 확인하면서 마감 도장한다.

9) 건조(乾燥) 및 외관 조정

(1) 용구 및 참고사항

① 원적외선 건조기

(2) 작업요령

① 도장이 완료되면 20℃기준으로 10분간 셋팅 시킨 후, 단절된 부위의 마스킹 테이프를 벗겨낸다.

② 건조20℃에서 16시간 또는 10분 셋팅 후에 60℃에서 30분 건조시킨다.

③ 가장자리와 도장표면의 먼지, 티가 있으면 표면만 가볍게 연마지 #800번 이상으로 연마 후 탈지하여 건조시킨다(수연마 시는 수절건조 후 탈지한다.).

10) 도료의 배합

(1) 재료(材料)

배합도료(B)	베이스코트 펄(지정색)	100
	베이스코트용 희석제	80~100

배합도료(C)	아크릴우레탄계 HS 투명	100
	HS 투명 경화제	50

(2) 용구 및 참고사항

① 전자 자울(소수점 둘째자리)

② 비닐 컵(포리 컵 또는 깨끗한 용기)

③ 교반봉(스페튤라)

④ 메탈릭 도장의 연습과정을 참조한다.

11) 하도 투명 도장

(1) 재료(材料)

배합도료(C)	100
우레탄용 희석제	100

(2) 도장 조건(HVLP건, 노즐구경 1.3mm 기준)

에어압력(kg/㎠)	1.0
토출량(회전 수/바퀴)	4
분사각도(패턴 폭, 조절레바)	완전히 연다
피도체와 건의 거리(㎝)	10
건의 운행속도[m/초(sec)]	1.5~2.0

(3) 용구 및 참고사항

① 스프레이 건(노즐구경 : 1.3mm, 에어구멍 수 : 6개 이상)

② 여과장치(여과망, 스트레이나 또는 여과지)

(4) 작업요령(作業要領)

① 배합도료의 여과 → 여과장치로 걸러서 스프레이 건에 넣는다.

② 보수할 면보다 넓게(먼지가 날아가 붙는 곳까지) 전체적으로 균일한 도막이 되도록 1회 도장한다.

* 하도 투명을 도장하는 목적은 부분보수도장(Fade out) 주변의 펄이 균일하게 정리(배열) 되도록 하기 위해서 투명을 하도도장 한다. 이때, 투명 층이 두껍게 도장되면 얼룩 및 층(단차=턱)이 생기기 쉬우므로 충분히 습득해야 한다.

** 부분보수도장 요령의 가장 중요한 공정으로서 얇고 균일한 도막이 되도록 스프레이 하는 것이 도장기술이다.

12) 불투명한 펄 색상 베이스 도장

(1) 재료(材料)

배합도료(A)	10
배합도료(B)	100

(2) 도장 조건(HVLP건, 노즐구경 1.3mm 기준)

에어압력(kg/㎠)	1.5~2.0
토출량(회전 수/바퀴)	4
분사각도(패턴 폭, 조절레바)	완전히 연다
피도체와 건의 거리(㎝)	10
건의 운행속도[m/초(sec)]	1.0~1.5

(3) 용구 및 참고 사항

① 스프레이 건(노즐구경 : 1.3mm, 에어구멍 수 : 6개 이상)

② 페인트 여과장치

(4) 작업 요령

① 남은 도료를 깨끗이 버리고, 스프레이 건을 세척한다.

② 도료의 여과 → 페인트 여과장치를 통해서 스프레이 건에 넣는다.

③ 솔리드색상 베이스 표면 전체에 얇게 1회 도장한다.

④ 프레쉬 타임(지촉건조) → 1~2분

13) 펄 색상도장

(1) 재료(材料)

배합도료(B)	100

(2) 도장 조건(HVLP건, 노즐구경 1.3mm 기준)

에어압력(kg/㎠)	1.5~2.0
토출량(회전 수/바퀴)	4
분사각도(패턴 폭, 조절레바)	완전히 연다
피도체와 건의 거리(㎝)	10
건의 운행속도[m/초(sec)]	1.5~2.0

(3) 용구 및 참고사항

① 스프레이 건(노즐구경 : 1.3mm, 에어구멍 수 : 6개 이상)

(4) 작업요령

① 도장 횟수 → 1~3회(펄 입자 수가 유사한 도장 횟수 결정이 중요)

* 매회 증가할 때마다 도장 부위를 약 3cm 정도로 넓혀 가면서 도장한다.
* 펄 색상도장의 목적은 색상매칭성(Color Matching)이 우수하게 각 변화까지 동일한 색상이 구현되어 원래의 색과 동일하게 맞추기 위해서 도장한다.

② 프레쉬 타임(지촉건조) → 2~3분

14) 투명의 초벌도장

(1) 재료(材料)

배합도료(C)	100

(2) 도장 조건(HVLP건, 노즐구경 1.3mm 기준)

에어압력(kg/㎠)	1.5~2.0
토출량(회전 수/바퀴)	6
분사각도(패턴 폭, 조절레바)	완전히 연다
피도체와 건의 거리(㎝)	10
건의 운행속도[m/초(sec)]	1.5~2.0

(3) 용구 및 참고사항

① 스프레이 건(노즐구경 : 1.3mm, 에어구멍 수 : 6개 이상)

② 여과장치(여과망 = 스트레이나 또는 여과지)

(4) 작업요령(作業要領)

① 도료의 여과 → 여과장치로 걸러서 배합 도료를 스프레이 건에 넣는다.

② 도장 횟수 → 얇고 균일하게 광택이 나도록 판넬 전체를 1회 도장한다.

③ 프레쉬 타임(지촉건조) → 4~5분

* 첫 번째 투명도장 층에서 펄 입자 면을 메꿀 수 있도록 도장한다.

15) 투명의 마감도장(광택내기 도장)

(1) 재료(材料)

배합도료(C)	100

(2) 도장 조건(HVLP건, 노즐구경 1.3mm 기준)

에어압력(kg/㎠)	1.5~2.0
토출량(회전 수/바퀴)	6
분사각도(패턴 폭, 조절레바)	완전히 연다
피도체와 건의 거리(㎝)	10
건의 운행속도[m/초(sec)]	2.0~2.5

(3) 용구 및 참고사항

① 스프레이 건(노즐구멍 : 1.3mm, 에어 구멍수 : 6개 이상)

(4) 작업요령(作業要領)

① 도장 횟수 → 2~3회

* 보수도장 판넬을 전체적으로 도막 표면의 요철을 보아가면서 도장을 한다.

16) 투명 부분보수도장(Fade out)) 부위의 요철(오렌지 필) 조정 I

(1) 재료(材料)

배합도료(C)	100
우레탄용 희석제	50

(2) 도장 조건(HVLP건, 노즐구경 1.3mm 기준)

에어압력(kg/㎠)	1.0~1.5
토출량(회전 수/바퀴)	1
분사각도(패턴 폭, 조절레바)	완전히 연다
피도체와 건의 거리(㎝)	15
건의 운행속도[m/초(sec)]	1.0~1.5

(3) 용구 및 참고사항

① 스프레이 건(노즐 구경 1.2~1.5mm)

② 여과장치(여과망 또는 스트레이나)

(4) 작업요령(作業要領)

① 도료의 여과 → 여과장치로 걸러서 스프레이 건에 넣는다.

② 도장 횟수 → 2~3회

* 투명 마감도장 직후에, 겹쳐 도장되는 사이의 오렌지 필 부분에 얇게 여러 번 나누어 도장하고 도막 표면을 매끄럽게 조절한다.

17) 투명 부분보수도장(Fade out)) 부위의 요철(오렌지 필) 조정 II

(1) 재료(材料)

부분보수용 희석제(Fade out용 희석제)	100

(2) 도장 조건(HVLP건, 노즐구경 1.3mm 기준)

에어압력(kg/㎠)	1.0~1.5
토출량(회전 수/바퀴)	1
분사각도(패턴 폭, 조절레바)	완전히 연다
피도체와 건의 거리(㎝)	15
건의 운행속도[m/초(sec)]	1.0~1.5

(3) 용구 및 참고사항

① 스프레이 건(노즐구경 : 1.3mm)

② 여과장치(여과망, 여과지 또는 스트레이나)

(4) 작업요령(作業要領)

① 부분보수용 희석제를 여과장치로 걸러서 스프레이 건에 넣는다.

② 도장 횟수 → 1~3회

* 투명 마감도장 직후에 부분보수도장(Fade out) 사이의 시간을 좁게 하여 스프레이 미스트로 얇게 수 회 나누어서 광택이 나도록 스프레이 한다.

18) 건조(乾燥)

(1) 용구 및 참고사항

① 원적외선 건조기(스탠드 형)

* 부위가 넓을 경우는 부스(Booth)를 이용할 수도 있다.

(2) 작업요령(作業要領)

① 셋팅 타임 후 구도막이 보이도록 마스킹한 부위의 마스킹을 벗겨낸다.

② 건조(乾燥) → 20℃에서 16시간 또는 10분 셋팅 후 60℃에서 30분 건조시킨다.

19) 광택내기

(1) 재료(材料)

① 내수연마지 #1200번

② 슈퍼콤파운드 초벌용

③ 슈퍼콤파운드(1)-연마용

④ 슈퍼콤파운드(2)-마무리용

(2) 용구 및 참고사항

① 포리싱기(광택내는 연마기)

② 원형 타올분첩(Buff)

③ 원형 스펀지분첩 2개

(3) 작업요령(作業要領)

① 오렌지 필 조정 → 내수 연마지 #1200번으로 연마한다.

② 연마자국 손질 → 슈퍼콤파운드 초벌용을 도막에 바르고 원향 타올분첩(버프)으로 연마한다.

③ 초벌 광택 내기 → 슈퍼콤파운드(1)-연마용을 도막에 묻혀서 원형 스펀지분첩으로 연마한다.

④ 광내기 마무리 → 슈퍼콤파운드(2)-마무리용을 도막에 묻혀서 원형 스펀지분첩으로 연마한다.

* 주의 : 도막의 오렌지 필이 적으면 ①, ②를 생략할 수도 있다.

20) 마스킹 제거

자동차의 붙어있는 모든 마스킹을 깨끗이 제거한다.

가능하면 세차는 1주일 뒤에 하는 것이 좋다. 그 이유는 도막이 완전히 경화하려면 우레탄 도막의 경우는 20℃에서 7일 이상, 아크릴락카의 경우는 20℃에서 20일 이상이 경과되어야 하기 때문이다.

이상과 같이 부분보수도장(Fade-Out) 방법을 숙달하는 것이 원가절감은 물론 고객 만족 추구와 도장 기술자로서 실력을 갖출 수 있을 것이다. 더욱이 친환경 도료를 사용함으로서 환경오염 방지와 건강관리에도 크게 이바지하리라 판단되므로 친환경 도료인 수용성 베이스도료를 사용할 수 있도록 연습하는 것이 매우 중요하다.

또한, 친환경 도료의 개발과 더불어 부분보수도장(Fade-Out) 방법이 매우 간편해지고 불량률도 크게 감소하였으므로 변화되는 공법을 다음의 「수용성베이스 메탈릭 색상의 부분보수도장(Fade out)」에서 소개한다.

4. 수용성베이스 메탈릭색상의 부분보수도장(Fade out)

[목적(目的)]

VOC 함유량을 대폭 절감한 아니 유기용제를 거의 사용하지 않는 친환경 수용성 베이스코트가 신차에 적용(한국은 2000년도에 접어들면서 적용)하면서 보수도장도 친환경 수용성 베이스코트 도료를 적용해야 할 과제를 갖고 있다.

점점 다양해지고 있는 고급승용차의 적용 색상에 대한 정확한 색상(칼라) 매칭은 고객에게 만족을 주기 위해서 도장기술자로서는 크나큰 과제일 것이다.

이것을 해결하기 위한 대책으로는 부분보수도장(Fade-Out) 기술을 습득하는 것이 중요하지만, 그러기 위해서는 필히 도장의 기초 지식을 습득하여야 하며, 이를 바탕으로 앞에서 설명한 유성도료를 사용한 부분보수도장 시스템에 대한 공법을 충분히 습득하면서 친환경 도료인 수용성 베이스 도료를 사용한 부분보수도장(Fade-Out) 기술을 습득하고자 한다.

[교재(教材)]

수입자동차인 폭스바겐 자동차 뒷 범퍼가 접촉사고에 의해 작은 상처(범퍼의 긁힘)가 발생하였는데 A/S센타는 무조건 교환처리 하였으나 이를 부분보수도장하면 1/10의 비용으로 도장 기술을 발휘할 수 있어서 메탈릭 부루 색상을 친환경 도료인 수용성 베이스코트로 부분보수도장(Fade-Out)하는 기술을 습득할 수 있도록 공정을 기술하였다.

유성 도료와는 달리 도장공정이 단순하면서 원가절감은 물론 외화 낭비에도 도움이 될 수 있다고 확신하며, 향후 많은 기술자가 사용할 것으로 판단되므로 정확히 습득할 수 있는 보수도장방법을 소개한다.

교재 : 폭스바겐 뒷 범퍼

A. 도료의 배합

1) 재료(材料)

배합도료(A)	수용성 베이스코트 부루메탈릭(지정색)	100
	수용성 베이스코트용 희석제	0~20

배합도료(B)	아크릴우레탄계 HS 투명	100
	HS 투명 경화제	50

2) 용구 및 참고사항

① 전자 자울(소수점 둘째자리)

② 비닐 컵(포리 컵 또는 깨끗한 용기)

③ 교반봉(스페튤라)

④ 메탈릭 도장의 연습과정을 참조 할 것(프라이머 서페이서 도포면 탈지공정까지)

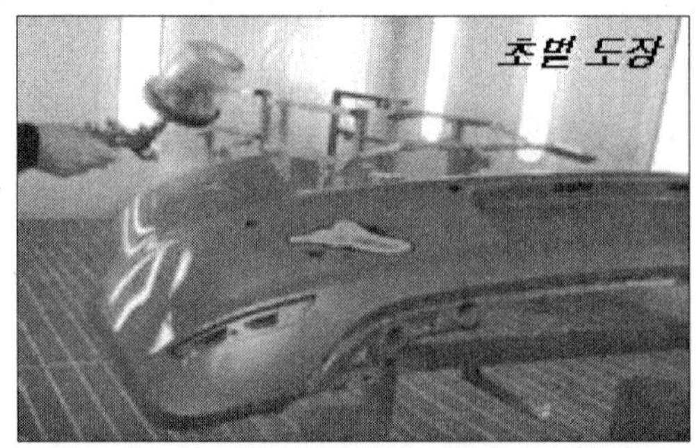

B. 수용성 베이스 메탈릭 색 도료의 초벌 도장

1) 재료(材料)

배합도료(A)	100

2) 도장 조건(HVLP건, 노즐구경 1.3mm 기준)

에어압력(kg/㎠)	1.5~2.0
토출량(회전 수/바퀴)	6
분사각도(패턴 폭, 조절레바)	완전히 연다
피도체와 건의 거리(㎝)	10~15
건의 운행속도[m/초(sec)]	0.6~1.0

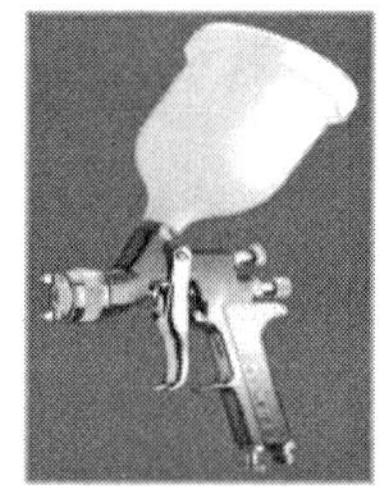

별도의 다른 건이 아닌 수용성 전용 건 필요

3) 용구 및 참고 사항

① 스프레이 건(노즐구경 : 1.3mm, 에어구멍 : 6개 이상, 수용성 전용)

② 공기불어내는 설비(Air jet, Air stand, Air wave system 등)

③ 여과장치(여과망 또는 스트레이나) - 수용성 사용

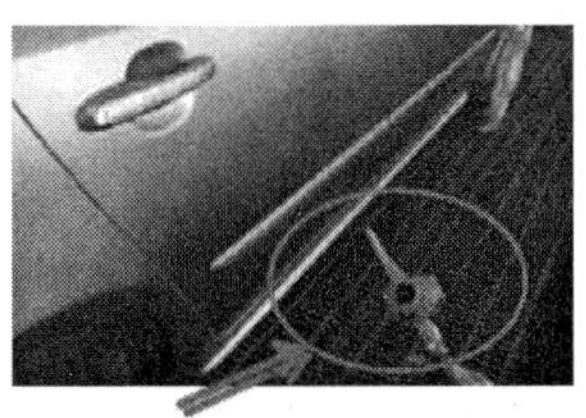

Air jet(공기불어내는 것)

4) 작업 요령

① 남은 도료를 깨끗이 버리고, 스프레이 건을 세척한다.

② 도료의 여과 → 여과장치로 배합된 도료를 걸러서 스프레이 건에 넣는다.

③ 프라이머 서페이서 면 전체에 얇게 1회 도장한다.

* 도장하는 범위는 프라이머 서페이서 도포면보다 약간 넓게(약 5cm) 도장한다.

④ 프레쉬 타임(지촉건조) → 20℃에서 3~5분 정도 공기불어내기로 수절건조시킨다.

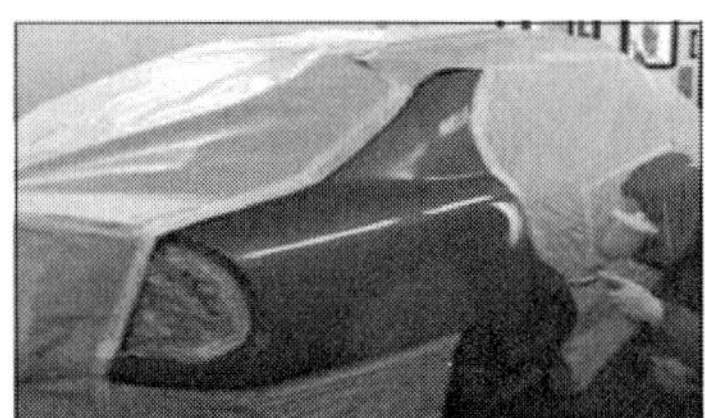

색상도료 초벌도장

C. 메탈릭 색 도료의 색상도장(은폐도장)

1) 재료(材料)

배합도료(A)	100

2) 도장 조건(HVLP건, 노즐구경 1.3mm 기준)

에어압력(kg/㎠)	1.5~2.0
토출량(회전 수/바퀴)	6
분사각도(패턴 폭, 조절레바)	완전히 연다
피도체와 건의 거리(㎝)	10~15
건의 운행속도[m/초(sec)]	0.6~1.0

3) 용구 및 참고사항

① 스프레이 건(노즐구경 : 1.3mm, 에어구멍 : 6개 이상, 수용성 전용)

② 공기불어내는 설비(Air jet, Air stand, Air wave system 등)

4) 작업요령

① 도장횟수 → 1~1.5회(색이 은폐되도록 도장한다.)

② 프레쉬 타임(지촉건조) → 3~5분 공기불어내기를 하여 건조한다.

③ 도막외관을 보아 얼룩이 있으면 얇게 광택이 거의 없을 정도로 도장 범위를 넓혀서(약 10cm 정도) 겹치게 도장한다.

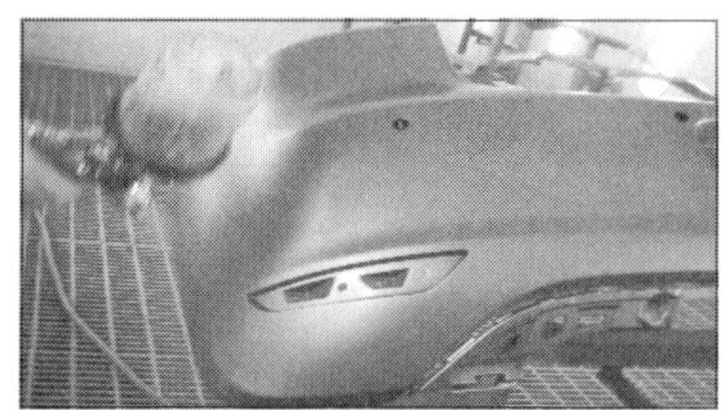

색 도장

* 수용성 베이스는 1회 도장으로 은폐가 가능하며, 은폐가 부족한 색상의 경우는 1회 더 도장한다. 또한, 메탈릭 얼룩이 거의 없으므로③ 공정은 생략할 수 있다.

④ 프레쉬 타임(지촉건조) : 4~5분(공기불어내기로 수절건조한다.)

이때, 스프레이 건을 깨끗이 세척한다.

Air stand(공기불어내는 장치)

D. 투명의 초벌 도장

1) 재료(材料)

배합도료(B)	100

2) 도장 조건(HVLP건, 노즐구경 1.3mm 기준)

에어압력(kg/㎠)	1.5~2.0
토출량(회전 수/바퀴)	6
분사각도(패턴 폭, 조절레바)	완전히 연다
피도체와 건의 거리(㎝)	15~20
건의 운행속도[m/초(sec)]	0.6~1.0

3) 용구 및 참고사항

① 스프레이 건(노즐구멍 : 1.3mm, 에어구멍 : 6개 이상, 유성 전용)

② 여과장치(여과 망 또는 스트레이나)-유성용 사용

4) 작업요령(作業要領)

① 도료의 여과 → 여과장치로 걸러서 도료를 스프레이 건에 넣는다.

② 도장 횟수 → 얇고 균일하게 광택이 나도록 판넬 전체를 1회 도장한다.

③ 프레쉬 타임(자촉건조) → 20℃에서 4~5분

투명 초벌도장

* 첫 번째 투명도장 층에서 메탈릭의 면을 메꾸도록 도장한다.

E. 투명의 마감도장(광택내기 도장)

1) 재료(材料)

배합도료(B)	100

2) 도장 조건(HVLP건, 노즐구경 1.3mm 기준)

에어압력(kg/㎠)	1.5~2.0
토출량(회전 수/바퀴)	6
분사각도(패턴 폭, 조절레바)	완전히 연다
피도체와 건의 거리(㎝)	15~20
건의 운행속도[m/초(sec)]	0.6~1.0

3) 용구 및 참고사항

① 스프레이 건(노즐구멍 : 1.3mm, 에어 구멍수 : 6개 이상, 유성 전용)

4) 작업요령(作業要領)

① 도장횟수 → 2~3회

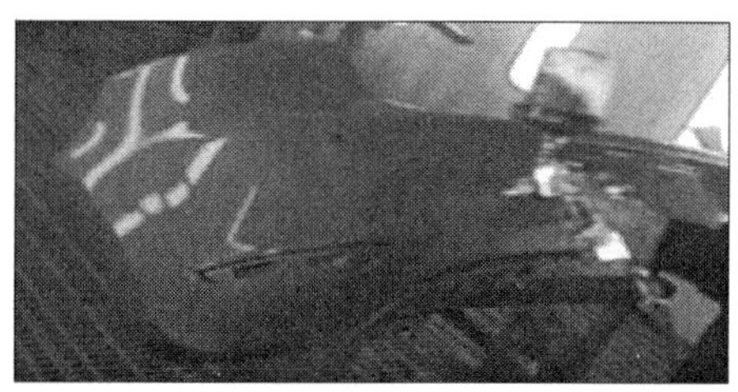

* 보수도장 판넬을 전체적으로 도막 표면의 요철을 보아가면서 광택이 나도록 도장을 한다.

 F. 투명 부분보수도장(Fade out)) 부위의 요철(오렌지 필) 조정 I

투명도장 시에 부품 전체적으로 도장하는 경우는 F, G 공정을 생략할 수 있지만 부분적으로 도장할 때는 가장자리의 더스트가 날라 붙어서 오렌지필 현상이 있으므로 조정하는 스프레이를 실시해야 한다.

1) 재료(材料)

배합도료(B)	100
우레탄용 희석제	50

2) 도장 조건(HVLP건, 노즐구경 1.3mm 기준)

에어압력(kg/㎠)	1.0~1.5
토출량(회전 수/바퀴)	3
분사각도(패턴 폭, 조절레바)	완전히 연다
피도체와 건의 거리(㎝)	15
건의 운행속도[m/초(sec)]	1.0~1.5

3) 용구 및 참고사항

① 스프레이 건(노즐구멍 : 1.3mm, 에어구멍 : 6개 이상)

② 여과장치(여과 망 또는 스트레이나)

4) 작업요령(作業要領)

① 도료의 여과 → 여과장치로 배합된 도료를 걸러서 스프레이 건에 넣는다.

② 도장 횟수 → 2~3회

* 투명 마감도장 직후에, 겹쳐 도장되는 사이(구도막 표면과 도장한 면의 경계)의 오렌지 필 부분에 얇게 여러 번 나누어 도장하고 도막 표면을 매끄럽게 조절한다.

G. 투명 부분보수도장(Fade out)) 부위의 요철(오렌지 필) 조정 II

1) 재료(材料)

부분보수용 희석제(Fade out용 희석제)	100

2) 도장 조건(HVLP건, 노즐구경 1.3mm 기준)

에어압력(kg/㎠)	1.0~1.5
토출량(회전 수/바퀴)	1
분사각도(패턴 폭, 조절레바)	완전히 연다
피도체와 건의 거리(㎝)	15
건의 운행속도[m/초(sec)]	1.0~1.5

3) 용구 및 참고사항

① 스프레이 건(노즐구멍 : 1.3mm, 에어구멍 : 6개 이상)

② 여과장치(여과 망 또는 스트레이나)

4) 작업요령(作業要領)

① 부분보수용희석제를 여과장치로 걸러서 스프레이 건에 넣는다.

② 도장 횟수 → 1회(필요 시 도장)

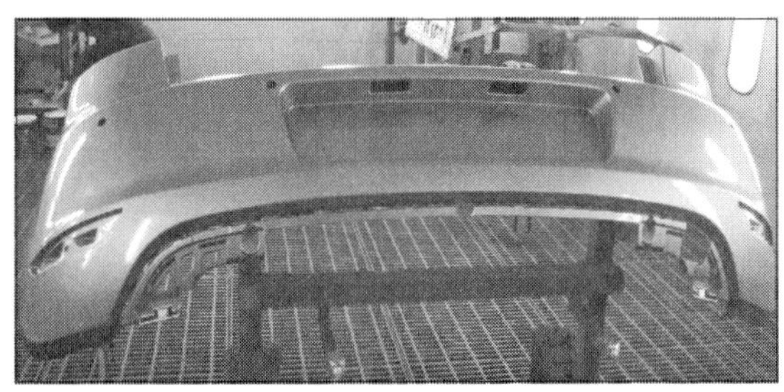

* 투명 마감도장 직후에 부분보수도장(Fade out) 조정 I 도포면에 오렌지 필 현상이 있으면 시간을 좁게 하여 스프레이 미스트로 얇게 1회 도장한다.

H. 건조(乾燥)

1) 용구 및 참고사항

① 원적외선 건조기(스탠드 형)

* 부위가 넓을 경우는 에어 시스템이 갖추어진 부스(Booth)를 이용할 수도 있다.

2) 작업요령(作業要領)

① 10분 셋팅한 후 구도막이 보이도록 마스킹한 부위의 마스킹은 벗겨낸다.

② 건조(乾燥) → 20℃에서 16시간 또는 10분 셋팅 후 60℃에서 30분 건조시킨다.

I. 광택내기

범퍼의 경우는 색상 도료만 부분보수도장하고, 투명은 범퍼 전체 면을 도장할 경우 광택내기를 생략할 수도 있다.

1) 재료(材料)

① 내수 연마지 #1200 번

② 슈퍼콤파운드 초벌용

③ 슈퍼콤파운드(1)-연마용

④ 슈퍼콤파운드(2)-마무리용

2) 용구 및 참고사항

① 포리싱기(광택 내는 연마기)

② 원형 타올분첩

③ 원형 스펀지분첩 2개

3) 작업요령(作業要領) :

① 오렌지 필 조정 → 내수 연마지 #1200번으로 연마한다.

② 연마자국 손질 → 슈퍼콤파운드 초벌용을 도막에 바르고 원향 타올분첩(버프)으로 연마한다.

③ 초벌 광택내기 → 슈퍼콤파운드(1)-연마용을 도막에 묻혀서 원형 스펀지분첩으로 연마한다.

④ 광내기 마무리 → 슈퍼콤파운드(2)-마무리용을 도막에 묻혀서 원형 스펀지분첩으로 연마한다.

* 주의 : 도막의 오렌지 필이 적으면 ①, ②를 생략할 수도 있다.

J. 마스킹 제거

자동차에 붙어있는 모든 마스킹은 깨끗이 제거한다.

가능하면 세차는 1주일 뒤에 하는 것이 좋은 이유는 도막이 완전히 경화건조하려면 우레탄 도막의 경우 20℃에서 7일 이상, 아크릴락카의 경우는 20℃에서 20일 이상 경과되어야 도막이 완전히 경화건조 되기 때문이다.

이상과 같이 부분보수도장(Fade-Out) 방법에서 수용성 도료가 작업성이 우수하고 칼라매칭성이 우수하며 불량을 최소화 할 수 있다는 것을 알았다. 앞으로는 원가절감은 물론 고객만족추구와 도장기술자로서 긍지를 갖출 수 있기 위해서는 항상 새로운 도장 요령을 습득해야 하며, 친환경 도료를 사용함으로서 이색 불량 감소, 공정단축과 환경오염방지, 그리고 건강관리와 부실재고 감축으로 도장분야에 크게 공헌하리라는 확신이 있으므로 수용성 색상도료 사용이 숙달되도록 연습해야 한다.

따라서 수용성과 유성도료의 작업공정과 특징을 비교해보면 다음과 같다.

* 수용성도료와 유성도료의 부분보수도장(Fade out)의 차이점

1) 부분보수도장(Fade out) 기술에서 언급하였지만 간단하게 표현하면 다음과 같다.

구 분	수용성베이스 색도료	유성베이스 색도료
1. 하도도장	×(필요 없음)	필히 도장(투명+희석제)
2. 색상도장	초벌도장부터 잡아서 도장 1.5~2.5회 도장	밖에서 안으로 점차 넓혀서 3~4회 도장
3. 얼룩 없앰도장	△(거의 필요 없음)	필히 도장
4. 투명도장	2~3회	3~4회
5. 가장자리 조정도장	1회	1~2회
6. 부분보수희석제도장	△(거의 필요 없음)	필히 도장
7. 도료의 사용량	50	100
종합평가	친환경 제품 이색불량 거의 없음 간단, 작업성 우수	환경오염, 건강유해, 이색, 검은 흑점 불량 복잡, 어렵다.

2) 상기 비교표에서 알 수 있듯이 수용성베이스 도료는 투명 하도 도료를 도장하지 않으며, 색상(칼라) 매칭성이 우수하고, 메탈릭 얼룩이 거의 없으며, 도장 작업성이 우수한 것이 가장 큰 장점이고, 도료의 사용량이 50%는 적게 사용되어 원가절감이 되며, 색상 도료의 재고 비축이 필요 없어 도료의 창고가 필요 없고, 비순환재고의 손실을 줄일 수 있다.

3) 수용성 베이스의 전체 도장기술은 앞에서 터득한 공정별 작업요령 10단계를 마스터 하면 된다. 도장 순서는 유성도료 도장 순서와 같으며 황색선 화살표 방향의 순서에 의해 도장한다.

* 수용성 색상도료의 전체도장 순서와 방향

1) 색상도장 순서

화살표 방향 순서로 실시

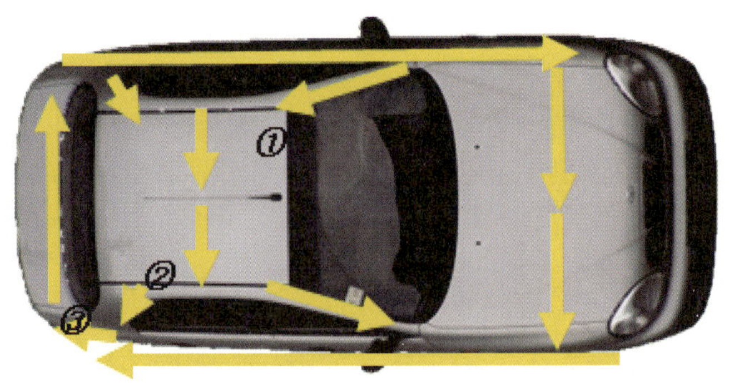

2) 수용성 색상 도료 시험 도장

고급 대형승용차인 벤즈 600 에보니블랙 색상을 1액형 수용성베이스 브라이트실버(3D)로 색상 변경과 신제품 작업성 시험 도장을 2011년 5월 13일 평택 연수센터에서 실시하였다.

도장 전 계획 수립

퍼티작업 및 면조정 연마

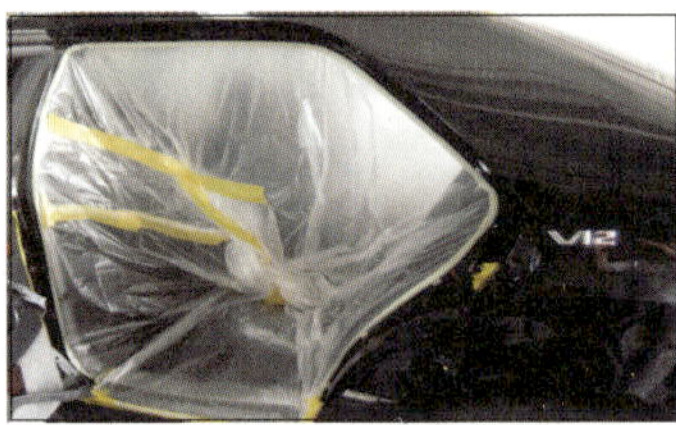

마스킹 작업

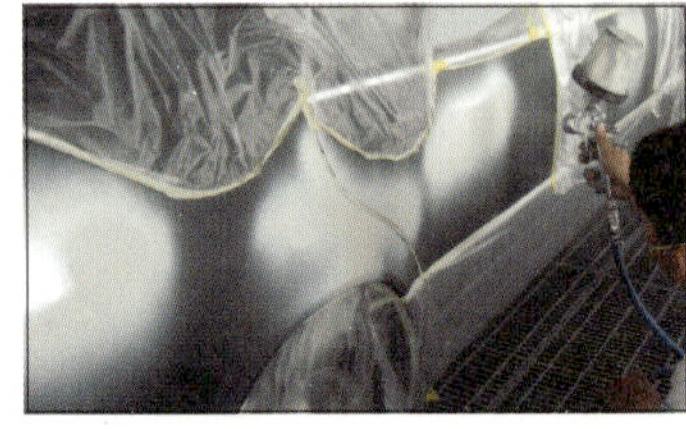
프라이머 서페이서 도장

색상도장

투명도장

수용성 색상도료 도장 완료 후

전체 도장 보다 부분보수도장(Fade out)에 대해서 숙달시키고 올바른 작업을 위해서는 강사(도장기술자)는 다음 사항을 필히 교육하고 확인하여야 한다.

1) 도장 공정 순서를 정확히 이해하고 실시하는가?
2) 도료의 선택과 배합은 정확히 하고 있는가?
3) 공정별 재료와 용구는 정확히 선택하는가?
4) 선택한 재료와 용구는 정확히 사용하고 있는가?
5) 마스킹 기술은 숙달되어 있는가?
6) 스프레이 건의 작동요령을 정확히 수행하였는가?
7) 각 공정 별 작업속도는 합격기준에 도달하였는가?
8) 각 공정 별 작업요령은 정확히 숙지하고 실시하는가?
9) 도장 시 결함이 발생하였을 때 대처 능력이 있는가?
10) 용구 청소와 정리 정돈은 정확히 수행하는가?
11) 작업 종료 후 청소와 정리 정돈은 적절하게 수행하였는가?

자동차 보수도료와 도장에 대한 전반적인 기술을 습득하였다. 앞으로도 도료의 개발은 지속될 것이며, 또한 자동차 보수도장 공법도 변화할 것이다. 강사(도장교육 기술자)는 각 공정별 표준 교육시간(공정별 실습 안내서)을 정하여 매 공정마다 합격 여부를 확인하고 교육을 진행시키는 것이 좋다.

아울러 페인트회사에서 소개하는 신제품에 대한 기술자료와 도장시방서를 수시로 입수하여 교육은 물론 도장 시에 참고하여야한다.

참고적으로 다음 사항의 "공정별 실습 안내서"에 대한 예를 참조하여 훈련하고, 기술자(강사)는 학생들이 매일 실습한 내용에 대해서 다음 사항을 참조하여 강사의 승인을 받고 진행하는 것이 기술 습득의 중요한 방법일 것이다.

공정별 교육과정 진행 안내서

훈련생 명(   )   강사 명 :

공정별 교육과정	교육시간	합격여부	비고
1. 구도막 박리 기술	3		
2. 청소와 탈지 기술	3		
3. 퍼티 도포와 연마 기술	30		마스터 시험(7시간)
4. 마스킹 기술	6		
5. 스프레이 건의 기본 연습	20		마스터 시험(7시간)
6. 프라이머 서페이서(중도)의 처리 기술	12		마스터 시험(7시간)
7. 상도(색, 투명 도료)의 도장 기술	40		페인트 회사 특강
8. 교환 플라스틱 범퍼의 도장 기술	30		마스터 시험(7시간)
9. 플라스틱 범퍼의 도장 기술	30		마스터 시험(7시간)
10. 광택 내는(Polishing) 기술	12		전문회사 특강(광택제회사)
11. 부분 보수도장(Fade out) 기술	100		마스터 시험(30시간)

* 참고용으로 각 교육 과정 별 교육 세부 내용을 작성하여 실시하는 것이 효과적이다.

PART Ⅱ

조색의 지식

PART Ⅱ에서는 조색에 대해 도장기술자 대부분이 어렵게 생각하고 심지어는 페인트 회사에서 색상을 개발하는 도료 기술자들조차도 매우 어렵게 업무를 하고 있다. 이러한 기술자들에게 기본적인 지식을 습득하기 위한 것으로 조색의 기술에 대해서 알아본다.

제4장 조색(調色)의 기술(技術)

조색하면 대부분 사람들이 그것이 무엇인지 색을 맞추는 것이 쉽다고 생각하지만 도장인들과 자동차 색상을 개발하는 연구원들은 어렵기 때문에 우선 거부감이 밀려온다. 특히 도장인들은 많은 세월동안 이미 색상도료가 만들어진 조색품(Ready Mixer)을 사용해 왔기 때문에 조색을 해본 경험이 거의 없었다.

이 장에서는 다음 사항과 같이 색의 이론부터 계량조색과 조색의 지식을 습득하는 좋은 계기가 될 것이다.

4.1 색(色)에 대해서

색은 우리의 눈에 보이는 빛깔로 기본적인 성질과 빛깔이 보이는 현상, 그리고 색의 분류, 색의 세가 지속성, 표시방법, 측정방법과 자동차 색상의 이색이 발생하는 요인에 대해서 알아본다.

1. 색의 기본적인 성질(눈에 보이는 빛/Visible Light)

빛이 슬릿과 프리즘을 통과하면 파장의 길이에 따라 다음과 같이 색이 분류된다.

(nm : 나노미터)$1\text{nm} = \dfrac{1}{1{,}000{,}000}\text{m}$

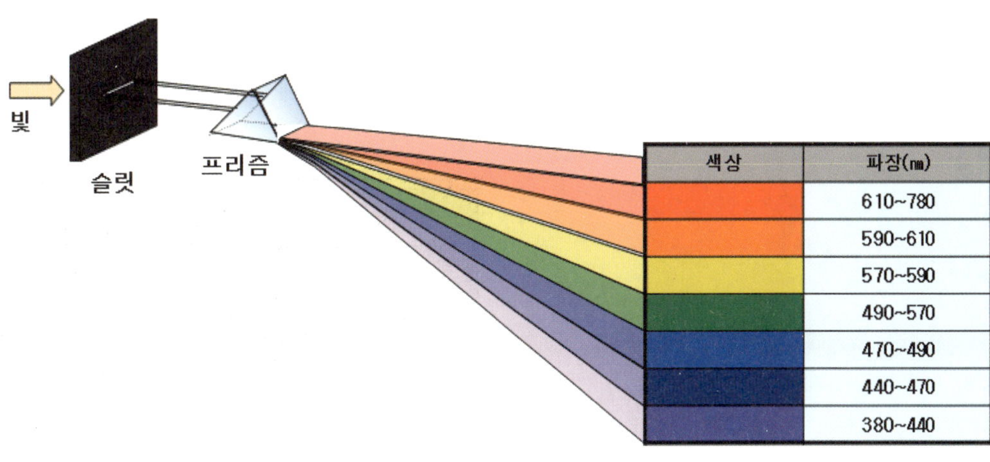

색상	파장(nm)
	610~780
	590~610
	570~590
	490~570
	470~490
	440~470
	380~440

빛의 색깔은 파장의 길이에 의해 가장 긴 610~780nm가 적색으로 나타나며, 가장 짧은 380~440nm

인 것은 자주색(Violet color)으로 나타난다.

2. 색이 보이는 현상

물체의 색이 눈을 통하여 뇌에서 인식되는 과정은 다음과 같으며, 눈에 색이 보이는 현상은 광원색과 물체색이 있고, 눈에 인식되는 색은 빛의 파장 중에 모두 흡수되고 일정 길이의 파장을 반사시키는 것이 색으로 나타난다.

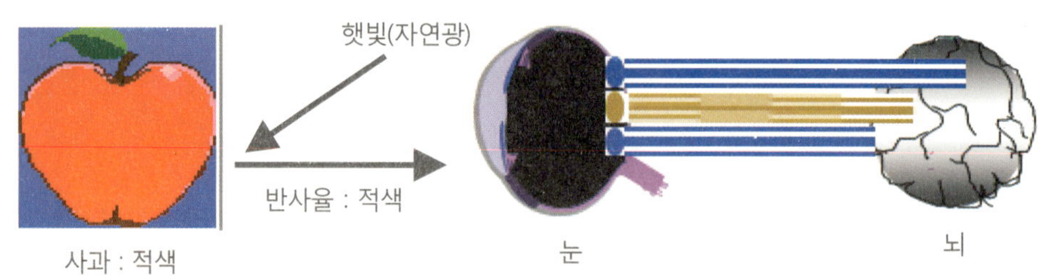

(1) 광원색 : 태양 · 전구· 네온사인 등의 직접 빛을 내는 물체의 색을 뜻한다.

(2) 물체색에는 반사색과 투과색이 있다.

① 반사색 : 도료, 인쇄잉크 등 광원의 받은 빛을 부분적으로 반사해서 나타내는 색

② 투과색 : 색유리, 셀로판지, 기타 색상이 있는 액체 등에 흡수되지 않고 투과해서 나타나는 색

3. 색의 분류(分類)

색을 감각적으로 대별하면 색미가 있는 유채색과 색미가 없는 무채색으로 구별할 수가 있으며 다음과 같다.

패션 트랜드　　페인트 기술

4. 색의 3속성

색에는 색상, 명도, 채도라는 세가지 각기 다른 성질이 있는데 이것을 색의 3속성이라고 한다. 다만 무채색에는 명도의 속성만 있고, 색상 · 채도의 속성은 없다.

색상	색에는 적, 청이라고 하는 색의 구별이 있다. 이와 같이 그 색의 특성을 가진 요소를 색상이라고 하며, 색의 특성을 가지는 요소로 삼원색인 적색, 황색, 청색이 있다. * 색상환, 무책색(백색/흑색), 유채색

명도	색의 밝기 정도(L값)을 나타낸다.

채도(CHROMA)	색의 강하고 약한 정도로서 원색에 따라 선명한 것(채도가 높다), 탁한 것(채도가 낮다)

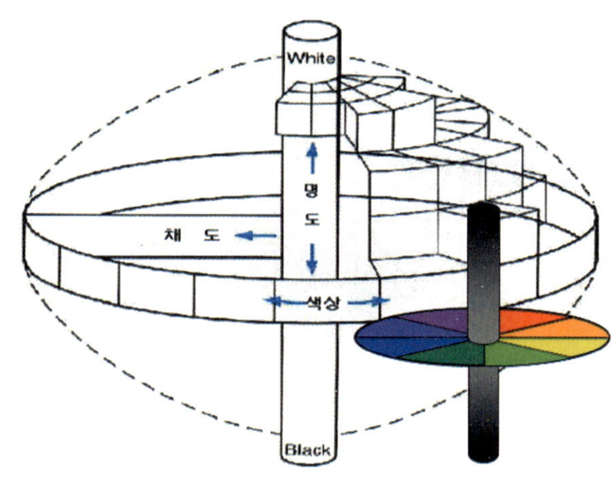

5. 색의 표시 방법

다양한 표시 방법이 있으나 대표적인 것으로서 다음과 같은 표시방법이 있다.

(1) Muncell(먼셀, 英) 표색계 → 5G 4/8 : 5G(녹색색상), 4(명도), 8(채도)를 뜻한다.

(2) Lab 표색계 → 가장 일반적으로 사용하며, 색의 측정 방법에 표시하였다.
Lch 표색계, XYZ 표색계 등이 있다.

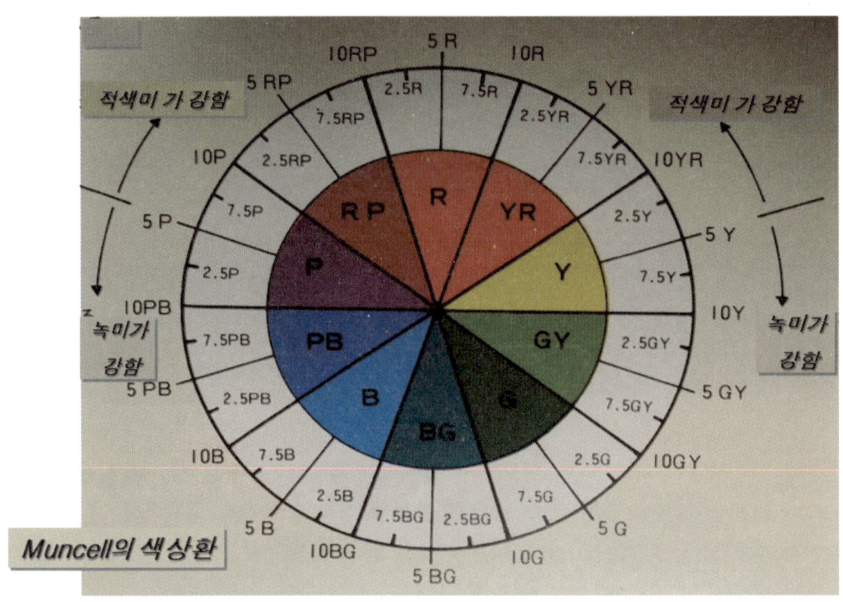

6. 색의 측정

색상 차이의 값을 측정하는 방법에도 여러 방식이 있으나 대표적인 방식이 Hunter식이 있다. 두 물체의 빛깔의 감각적인 차이를 구하기 위하여 3광색의 필터를 이용한 광전색도계의 일종이다. UCS (Union Chromaticity Scale의 약자로 명도가 같은 색의 감각차가 그림상의 거리에 거의 비례하도록 한 것) 공간에서의 좌표치를 구하는 것이다. 색조를 숫자로 나타내는 데 편리하여 널리 이용되고 있다.

명도는 L값, 색도는 a(적~녹)값과 b(황~청)값으로 나타내고, 이들 값으로부터 CIE(Commission Internationale de I'Ecl airage; 국제조명위원회)의 X, Y, Z값(3자극값)으로 환산할 수 있다.

색상은 a/b, 채도는 $[a+b]^{1/2}$ 또한 색차(△E)는$[(\triangle L)^2 + (\triangle a)^2 + (\triangle b)^2]^{1/2}$로 나타낸다. 색차 값을 NBS 단위(National Bureau of Standards color difference unit의 약자로 미국국가표준국에서 정한 단위)라고 한다. 색차가 1.5 이상이면 육안으로 식별할 수 있는 값이다. 또한 a/b값은 눈으로 본 색의 차이와 잘 일치한다고 한다.

* 색 공간과 색의 좌표

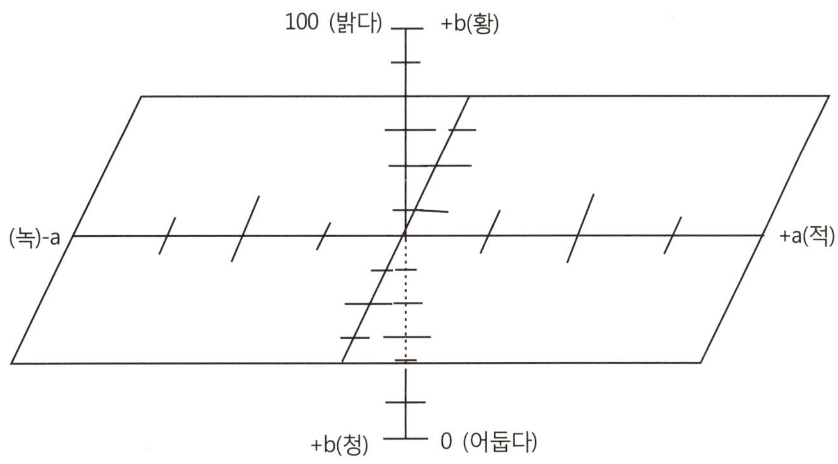

*** 색차를 구하는 계산식(HUNTER 식) : $\triangle E=[(\triangle L)^2 +(\triangle a)^2 +(\triangle b)^2]^{1/2}$**

→ △E : 델타 E(이)라고 읽는다.

→ △L : 두 색의 밝기, △a : 적/녹, △b : 청/황의 차이를 뜻한다.

→ 색공간을 CIE(국제조명위원회)에서 1976년 CIE LAB로 표시하였다.

* △E에 따른 색상차이

△E값(NBS : 미국국가표준국)	색상 차이의 정도
0.5 이내	극히 조금 다르다(느끼지 못할 정도)
0.5~1.5	약간 다르게 보인다(느낄 정도)
1.5~3.0	많이 틀린다(확실히 다르다는 것을 느낌)
3.0~6.0	완전히 다르다(다른 색상으로 보임)

* 자동차 색상판정의 경우 △E=0.5(솔리드), △E=1(메탈릭) 이내, 육안 동일할 것

7. 자동차 색상의 이색이 발생하는 이유

동일한 자동차 회사에서 생산하는 동일색상인 경우도 색상이 다르기 때문에 도장 기술자 입장에서는 곤란한 경우가 자주 발생한다.

특히, 부분보수도장의 경우 이색발생으로 인한 고객의 불만이 발생하여 난감한 경우가 종종 발생한

다. 이러한 불만을 해결하기 위해서는 원인을 알고 도료의 선택(수용성베이스 등과 같이 작업성이 우수한 제품)과 조색기술을 필히 습득해야 한다.

이색 발생요인은 자동차 생산라인과 자동차정비공장, 도료제조회사로 대별된다.

1) 자동차 생산라인에서의 이색 불량이 발생하는 주요인

① 같은 모델(**차종, 색상 동일**)이라도 생산공장 또는 생산 도장 라인이 다른 경우

② 유색의 프라이머를 사용하는 경우(국내 자동차들의 경우 7가지 색상 사용)

③ 색상 도료의 은폐가 완전히 되지 않아 프라이머색상이 보여 발생하는 경우

④ 자동차 도장라인의 환경차이(온도, 습도, 공기흐름, 도장설비 등)가 있는 경우

⑤ 수용성 도료의 경우 아침, 점심, 저녁 시간대별로 습도, 풍속 등 환경이 다른 경우

2) 자동차 정비공장(A/S센터)에서의 이색 불량이 발생하는 주요인

① 보수도장 시 색상 차이를 감추기 위해 브렌딩도장을 하였을 경우

② 칼라 매칭성이 부족한 경우

③ 페인트 제조회사의 사전조색품(RM도료) 색상선택이 잘못된 경우(자동차 라인에 도료를 공급하는 회사의 색상을 확인 없이 무조건 사용한 경우)

④ 색상의 펄 입자조절에 따른 도장 횟수가 잘못된 경우(반짝이는 입자가 있는 도색)

⑤ 자동차의 운행이 오래되어 변퇴색이 일어난 경우

⑥ 표준도장 공법을 준수하지 않은 경우

3) 페인트 회사에서의 이색 불량이 발생하는 주요인

① 도료 제조(납품)회사의 변경에 따른 색상 이색으로 발생하는 경우

② 도료 제조회사의 생산일자나 제조롯트에 따라 칼라 불량으로 발생하는 경우

③ 실차 색편의 변경에 따른 색상 이색으로 발생하는 경우

4.2 색의 비색 방법

색을 비교해 보기 위한 여러가지 광원(LIGHT SOURCES)은 다음과 같다.

자연광 자연 색상

인공 광 인공 색상

자연광원과 인공광원 중에서 색을 비교해 색상을 판단하는 가장 좋은 광원은 햇빛이다. 날씨는 항상 햇빛만이 존재하지 않기 때문에 색을 언제든지 비교해 보기 위해서는 많은 조명회사들이 햇빛에 가장 가까운 광원을 만들려고 노력하고 있다. 현재까지 가장 햇빛에 가까운 광원 램프는 제조회사별로 상품명이 다르지만 Philips사의 TL95, 96, 950, 965 or Osram사의 TL13 등이 있고, 광원램프의 교환 주기는 약 2,000시간이다.

언제나 어느 때나 상관없이 색을 맞추어야하는 것이 조색기술자가 해야 할 일이며, 조색을 잘 하기 위해서 조색실은 최소한 800룩스 이상의 자연광에 가까운 인공광원이 필요하다.

1. 광원의 종류

광원의 종류에는 표준광 A, B, C, D광원이 있다.

표준광 A	⇨	Gas가 들어 있는 텅스텐 전구에서 나타내는 광
표준광 B	⇨	정오(한낮)의 직사광에 상당하는 광
표준광 C	⇨	맑은 하늘의 광을 가진 주광(晝光) → 북쪽 창에서 1m 이내의 광
표준광 D	⇨	자외선(紫外線)을 포함한 평균적인 주광(晝光)

2. 색을 보는 방법

(1) 메탈릭, 펄 색상은 보는 각도에 따라 색 차이가 발생한다.

(2) 그림과 같이 정면, 각에서 색을 본다.

(3) 비색(比色)은 옥외 밝은 장소와 옥내 광원 조사에서 검토(check)한다.

(4) 펄, 입자감, 양을 확인한다.

(5) 메탈릭의 정면에서 백색도, 휘도를 확인한다.

(6) 인공태양등 → 30cm, 2m 양방향의 Point에서 확인한다.

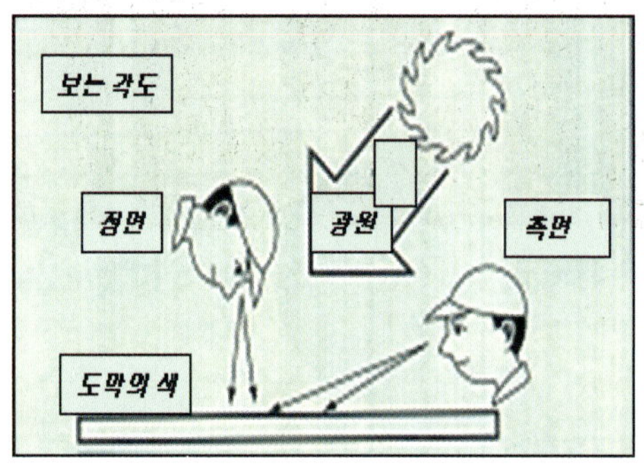

(7) 사람의 눈이 색명이 있다면 색을 보고 비교하여 조색하기는 어렵기 때문에 확인하여야 한다.

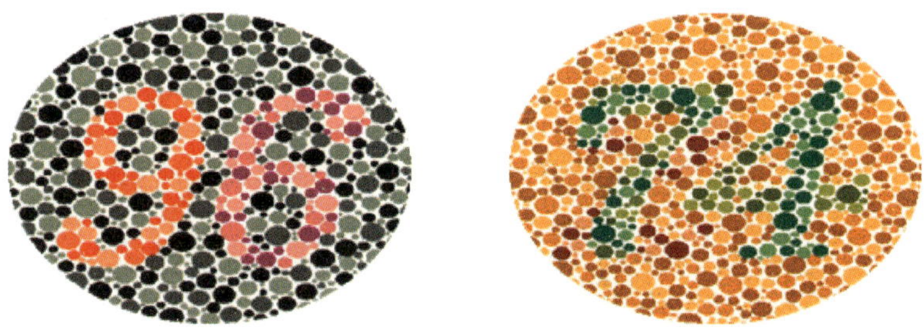

이시하라 테스트

4.3 도색(塗色)의 종류

도료의 색상에는 입자감이 없는 단칠(솔리드 색상)이 있고, 입자감이 있는 메탈릭 색상과 펄 색상이 있으며, 특수색상이 있다.

솔리드 색상(단칠)	⇨	원색(조색제)의 조합한 도색 : 백색, 부루, 레드, 브라운 등
메탈릭 색상	⇨	메탈릭 원색 또는 메탈릭 조색제와 원색(조색제)의 조합 - 알루미늄의 금속적인 반짝이는 입자가 있는 도색(칠)

펄 색상	⇨	2코트 펄	원색(조색제) 에나멜과 펄 원색의 조합으로 직사광에서 보면 펄의 반짝임이 나타나고, 선명하고 아름다운 느낌의 색이 된다.
		3코트 펄	솔리드 색상 위에 엷게 펄 원색을 도장한 도색(칠) - 진주의 반짝임이 있는 색

기타 도색	메탈릭 · 펄 색상	메탈릭과 펄 원색과 솔리드 원색(조색제)이 혼합된 색
	그라파이트 색상	메탈릭 · 펄 색상 + 그라파이트 원색이 혼합된 도색 - 깊고 화려한 회색감의 입체적인 질감
	오팔 색상	2코트 펄 색상 또는 메탈릭 색상 + 미립자 티탄원색으로 혼합된 도색 - 유백색(乳白色)의 오팔 반짝임
	프탈로시아닌 블랙색	2코트 펄 색상 + 프탈로시아닌블랙 원색이 혼합된 색 - 투명한 부루중에 적미가 있는 블랙이 반짝임.
	착색알미늄 색상	착색 알미늄을 사용한 메탈릭 원색 - 태양광(조명등)을 반사하면 선명한 반짝임이 있는 색

* 보수도장 시에 입자감 조절, 이색을 방지하기가 쉽지는 않다.
페인트 회사의 매뉴얼에 따라서 조색을 하지만 도장 횟수, 도막두께, 도장요령 등에 색상차이가 심한 2코트와 3코트 펄 색상에 대해 알아본다.

1. 2코트 펄 색상

자동차 색상은 주로 메탈릭과 펄이 많이 사용되므로 펄 색상의 특징을 알아서 조색 기술을 향상시키는데 도움을 주고자 한다.

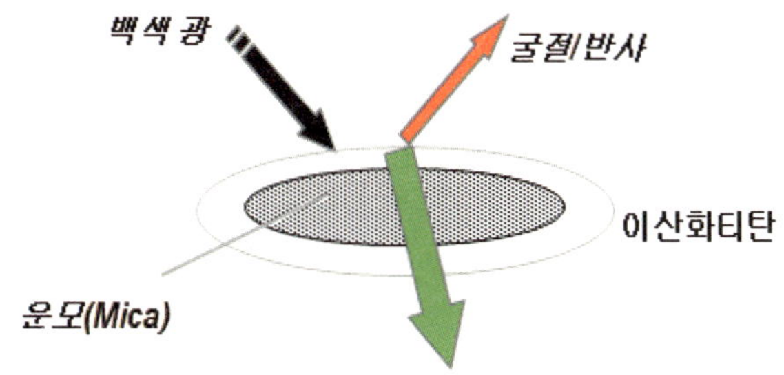

1) 펄 안료는 다음과 같은 특징이 있다

펄은 물론 진짜 진주가 아니고, 펄 효과를 주기 위해서 인공적으로 만든 것이다.

운모(마이카)라는 투명한 천연 광물을 작게 분쇄하고 이산화티탄을 코팅한다(마이카 자체는 투명해서 펄 효과가 없기 때문에 고온에서 이산화티탄을 코팅한다.).

빛을 조사하면 일부는 굴절시키고 일부는 투과(빛을 흡수하지 않음)하여 반짝반짝 빛나며, 대표적인 펄의 종류는 다음과 같다.

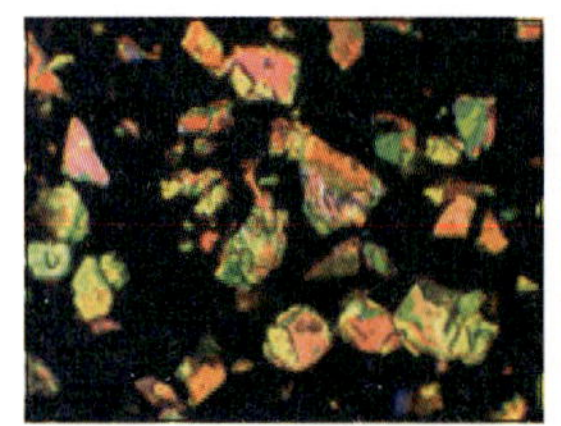
오렌지 펄

적색 펄

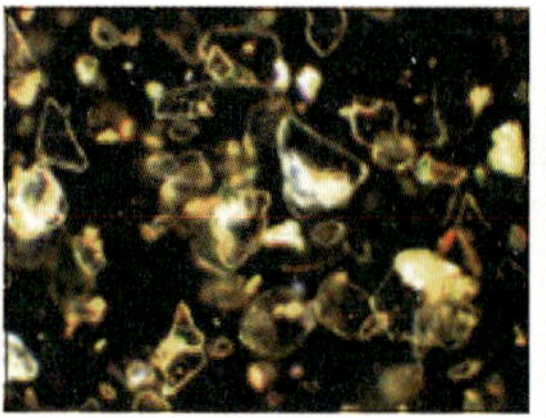
골드 펄

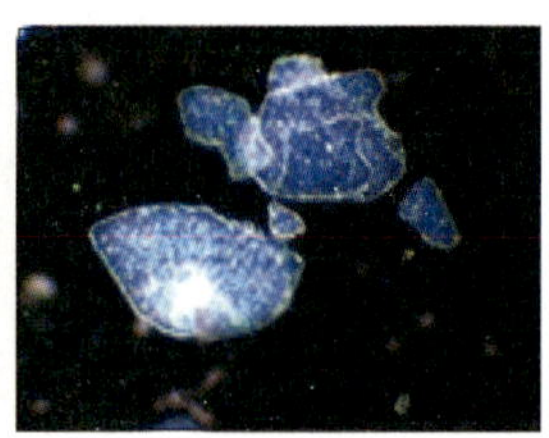
부루 펄

* 2코트에서 펄은 주로 정면 톤에만 영향을 주고, 측면 톤에는 영향을 주지 않으며 펄을 첨가하면 측면 명암은 어두워진다.

2) 펄 칼라의 강도 : 펄의 효과는 어두운 칼라에서 더욱 잘 나타난다

기술적으로 펄은 모든 칼라에 이용될 수 있다. 그러나 매우 밝은 칼라에서는 펄의 효과 크지 않다.
밝은 칼라에서는 은폐가 잘 되지 않기 때문이다.

3) 언제 2코트 펄 칼라를 조색하는가?

2코트 펄은 2코트 메탈릭의 효과와 유사하지만, 펄은 주로 정면 톤에 영향을 주고(정면 톤을 더 깨끗하고 밝게함) 측면 톤의 변화는 거의 확인할 수가 없다.

펄 안료는 대부분 투명해서 칼라를 변화시키려면 다량의 펄을 첨가해야 한다. 펄을 첨가하면 때때로 측면 명암이 약간 밝아지는 경우가 있으나 정면이 더 밝아지므로 상대적으로 측면은 더 어두워진다.

2. 3코트 펄 색상

1) 3코트 펄은 조색하기 가장 어려운 색상이다

2개의 층이 색상을 가지고 있기 때문이며, 첫 번째 층은 은폐를 목적으로 하는 대부분 솔리드 칼라이고, 두 번째 층은 투명성을 주는 대부분 펄 칼라이다. 조색과 도장이 어려운 이유는 첫 번째와 두 번

째 층이 합쳐져서 비로소 최종 색상을 표현하기 때문이다.

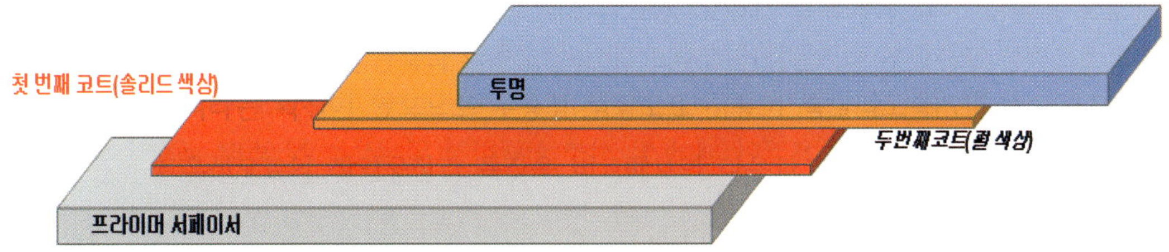

* 여기서 봐야 될 가장 중요한 점은 빛이 두 부분으로 나뉘어져서 하나는 굴절되고 다른 하나는 펄 입자 속으로 투과된다는 것이다.
  2코트에서는 투과된 빛은 반사되지 않으므로 보이지 않는다.
  이것이 바로 3코트가 나오게 된 이유다. 이 보이지 않는 빛을 색상으로 표현하기 위하여 만들어진 도색(칠)이다.

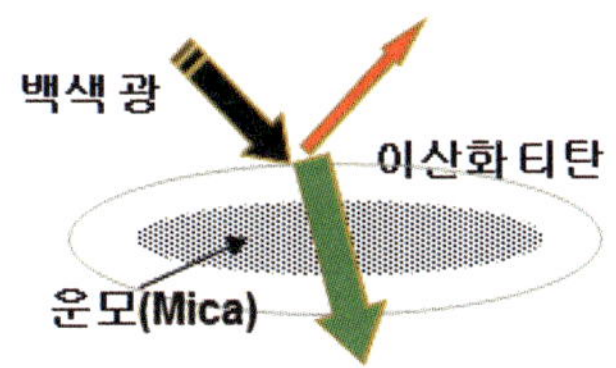

2) 3코트 시스템에서의 펄 안료

① 펄 입자를 투과한 빛이 첫 번째 층인 백색에 반사되면 측면 톤으로 우리 눈에 보이게 된다. 백색이나 아주 밝은 칼라는 투과된 모든 빛을 반사하기 때문에 그 펄이 갖고 있는 칼라 특성이 아주 잘 나타나게 된다.

② 첫 번째 층의 칼라가 흑색으로 바뀌면 펄 입자를 투과한 빛은 모두 흡수되기 때문에 측면 색상이 흑색이 된다.

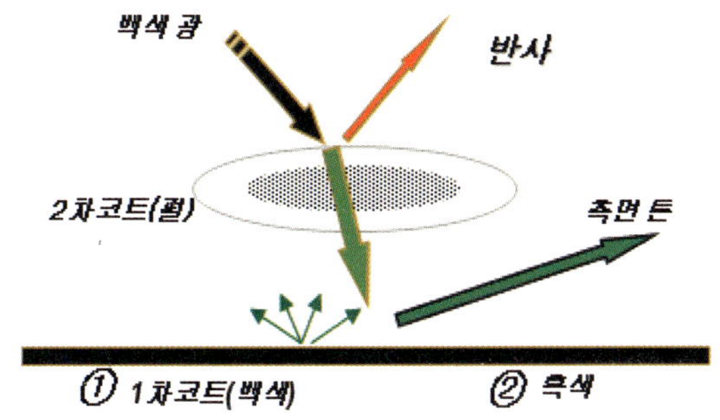

③ 펄코트의 도막두께 조정

- 펄 층의 두께를 여러 가지로 한다(1회, 2회, 3회, 4회 도장한 도막두께).
- 클리어 코트를 올린다.
- 먼저 스프레이를 해서 칼라 시편을 만들어 보면, 펄이 투명하기 때문에 도막 두께에 따라 칼라가 달라진다. 얼마큼 펄 층을 스프레이 해야 할 지를 판단하기 위해서는 첫 번째 코트인 솔리드 색상을 스프레이 한 다음 펄 코트를 여러 가지 두께로 스프레이 하여 펄 층의 두께를 어느 정도로 할 것인지를 결정한다. 이때 실차색과 비교색편의 색상과 입자상태를 비교하여 가장 유사한 도장횟수를 결정하는 것도 중요한 판단 방법이다.

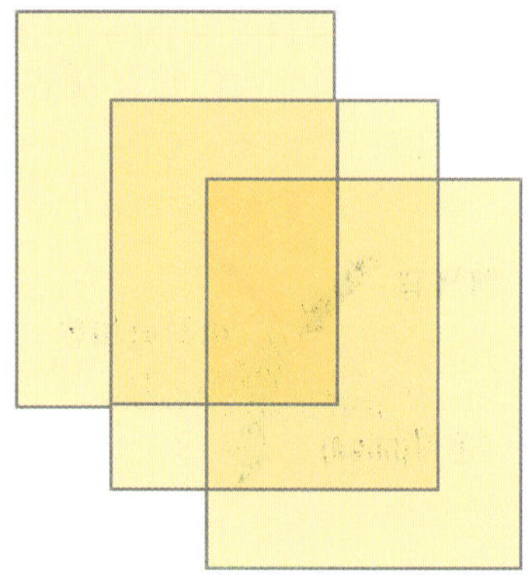

④ 3코트 펄의 색상 판단

- 실차와 가장 가까운 시편을 찾는다.
- 필요에 따라 조색한다.
- 다음 단계는 어떤 시편이 가장 실차와 가까운지를 결정하고 칼라 편차가 심하면 첫 번째 하도인 솔리드 색상과 상도인 펄 색상을 다시 조색한다.

4.4 조색(調色)의 방법

조색의 방법에는 눈으로 보면서 색을 맞추는 목측 조색법과 저울에 달아서 계량하는 계량조색법 그리고 컴퓨터 조색법이 있다.

컴퓨터 조색법에는 CCM(Color Computer Matching)과 CCS(Color Computer Search) & CCM System이 개발되고 있다.

목측 조색법	손으로 행하는 조색법으로 많은 경험과 숙련도가 필요하며, 시행오차를 겪어야 한다. 복잡한 조색이 많은 현재에는 추천 방법이 아니다.
계량 조색법	사전 조색제의 배합비를 만든 조색배합표에 따라 계량하여 조색한다. * 목적 : 조색사의 기술이 부족한 부분을 보조하여 쉽게 색을 맞춘다. - 조색의 속도 향상과 복잡한 조색에 신속한 대응방법이다.
컴퓨터조색법 (C.C.M)	조색제의 특성치를 컴퓨터에 입력하여 조색하는 방법으로 표준 색상을 색차계로 색상의 반사율 측정하여 가장 유사한 조색제를 선정하고, 조색제의 계량 배합비를 컴퓨터가 계산하여 알려주는 최신 방식으로 정확하지 않아 시행 오차가 필요하다.
CCS &CCM System	CCM System에서의 시행오차를 줄이기 위해 자동차 색상의 계량조색 배합비를 컴퓨터에 입력하여 가장 유사한 색상의 계량배합표를 찾아서 표준 색상에 더 가깝도록 컴퓨터가 배합비를 수정하는 시스템으로 가장 최신 방법이며, 색상개발에 크게 기여할 것으로 예측된다. 이 방법은 도료제조회사에서 색차계회사와 합동으로 개발하여야 한다.

4.5 계량 조색(計量 調色)

조색작업의 효율성을 높이기 위하여 사전에 작성된 계량조색 배합표에 의해 조색제(원색)을 계량하여 색상을 정확하게 만들어 확인하는 작업을 계량조색이라고 한다.

1. 계량 조색의 장점

(1) 조색 능력이 부족해도 쉽게 색상을 맞출 수 있다.

(2) 목적(目的) - 신속한 조색이 가능하다.

(3) 조색량의 가감용이 - 도료의 낭비가 적다.

계랑 조색 배합표의 예

색상명(다이아몬드 부루)

조색제(원색) 번호	원색명	배합비(무게비)	비고
510	특남색	70.17	
811	조색용 흑색	20.18	
116	특적색(P)	2.25	
890	백색	0.4	
920	펄	7.0	
합 계		100.0	

2. 계량조색 전에 준비사항

1) 색상의 선택요령 순서

① 자동차의 칼라코드를 확인한다(자동차 회사별 color code 위치가 다르다.).

② 자동차의 보수할 부분의 도막외관을 깨끗하게 폴리싱하여 오염물질을 제거한다.

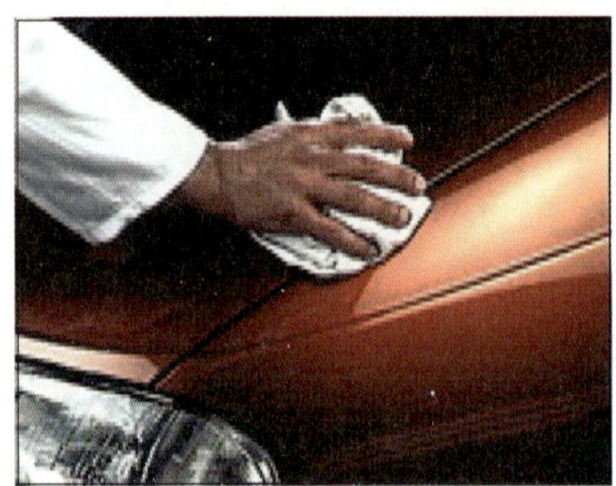

③ 색상편과 자동차 색상과 비교한다.

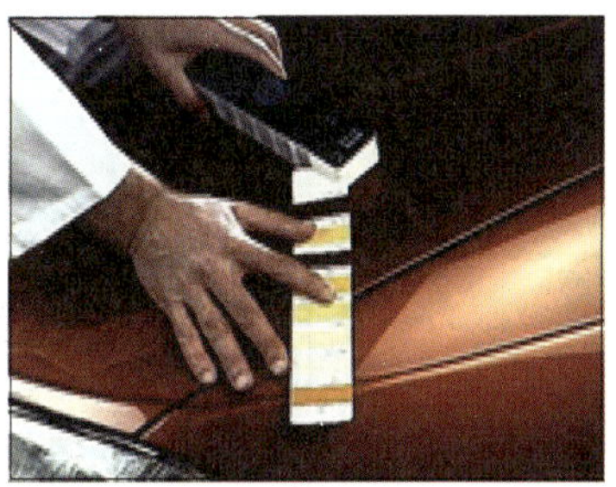

④ 자동차의 색상코드를 확인할 수 없는 경우에는 오토칼라북, CCM 또는 CCS & CCM System 등을 이용하여 색상을 선정한다.

색상 IT(인터넷, CD에 D/B화)

2) 색상 확인용 여러 종류의 시편

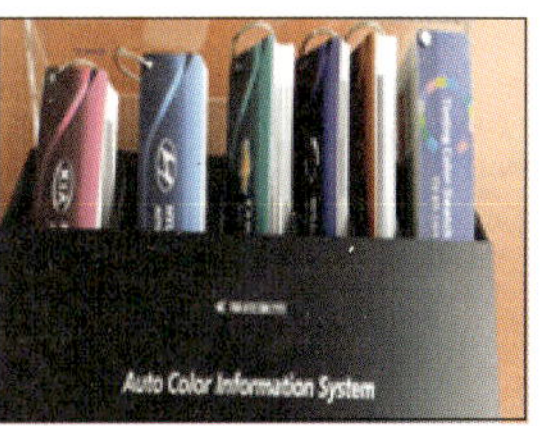

원색가이드북(틴팅 스와치)　　　　오토칼라북(칼라 스와치)

* CCM(Color Computer Matching)은 색차계에 의한 컴퓨터 조색을 의미하며, CCS(Color Computer Search)은 색차계에 의한 컴퓨터의 소프트웨어에 입력되어진 색상 배합에서 가장 유사한 색상 배합비를 찾아 주는 것을 의미한다.

3) 계량조색 및 색상개발 시 배합내용 정리자료(조색연습 서식)

① 계량조색배합표 서식의 예

41	Green	Blue	Clean	Dark	Blue	Q652, Q550	Q550

② 조색제 조견표

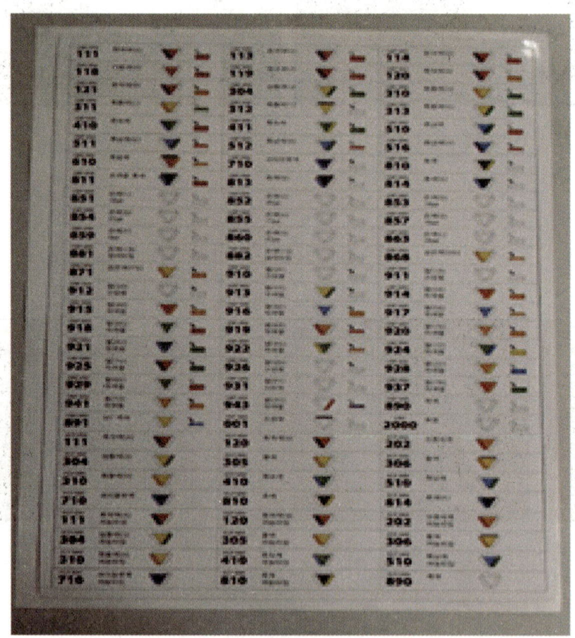

3. 계량 조색의 순서

색 번호 확인

차종별로 색 번호 있는 위치 파악하여 색상번호를 확인한다.
색상편의 경우 - 4 × 5cm 크기 이상이면 정확히 비교할 수 있다.

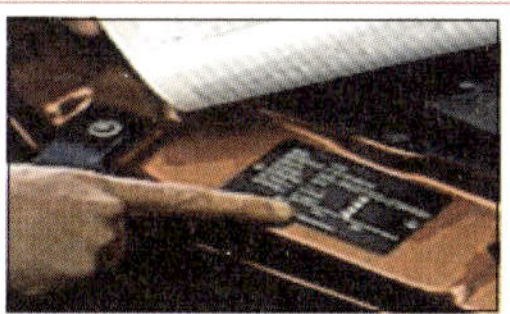

⇩

자료 조사

* 인터넷 검색 → 계량조색배합표 및 조색 시 주의사항을 확인한다.
* 자동차 회사별, 차종별 색상검색 → 오토칼라북(Color Swatch)과 다원화 칼라북(Variant Swatch)으로 색상을 비교 확인한다.

⇩

사용 원색 준비

* 조사한 계량조색배합표에 있는 필요한 원색을 준비한다.
* 유성 조색제는 조색기를 작동하여 조색제를 균일하게 약 10분 정도 교반한다. 수용성베이스는 교반이 필요없다.

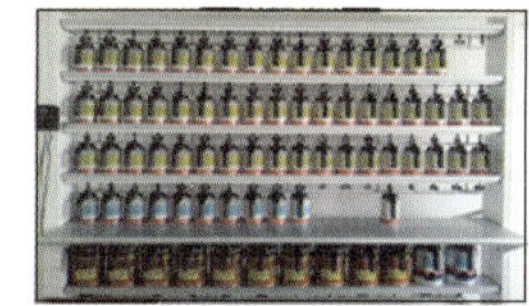

⇩

원색의 계량

* 정밀도가 좋은 전자저울(계량용, 소수점 두자리)로 도장면적에 필요한 배합량을 정하여 계량한다. 계량할 때 오차를 줄이기 위해 별도의 계량배합표 양식을 사용하여 순서대로 기록하면서 조색제를 계량한다.
* 조색제 계량 시에 많은 량부터 계량해야 한다. 소량을 먼저 넣으면 용기에 묻어서 이색이 발생할 수 있다.

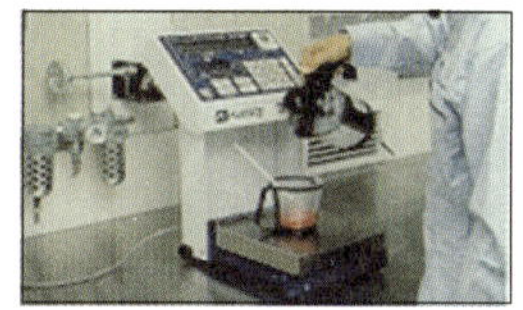

⇩

비색판 작성

* 배합한 도료를 충분히 교반한다.
* 희석제(신나)와 경화제 등을 배합한다.
* 실차도장과 동일한 방법으로 도장한 다음 건조시킨다.

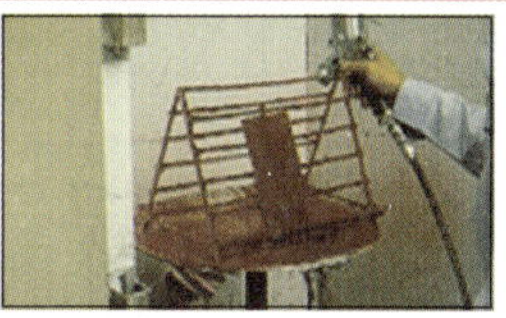

⇩

실차 확인 비색

* 경화건조 후 색상을 비교한다.
* 밝은 장소(북쪽창 1m)에서 확인한다.
* 부루, 블랙등 농색과 메탈릭, 펄 색상은 직사광선, 인공태양 등에서 메탈릭, 펄의 입자크기, 각을 변화시켜 확인한다.
* 조건 등색 확인 : A광원에 비춰 본다.

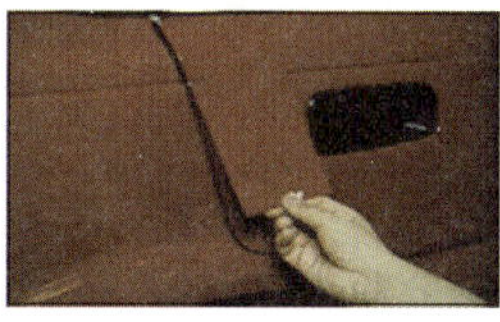

⇩

미 조색

* 부족한 색의 원색을 소량 추가하여 색상 차이를 최소화한다.
* 각 변화를 확인하여 이색이 없으면 조색을 마무리 한다.
* 색상이 잘 맞으면 미 조색하지 않는다.

4. 효율적인 조색방법

조색을 효율적으로 실행하기 위해서는 조색제(원색)의 보관관리(용제증발 방지, 침전 등)가 필요하며, 올바른 색상과 배합비 선정, 그리고 정확한 계량과 스프레이 요령도 표준방법을 준수해야 한다.

조색배합 선정	* 실차색상과 가장 적합한 계량배합표를 선정하고, 실차와 색상 시편(Color-Swatch)을 비교 확인한다. * 조색 배합표가 없는 경우 - 메탈릭, 펄 크기가 같은 사전 소량배합을 실시한다. - 정면, 측면에서 동일한 원색의 증감으로 조정할 수 있는 배합이어야 한다.
계량	* 전자저울(계량용)은 바람이 없는 곳에 안전하게 수평으로 설치한다. * 정밀도가 좋은 저울(0.1g 이상)사용하고, 배합량을 정확하게 계량한다. * 소량 조색제(원색)계량 : 유기안료의 조색제는 한방울에도 색의 변화가 있으므로 확인하면서 소량씩 첨가해야 한다.
원색 보존	* 도료내 용제의 증발을 방지하기 위해 용기를 밀폐하고, 안료의 침전이 생기지 않도록 보관(1일 1회 이상 10분간 충분히 교반)한다.

4.6 조색(調色)의 지식(知識)

색상을 똑같이 맞추는 조색의 지식은 무엇보다도 조색제(원색)의 특징을 알아야 하며 조색제 중에서도 입자의 크기, 각변화, 색감에 크게 영향을 주는 메탈릭과 펄에 대해서는 정확히 이해하여야 한다.

또한, 도장 조건에 따른 색변화로 도장의 표준방법의 중요성을 알아야하며, 이색 발생의 요인과 수정 방법 등을 알아야한다.

1. 메탈릭 조색제(원색)의 종류와 특징

메탈릭의 입자크기와 형상도 다양하지만 동일한 크기에서도 색감이 다양하며, 지속적인 개발에 의한 질감도 점점 다양해지고 있지만 대표적인 종류에 대해서 설명한다.

표준품	⇨	메탈릭 조색제의 표준입자는 18㎛이며, 입자감, 각변화, 휘도 등이 보통이다.
화이트	⇨	표준품 보다 정면에서 백미감이 많다.
스파클	⇨	태양광 또는 라이트 조사 시 반짝 반짝이며, 입자가 크다.
고휘도	⇨	정면은 백미가 있으면서 태양광 또는 빛 조사 시 같은 입자에서도 휘도가 강하다.
착색	⇨	금색, 갈색, 부루, 그린 등의 색감을 내는 입자다.

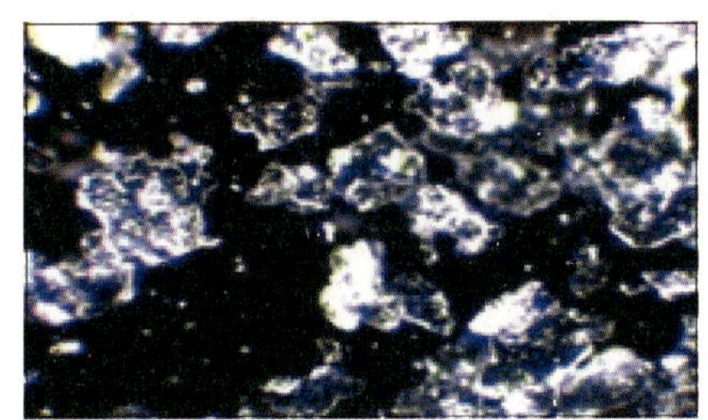

메탈릭의 입자(18μm 정도)와 형상(편상구조)

2. 펄 조색제(원색)의 종류와 특징

펄의 특징에 대해서는 2코트와 3코트색상에서도 일부 설명하였지만 각 각의 조색제를 대별하면 백색마이카와 간섭마이카, 착색마이카로 분류할 수 있으며 종류에 따라 각각의 특징을 가지고 있으므로 페인트회사의 조색제 특징을 숙지하여야 한다.

백색 마이카	⇨	마이카(운모)에 산화티탄을 코팅한 백색의 입자
간섭 마이카	⇨	마이카(운모)에 산화티탄을 코팅한 처리온도와 산화티탄의 두께에 의한 색상변화
착색 마이카	⇨	마이카(운모)에 산화티탄과 착색안료를 코팅한 착색안료의 색감 입자

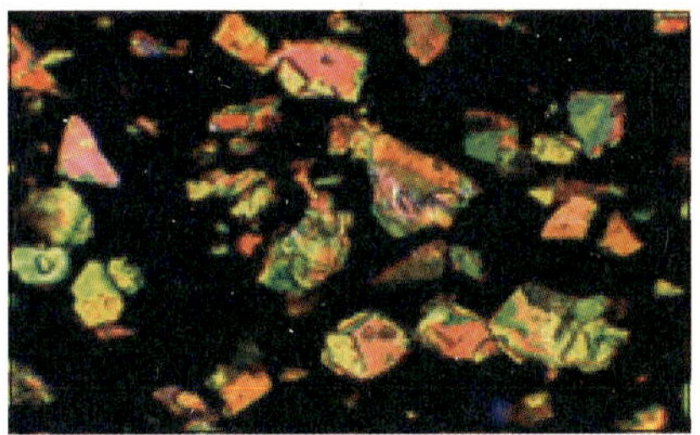

적색 펄의 종류

상기와 같이 메탈릭과 펄 조색제는 각각의 특징이 있으므로 각각의 특징에 대한 고유의 번호를 부여하며, 입자의 거칠기를 A-Z(A = fine; Z = very coarse) 순으로 표기하기도 하고, Z로 갈수록 스파클하다.

따라서 페인트 회사에서 제공하는 기술자료(조색제의 특징 표식도, Tinting swatch)를 확인하여 이해하고 사용하는 습관을 가지는 것이 중요하다.

예를 들면 A사의 메탈릭과 펄 조색제의 종류별 특성은 다음과 같다.

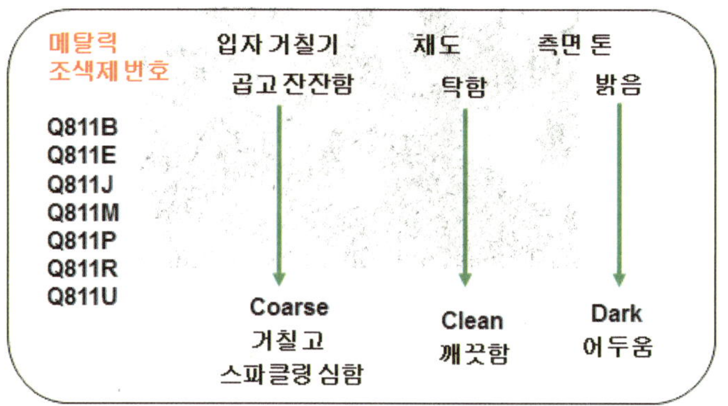

펄 조색제 번호

Q 911 M 화이트 펄/중간 스파클링
Q 914 F 화이트 펄/잔잔함
Q 925 M 수퍼 레드 펄/중간 스파클링
Q 933 F 오렌지 펄/잔잔함
Q 941 F 골드 펄/잔잔함
Q 943 M 레드-골드 펄/중간 스파클링
Q 952 M 그린-레드 펄/중간 스파클링
Q 954 M 밝은 그린 펄/중간 스파클링
Q 964 F 블루 펄/잔잔함
Q 975 S 바이올렛 펄/매우 스파클링
Q 914 C 화이트 펄/매우 잔잔함
Q 922 M 레드 펄/중간 스파클링
Q 925 N 레드 펄/중간 스파클링
Q 933 M 오렌지 펄/중간 스파클링
Q 941 M 골드 펄/중간 스파클링
Q 951 F 그린 펄/잔잔함
Q 954 H 부루-그린 펄/중간 스파클링
Q 954 S 밝은 그린 펄/매우 스파클링
Q 964 R 블루 펄/매우 스파클링

3. 도장 조건과 색상의 관계

동일한 색상도료가 도장하는 사람에 따라 색상이 다르게 도장된다면 이것이 바로 도장 조건에 따라서 이색이 발생한다는 것이므로 동일한 방법으로 도장하는 도장의 표준화가 꼭 필요한 것이다.

도장 조건과 색상의 관계는 다음과 같다.

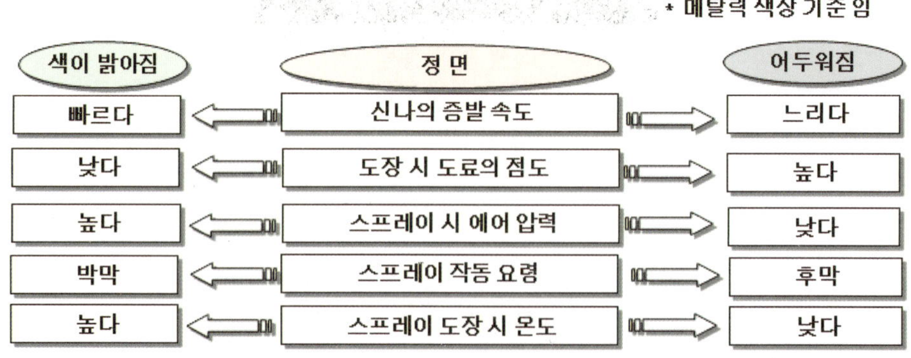

4. 메탈릭 색상의 측면색 수정방법

각 회사별 계량조색배합표와 조색요령과 조색제의 특징을 참조하여 수정조색을 할 수 있지만 일반적으로 조색제의 특성이 유사하므로 실제 자동차의 색상에 맞는 계량 조색배합표가 없어도 다음 사항을 참조하여 수정할 수 있다.

구분	방법
측면색을 진하게	* 흑색을 진한 것으로 바꿈 → 회색감의 흑색을 진흑색으로 변경한다. * 측면색의 어두운 메탈릭 조색제로 바꿈 → 고휘도의 메탈릭 조색제를 사용한다. * 투명성이 큰 도색 → 명도가 낮은 공색(共色)을 사용한다.
측면색을 연하게	* 흑색 원색을 연한미가 있는 것으로 바꿈 → 진흑색을 회색감의 흑색으로 변경한다. * 측면색의 백미가 있는 메탈릭 조색제로 변경 → 표준품을 화이트로 변경한다. * 각에서 백미가 있는 조색제를 추가한다.
부루메탈릭의 측면 적미제거	* 정면의 색은 같으면서 측면에서 황미가 있는 조색제를 증가시키고, 적미가 있는 조색제를 감량한다. * 미량의 적미는 백색으로 수정할 수 있다.
녹색펄의 측면의 황미제거	* 정면의 색은 유사하면서 청미가 있는 자색을 틴팅하고, 황미가 있는 녹색 조색제를 감량한다. * 극소량의 자색(바이올렛색)의 조색제로 수정할 수 있다.

5. 색상의 변화

도장 직후 건조과정에서 색감의 변화가 있으므로 건조 전과의 변화되는 색감을 숙지한다. 비중이 가벼운 안료(흑색, 부루, 그린 등)와 비중이 무거운 안료(백색, 적색, 황색 등)가 혼합되어 있는 색상에서 가벼운 안료가 도막 표면으로 떠올라 어둡게 되는데 특히, 솔리드 색상에서 많이 발생한다. 메탈릭 색상의 경우는 대부분이 알루미늄이 떠올라 배열되면서 색감이 밝아진다.

6. 실차 색상의 이색(동일 색상의 색상차이)

실차는 오염 등의 원인으로 변색되지만, 신차의 차종, 년식, 도장라인(차체)에 따라 동일 색상도 색감이 다르므로 이색이 발생한다.

실차색상의 이색에 대한 조색정보를 가지는 것이 중요(重要)하며, 라인에서의 수용성 색상은 아침, 점심, 저녁 시간대 별로 이색이 발생할 수 있는데 주요인은 습도, 풍속, 온도 등의 영향을 받으며, 실제로 국내자동차 수용성 도장라인에서 생산하는 색상의 대부분이 이색이 발생하고 있다. 이것을 해결하기 위해서는 자동차 보수용 색도료도 수용성베이스를 사용하는 것이 바람직하다.

7. 공색(共色 = 같은색)

자동차 색상의 다양화와 고객의 감성을 유도하는 패션의 변화에 맞는 색상의 개발로 은폐력이 나쁜 적색, 부루, 녹색계통 등의 도색(도장)에서 은폐력을 보강하고 측면 색이 어둡게 되는 것을 해결하기 위해서 서페이서(중도)에 색상도료와 유사한 지정의 공색(共色)을 사용한다.

국내자동차 회사의 경우는 7가지 서페이서 색상(흑색, 회색, 황색, 녹색, 적색, 청색, 오렌지)을 사용하고 있다.

8. 조건등색(Metamerism)

광원을 변경해서 색을 비교하였을 때 색감이 다르게 보이는 것을 조건등색이 발생하였다고 한다. 일반적으로 조건등색이 발생하는 원인은 도료 중 사용 안료가 다르기 때문이다. 조색을 실시할 때 조건등색의 유·무을 확인하기 위해서 표준광원 C 또는 D광원과 A광원에서 색을 비교래 보아야 한다.

비교해 보았을 때 조건등색은 다음과 같이 나타난다.

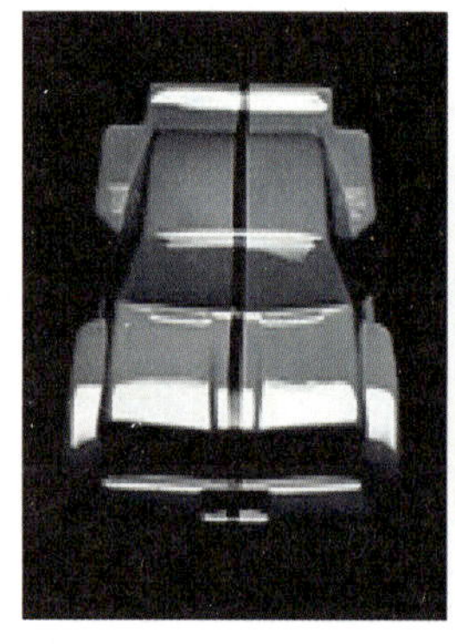

Daylight 햇빛

Show room light 실내등

* 그림과 같이 햇빛에서는 양쪽의 칼라가 같은색으로 보이나 실내등에서는 다른 색으로 보이는 현상

* 조건 등색을 방지하는 방법

(1) 광원을 깨끗이 유지한다.

(2) 가능한 많은 배합에 사용되는 조색제(원색)를 이용하여 조색하라.

(3) 적절한 광원 하에서 칼라를 판단하라.

(4) 조색실 내부와 작업복은 가능한 흰색 계열이나 연한 회색으로 하라.

* 도료 제조 시 절대 손으로 혼합하지 말 것

9. 광원(빛)

칼라를 판단하는 가장 좋은 광원은 햇빛(표준광 C)이다. 흐린 날 조색을 위해서 햇빛과 가장 유사한 램프는 Philips TL 95, 96, 950, 965 or Osram TL 13 등 많이 개발되어 있다.

램프의 교환 주기는 약 2,000시간이며, 조색실은 최소한 800 룩스 이상의 빛이 필요하다.

10. 훌륭한 조색전문가가 되려면

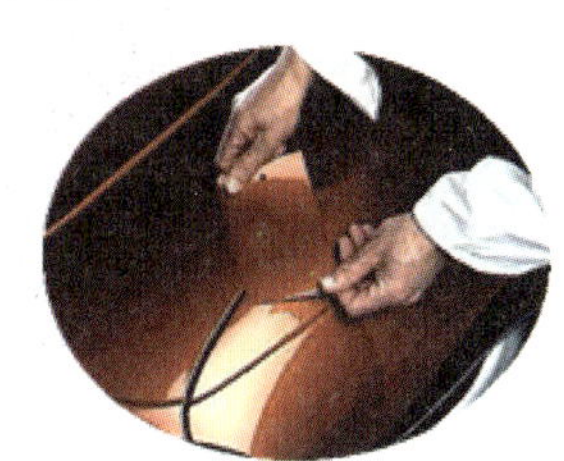

(1) 자동차 칼라의 조색은 작업을 시작하기 전에 충분히 생각한다.

(2) 칼라 시편을 적절히 활용하고, 깨끗하게 작업한다.

(3) 페인트를 낭비하지 않는다.

(4) 조색하는데 20분 이상 소모하지 않는다.

11. 보색의 관계

색상환에서 서로 마주보는 색으로 서로 혼합하면 회색(또는 흑갈색)으로 변하며, 반대색의 색감을 상쇄시키는 관계이다.

* 조색 시 주의사항
- 조건등색 발생시키는 원인이 되며, 채도가 낮아진다.

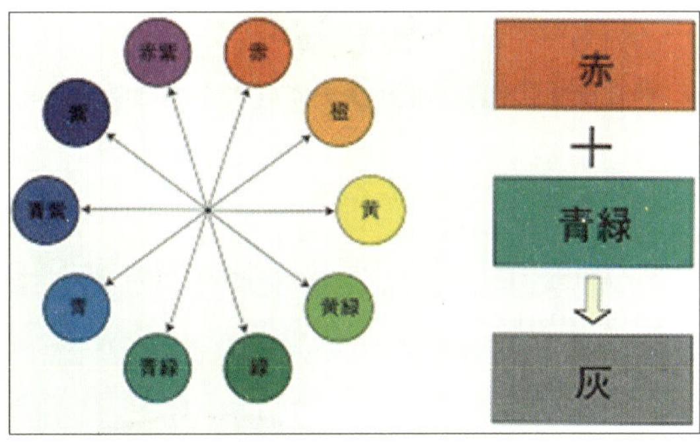

12. 색상환(Color Circle)

(1) 삼원색 : 다른 어떤 색을 섞어도 만들어 낼 수 없는 색으로 적색, 황색, 청색이다.

(2) 2차 원색 : 삼원색 2가지를 섞어서 만들어 낼 수 있는 색으로 오랜지, 녹색, 바이오렛색이다.

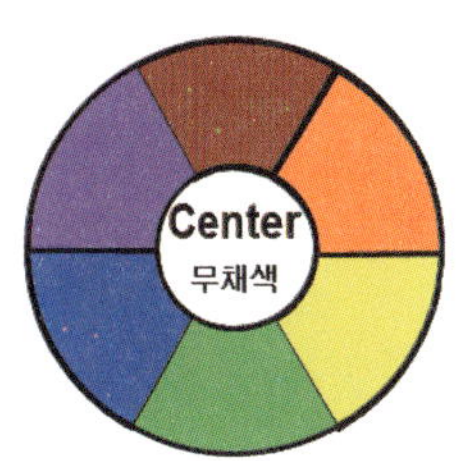

* 색상환은 3가지의 삼원색과 3가지의 2차 원색 총 6가지 색으로 구성되어 있다.

13. 색상 그룹(Color Group)

색상 환(Color Circle)에서 가장 가까운 색을 말하며 그림과 같다.

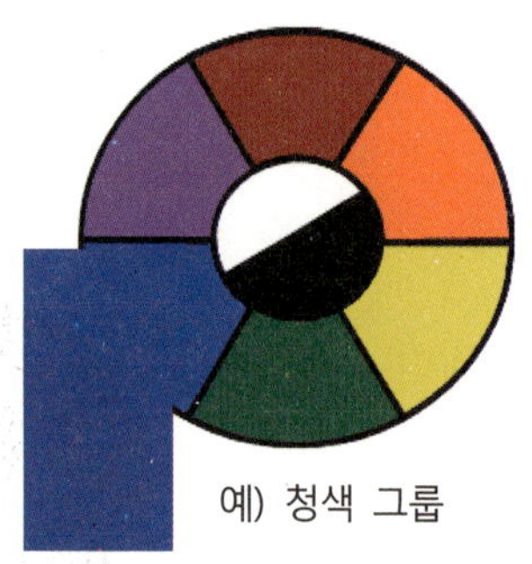

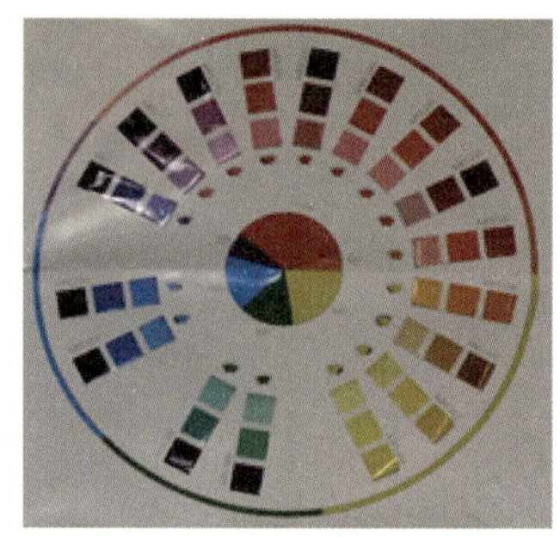

14. 색상 방향(Color Direction)

칼라 방향은 이웃한 2칼라로만 갈 수 있다. 중앙 색(무채색)은 어느 방향으로도 갈 수 있다.

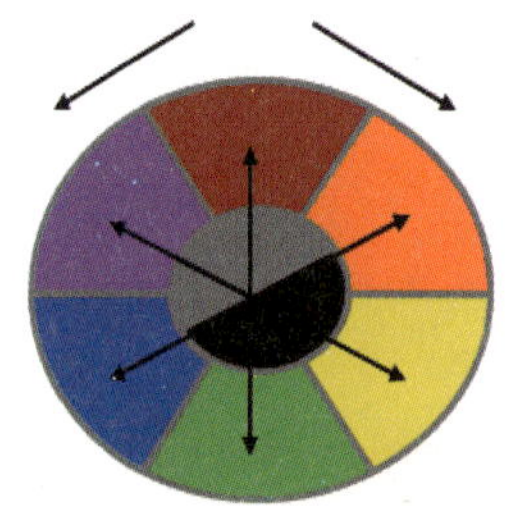

예) 적색의 화살표 방향인 자주와 오렌지색을 의미

15. 조색제의 심볼

도료 제조사 별로 약간의 표현 차이는 있으나 거의 유사하며, 원색가이드(Tinting-swatch)나 조색제 조견표에 표시되는 내용은 다음과 같다.

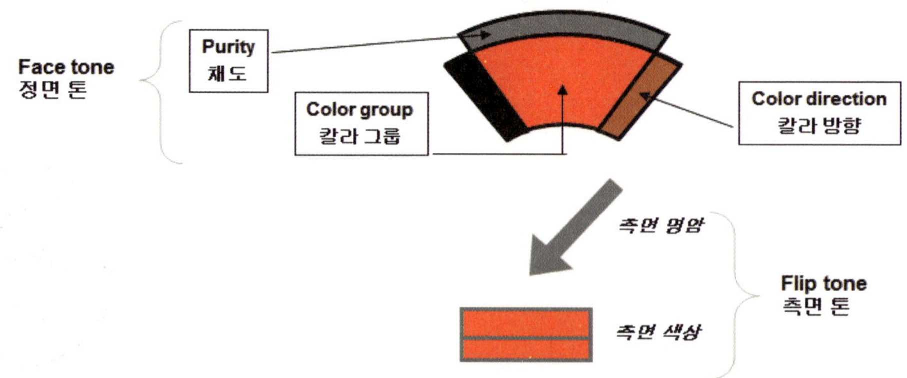

* 각각의 표현 방법은 다음과 같다.

(1) 채도(Purity)의 표현은 다음과 같다.

(2) 측면 명암의 표현은 다음과 같다.

(3) 측면 색상을 확인하는 3가지 심벌은 다음과 같다.

16. 무광 조색

(1) 색감을 확인하기 위해서 도막에 물 또는 유광투명을 도장해 유광으로 확인해야 정확한 조색을 할 수 있다. 무광의 경우는 빛을 흡수하여 정확한 색을 확인하기가 어렵기 때문이다.

(2) 조색 후 광택을 조정하여 색상을 확인한 다음 미세 조정을 실시한다.

(3) 조색 후 비색 판넬 작성은 스프레이 시 방법과 동일 도장 방법으로 실시한다.

17. 불투명(Opaque) 마무리 조색

솔리드 색상으로 깊은 색감이 있는 경우의 색상을 의미하며 일반적으로 다음과 같이 사용한다.

→ 투명 + 조색품 20%(함유량에 따라 색감이 다르므로 비율 조정이 필요) 정도로 마무리 도장을 실시한다.

4.7 특수 색상의 조색

1. 펄 색상의 조색

도색의 종류에서도 설명하였지만 간단히 다시 설명하면 다음과 같다.

2코트 펄 색상	⇨	(1) 정면 색상 변화에 측면 색상의 미 조색은 조색제(솔리드 색상)의 증감하고, 정면 색상의 변화는 펄 조색제로 정면 색감을 조정한다. (2) 측면 색상 변화에 정면 색상의 미 조색은 펄 조색제을 증감시켜 미 조색한다.
3코트 펄 색상	⇨	(1) 펄 입자의 크기, 양, 정면의 색감, 측면의 어둡기가 근접한 계량조색 배합비를 선정한다. (2) 색감 확인은 1차 솔리드 색상과 2차 펄 색상을 계량하여 조색한다. → 색상을 도편에 도장하여 펄의 입자량이 같게 도장 횟수를 결정한다(보통 2회 정도 도장). (3) 펄 도장 횟수가 결정되면 1차 베이스(솔리드)색을 미조색한다.

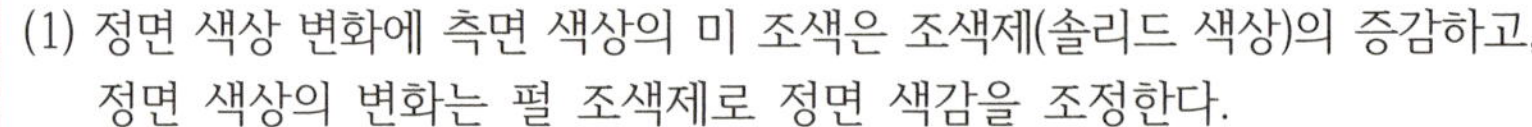

2. 그 외 특수Color/메탈릭 또는 펄 색상에 특수안료가 배합된 색상

색상별로 특징을 갖고 있으므로 색을 비교하여 파악 후 하기와 같은 요령으로 미 조색할 수 있다.

(1) 오팔색상 : 오팔 조색제를 증가시키면 정면은 황미가 측면에서는 백청미가 증가한다.

(2) 그라파이트 색상 : 착색력이 떨어지고 색감을 조정하려면 조색제를 증가시키고, 질감이 부족하면 그라파이트 조색제를 증량한다.

(3) MIO 색상 : 착색력이 떨어지고 반짝 반짝하면 MIO 이외의 조색제를 조정한다.

(4) 프탈로시아닌 블랙 색상 : 측면에 적미가나면 부루 조색제를 조정한다.

(5) 판상 산화철 색상 : 착색력 우수하고 적미가 크게 변화하면 펄감을 조정한다.

4.8 조색 작업 시 주의사항

조색의 지식에 대한 습득도 중요하지만 환경, 자료정리, 조색제의 선정과 관리, 색상편 작성요령 등에 관심을 가져야 한다.

작업자의 환경	⇨	① 맑은 날 북쪽 창에서 100cm거리의 빛이 1000 룩스(Lux) 이상일 것 ② 일출 3시간에서 일몰 3시간까지의 시간에 색상을 맞추고 확인할 것 ③ 조색실의 벽은 밝은 그레이나 백색에 가까운 연한 베이지 색상이 좋다. ④ 실내조명은 연색성이 좋은 형광등이 좋다. ⑤ 인공태양등은 입자감 크기 구별할 때와 흐린 날 사용한다. ⑥ 정리 정돈을 철저히 하고 조용해야 한다.
조색자료정비	⇨	① 오토칼라 색견본, 칼라북, 계량배합표, 관련자료 ② 조색배합표 기록, 칼라스와치(Color Chip) 제작· 유지관리하는 습관
조색제 선정방법	⇨	① 같은 도료 메이커의 원색과 계량 배합표를 선정한다. ② 배합 이외의 조색제(원색)을 사용할 때는 조색제 특징을 고려한다. ③ 원색의 특징을 충분히 조사(사용제한 조건, 투명성, 솔리드·메탈릭 사용여부, 브론징, 조건등색, 보색 등)한 다음 사용한다.
조색제 교반	⇨	① 조색하기 전 아침과 오후 일과 시작 전에 10분 정도 충분히 교반한다. ② 정기적 교반과 교반기(아지테이터카바)의 청소가 습관화되어야 한다.
시편의 작성	⇨	① 조색작업이 원활하게 실차도장과 동일조건으로 시편 작성한다. ② 조색제와 도료 사용설명서 숙지하고, 도장 기술을 습득한다. ※ 색상 시편작성 시 꼭 확인해야 할 사항(Check point)-도료의 특징, 스프레이 건(노즐구경), 스프레이 건 조작방법(시방), 희석제의 종류, 스프레이 압력, 투명종류, 희석율, 도장공정, 건조방법, 경화제 배합비, 중도 색상(공색)의 비침 여부 확인

이상과 같이 조색제의 특징과 계량 조색, 조색 기술을 습득하였지만, 조색은 매우 어려운 업무이므로 숙달될 때까지 요령을 터득하고, 사용하는 조색제의 특징을 확실히 파악하여야 한다.

특히, 계량요령과 색상확인 방법, 조색지식의 습득정도 등은 확실히 숙달될 수 있도록 해야 하며 다음 사항이 합격되었는지 확인하여야 한다.

* 조색제는 잘 보관하고, 계량 조색전의 사전 준비는 잘하였는가?
* 계량은 정확하게 하였는가?
* 색상 확인을 위한 스프레이는 실차도장과 똑같은 방식으로 수행하고, 도료의 배합은 정확히 실시하고 있는가?
* 미조색 시 조색제의 선정은 정확하였는가?
* 색상의 확인 방법은 정확히 실시하고 있는가?
* 조색 후의 정리 정돈과 배합표의 기록 관리는 적합하게 수행하였는가?

PART Ⅲ

도막결함과 용도별 도장 시스템

PART Ⅲ에서는 도장기술자로서 업무를 수행하다 뜻하지 않게 불량이 발생하면 당황하게 된다. 도장작업에서 발생하는 대표적인 결함을 숙지하여 업무에 참조하면 보다 훌륭한 기술자가 될 것이다. 아울러 용도별 도장 시스템을 이해함으로서 새로운 도장기술의 응용이 가능하며, 도장의 기본적인 지식을 폭넓게 습득하는 기회가 될 것이다.

제5장 도막 결함의 원인과 대책

도료, 도장에서의 결함은 도료의 손실이나 도장의 잘못된 곳을 고치는 실질적인 손해를 일으킨다. 이러한 손해를 미연에 방지하고, 불만이 발생하였을 경우에는 원인을 연구하여 규명하고, 재발방지를 위한 대책이 절실히 필요하다. 이것을 해결하기 위해서는 결함의 발생요인을 정확히 이해하는 것이 필요하다.

5.1 도막결함의 종류

결함의 종류를 대별하면 도료, 도장 중, 건조 직후, 건조 후 사용 중에 발생하는 요인 으로 나눌 수 있고, 다음과 같이 다양한 요인이 있으나 예로는 자동차 부분에서 많이 발생하는 대표적인 사례를 제시한다.

1) 됴료의 저장 중에 발생하는 것

(1) 증점(Gelation)
(2) 침전(Caking)
(3) 피막(Skinning)
(4) 수지분 분리(Separation of varnish)

2) 도장중에 발생하는 것

(1) 분화구(Cratering)
(2) 티(먼지, Dust)
(3) 오랜지필(Orange peel)
(4) 흐름(Sagging)
(5) 백화(Blushing)
(6) 주름(Wrinkle)
(7) 색번짐(Bleeding)
(8) 은폐불량(Lack of hiding)
(9) 메탈릭얼룩(Metallic mottling)
(10) 색분리(color separation)

3) 건조 직후에 발생하는 것

(1) 기포(Pinhole)
(2) 연마자국(Sanding mark)
(3) 건조불량
(4) 테이프 벗길 때의 도막 벗겨짐
(5) 퍼티자국(Putty mark)

4) 사용 후에 발생하는 것

(1) 부풀음(Blistering)
(2) 벗겨짐(peeling)
(3) 물자국(Water spot)
(4) 변퇴색(Fading)
(5) 황변(Yellowing)
(6) 백아화(Chalking)
(7) 브론징(Bronzing)
(8) 갈라짐(균열, Cracking)
(9) 광택소실(Blooming)
(10) 점착(Blocking)

5.2 자동차 보수부분의 중요결함의 원인과 대책

(기한재 홈페이지 : www.kihanjae.com 일반자료실 참조)

1. 증점(Gelation)

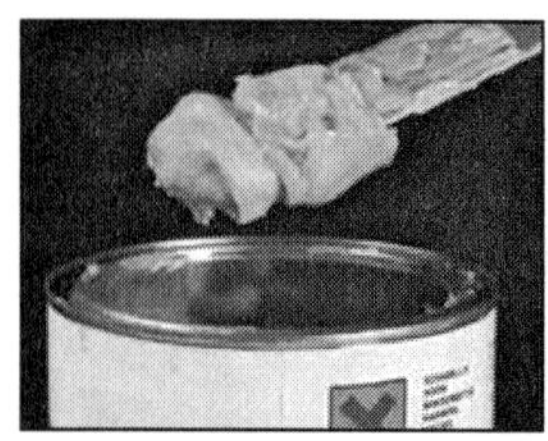

현상과 원인	현상	도료의 점도가 증점되면서 유동성이 없어지고 젤리상이 되는 것
	원인	용제증발, 수지의 반응

발생 요인	저장중	뚜껑 개방에 의한 용제 증발, 수분의 혼입, 고온 저장 * 장기간 저장
	사용 잘못	* 경화제 배합하여 저장 * 불량 희석제(신나)의 첨가(용해력) * 이종도료(베이스코트/아크릴 우레탄)의 혼입이 되었을 때

대책과 처치	대책	용기의 뚜껑을 완전히 밀폐, 냉암소 보관(20℃↓)할 것 이종 도료의 혼입, 경화제, 불량 신나의 혼입을 방지한다.
	처치	폐기(용제증발로 약간 증점된 경우는 지정희석제로 희석하여 사용)

2. 분화구(Cratering/Fish eye)

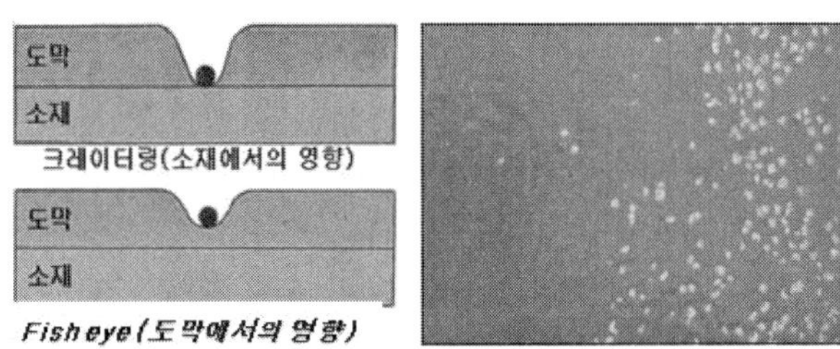

현상과 원인	현상	도막이 분화구 같은 요철 발생
	원인	이물질(왁스, 실리콘, 연마가루) 부착 상용성 불량(수분, 스프레이미스트에 의한 이종터스트)

발생요인	환경설비	* 연마작업(왁스사용), 유리연마제 사용, 환경 실리콘 사용 공장의 먼지 * 용기불량(오일, 부동액등), 에어의 수분, 기름혼입, 부스 내 제진 설비 불량
	작업재료	* 탈지부족, 수절건조불량, 구도막 연마부족, 연마가루 제거 부족 * 이종도료 미스트, 피도면의 물자국, 마스킹테이프의 점착제 부착 * 경화제 부족, 과량의 실리콘 첨가제 사용, 페인트의 실리콘 오염

대책과 처치	대책	발생요인 제거, 경미한 분화구는 미스트 스프레이하여 수정한다.
	처치	건조 후 불량 부위를 완전히 연마 → 재 도장한다.

3. 기포(Pinhole)

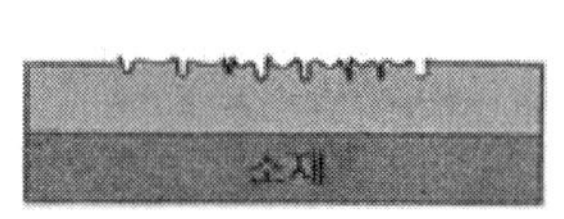

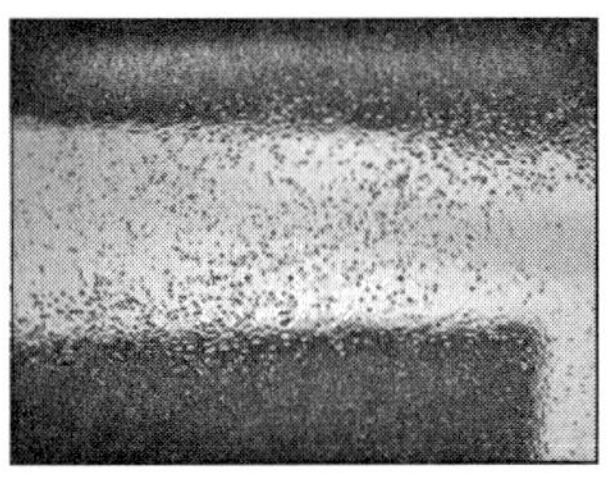

현상과 원인	현상	도막에 핀으로 찌른 것 같은 작은 구멍
	원인	용제의 급격한 증발

발생요인	환경설비	온도가 높다, 풍속이 빠름, 급격한 가열, 에어 중에 수분 함유
	작업재료	* 토출량이 많다. 후막 도장, 퍼티 기공이 있었다, 스프레이 압력이 낮다. 점도가 높다. * 희석제 선정이 잘못 되었다(표면 건조가 빠르고 내부 건조가 느린 희석제).

대책과 처치	대책	용기의 뚜껑을 완전히 밀폐, 냉암소 보관(20℃↓)할 것 이종 도료의 혼입, 경화제, 불량 신나의 혼입을 방지한다.
	처치	폐기(용제증발로 약간 증점된 경우는 지정희석제로 희석하여 사용)

4. 메탈릭 얼룩(Metallic mottling)

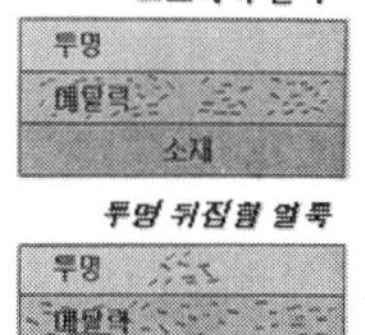

현상과 원인	현상	알미늄 입자배열의 불균일로 부분적 발생
	원인	* 스프레이 시 알미늄 입자배열이 불균일하게 됨 * 투명 도장 시 알미늄의 유동과 부유(떠오름)

발생요인	환경설비	* 온도가 낮다. 풍속이 빠름 * 스프레이 건의 구경이 크다. 건의 불량(패턴 폭 불균일)
	작업재료	* 차체 온도가 낮다. 후막, 스프레이 압력이 낮다. 패턴폭이 좁다. * 건스피드가 늦다. 거리가 가깝다. 인터벌이 짧다. 신나의 증발이 늦다. 점도가 낮다.

대책과 처치	대책	미립화 양호, 인터벌 유지, 투명은 한번에 두껍게 도장하지 말 것
	처치	건조 후 내수연마지#600~800번으로 연마하여 색도장부터 재 도장

5. 오렌지 필(Orange Peel)

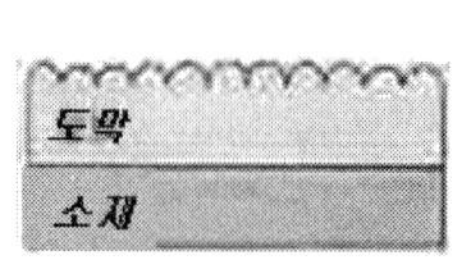

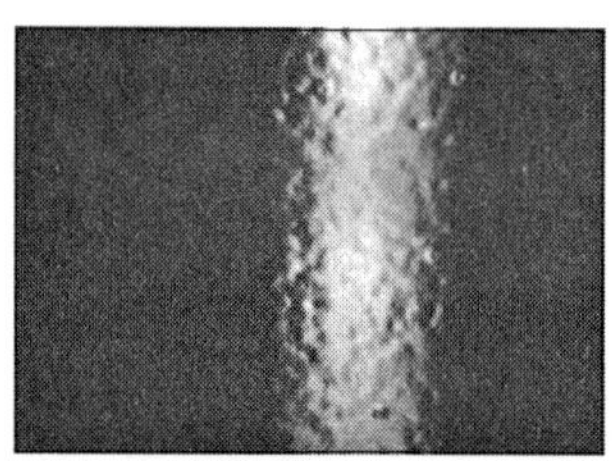

현상과 원인	현상	귤껍질과 같은 요철 상의 도막이 되는 것
	원인	도막이 되는 과정에서 평활전에 건조됨

발생요인	환경설비	* 온도가 높다. 풍속이 빠름. 스프레이 구경이 크다(미립화 불량) * 스프레이 건의 패턴 불량(청소 불량 등)
	작업재료	* 자동차 차체의 온도가 높다. 박막, 스프레이 압력이 낮다. 토출량이 적다. * 스프레이 건 스피드가 빠르다. 거리가 멀다. 희석제의 증발이 빠르다. 점도가 높다. 도료의 퍼짐성이 불량하다.

대책과 처치	대책	* 용제 증발을 느리게, 점도를 낮추고, 퍼짐성이 좋게 한다. ※ 흐름(Sagging=Runs) 발생에 주의할 것
	처치	* 내수연마지 #800~1000번으로 수 연마한 다음 콤파운드 #1000 → #2000 → #3000번으로 광택 내기 작업을 행한다.

6. 흐름(Runs)

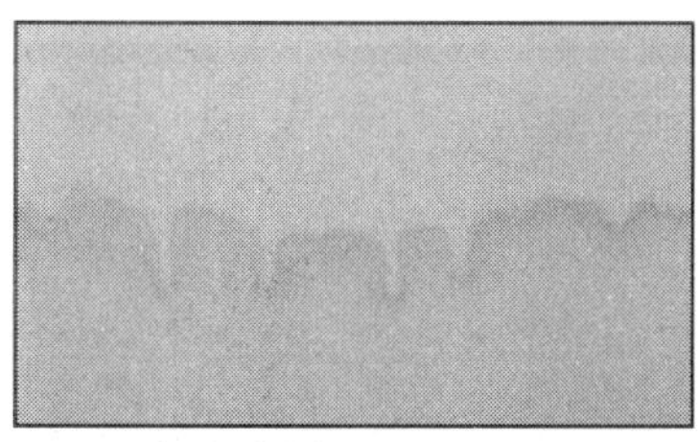

<table>
<tr><td rowspan="2">현상과 원인</td><td>현상</td><td>도막이 국부적으로 두껍게 되어 흘러내린다.</td></tr>
<tr><td>원인</td><td>건조가 늦고, 유동성이 있으므로 흘러서 맺힌다.</td></tr>
</table>

<table>
<tr><td rowspan="2">발생요인</td><td>환경설비</td><td>* 온도가 낮다, 풍속이 빠름, 스프레이 건의 패턴이 불량하다(청소 불량 등)
* 스프레이 건의 노즐구경이 크다.</td></tr>
<tr><td>작업재료</td><td>* 차체 온도가 낮다. 도막이 두껍다. 스프레이 압력이 낮다. 토출량이 많다.
* 건 스피드가 느리다. 건 거리가 가깝다.
스프레이 건 운행이 너무 중첩된다.</td></tr>
</table>

<table>
<tr><td rowspan="2">대책과 처치</td><td>대책</td><td>* 지촉건조를 할 수 있는 한 빠르게 하고, 희석된 도료의 유동을 중지시키고, 또 스프레이 패턴을 중첩되게 거리와 스피드 등을 적절히 조작하여야 한다.</td></tr>
<tr><td>처치</td><td>건조 후 연마하여 흐름자국이 남지 않도록 연마하여 재 도장한다.
가벼운 흐름은 건조 후 폴리싱하여 광택내기를 한다.</td></tr>
</table>

7. 수적(Watermarks, 물자국)

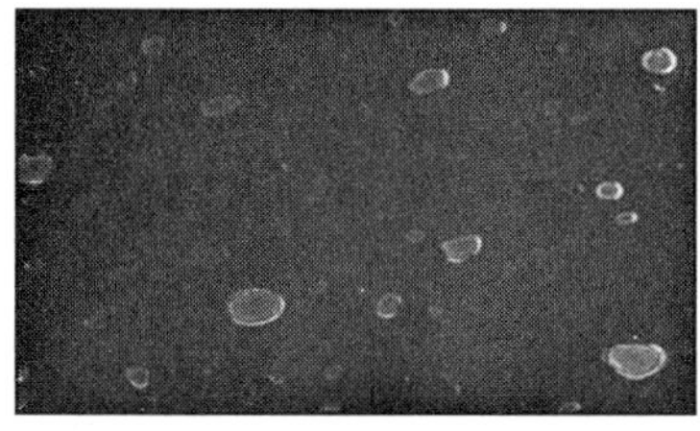

<table>
<tr><td rowspan="2">현상과 원인</td><td>현상</td><td>도막 표면에 원형 반점이 있고, 요철이생기거나 반점으로 변색하는 경우</td></tr>
<tr><td>원인</td><td>* 건조가 불충분한 도막면에 산·알카리성 성분을 함유한 물이 도막내부로 침투에 의해 발생</td></tr>
</table>

<table>
<tr><td rowspan="2">발생요인</td><td>환경설비</td><td>* 새의 똥, 수액, 가솔린, 물방울 등이 장시간 부착되어 있다(특히 고온 시).
* 도막이 두껍고, 건조 불량 일 때 생길 수 있다.</td></tr>
<tr><td>작업재료</td><td>* 경화제가 과부족이다. 초지건형 희석제를 과량 넣었다.
* 도막 표면의 왁스 제거가 부족했고, 온도를 낮출 때 수분이 달라 붙었다.</td></tr>
</table>

<table>
<tr><td rowspan="2">대책과 처치</td><td>대책</td><td>도막을 충분히 건조시키고, 물방울 등 이물질이 남아있게 해서 장시간 방치하지 않도록 한다.</td></tr>
<tr><td>처치</td><td>반점이 생긴 곳을 연마해서 없애고, 재 도장한다.</td></tr>
</table>

8. 벗겨짐(peeling) = 부착 불량(Poor adhesion)

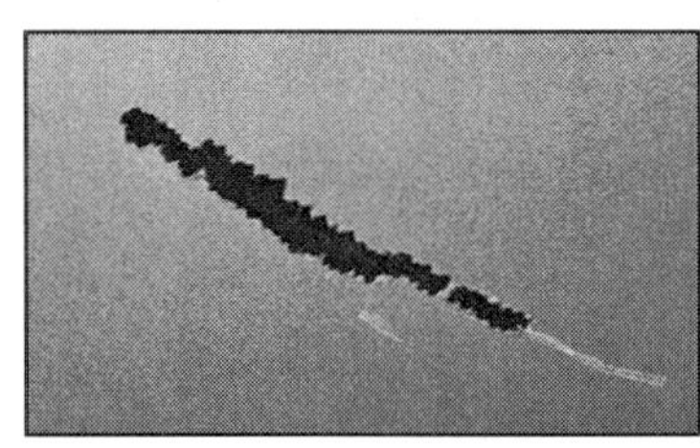

현상과 원인	현상	구도막 표면층에서 벗겨지거나 메탈릭과 투명층 사이에서 벗겨진다.
	원인	* 도막 사이의 부착력이 나빠서 일어난다. 또 장기 주차에 의한 내부응력의 불균형에 의해 발생

발생요인	환경설비	* 실리콘이 도막 표면에 부착되어 있다. * 구도막 표면연마, 탈지가 부족했거나, 화학적 반응이 부족했다.
	작업재료	* 연마 찌꺼기가 남아 있거나 도장 공정이 불량했다. * 도료 선정(서로 맞지 않음)이 잘못 되었거나 경화제가 부족했다. * 희석제의 증발이 빠르거나 용해력이 불량한 희석제를 사용했다.

대책과 처치	대책	구도막을 최대한 할 수 있는 데까지 연마, 완전히 탈지할 수 있는 것으로 충분히 해결할 수 있다.
	처치	벗겨진 부분과 그 주위를 연마하여 제거하고, 재 도장한다.

9. 먼지 불량(Dust inclusion = 티 불량)

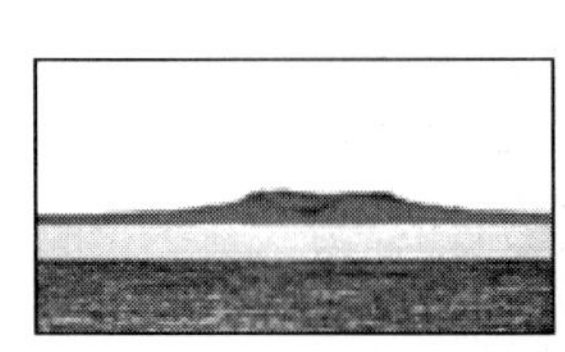

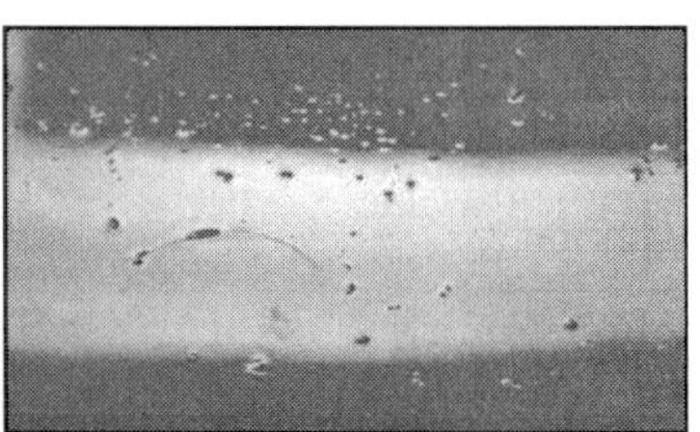

현상과 원인	현상	도막 표면층에 튀어나온 부분이 있다(도장후에 부착한 이물질).
	원인	지촉건로부터 도막에 이물질이 부착해서 凸 상이 된다.

발생요인	환경설비	* 탈지포를 사용하지 않았다. 먼지, 오버스프레이 된 더스트를 제거하지 않았거나 청소, 필터, 스프레이 건, 여과가 불량했다.
	작업재료	* 작업복이 오염되었거나 차체의 청소가 불량했다. * 연마찌꺼기 제거의 부족, 마스킹 종이(신문지)가 불량했다. * 도료를 여과하지 않고 사용했다.

대책과 처치	대책	티, 먼지가 나타나지 않도록 항상 깨끗이 하고, 도장할 때는 물을 뿌려 먼지가 날리는 것을 방지한다(방진복 착용 등).
	처치	작은 부분은 광택내기를 하여 제거한다. 심하면 연마하여 재 도장한다.

10. 부풀음(Blistering)

현상과 원인	현상	도막에 크고 작은 물(水) 부풀음이 많이 생긴다.
	원인	도막층의 내부에 수분이 침투하여 이물질에 물이 생겨 열에 의해 증발하면서 발생한다.

발생요인	환경설비	* 열악한 에어저장 공간(응결발생)에 의한 물(水)이 포함돼 있다. * 에어호스 내에 기름, 물이 있다(잘못된compressor관리). * 도장 시 습도가 높다.
	작업재료	* 탈지(연마찌꺼기, 땀, 지문, 손자국, 등) 청소가 불량했다. * 세척 수(水)가 오염되었거나 건조가 부족했다. * 층간부착불량, 내수성이 나쁜 하지도료, 용해력이 불량한 희석제 사용.

대책과 처치	대책	도막은 방수막이 아니고, 어느 정도 수분이 침투하고 증발한다. 이 과정에서 층간에 수가용성 물질이나 먼지 등이 있으면 대류가 일어나 부풀음이 발생하므로 완전히 제거한다(공정간 작업 준수).
	처치	작은 부분의 자국도 재발되므로 완전히 제거한 다음 재 도장한다.

11. 축문(Wrinkling)

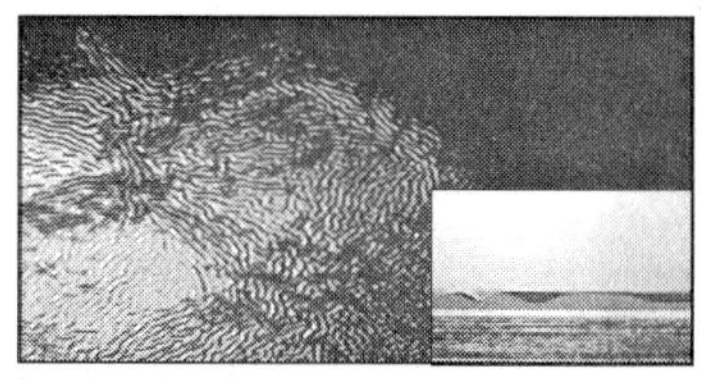

현상과 원인	현상	도막 표면에 나이테와 같은 주름 무늬가 생긴다.
	원인	도막의 표면층과 내부층의 수축에 의해 일어난다(산화건조형의 건조과정, 재 도장 시의 구도막과 건조속도, 용해력 관계).

발생요인	환경설비	* 용해력이 강한 희석제, 논브러싱 희석제를 과량 사용했다. * 온도가 낮다.
	작업재료	* 두껍게 도장되었거나 상호성이 나쁜(화학반응) 제품을 사용했다. * 포리솔 퍼티와 락카 도막사이의 용해력 차이로 발생한다. * 경화제의 부족, 노화된 구도막의 제거가 부족했다.

대책과 처치	대책	필요이상의 후막은 피하고, 이종도료의 혼합사용(가장자리)과 미반응 도막 위에 도장하는 것을 피한다(우레탄의 도장 간격 주의).
	처치	발생부분은 박리한 다음 재 도장한다. 이와 유사한 현상으로 주름(Lifting)은 다음에서 설명한다.

12. 주름(Lifting)

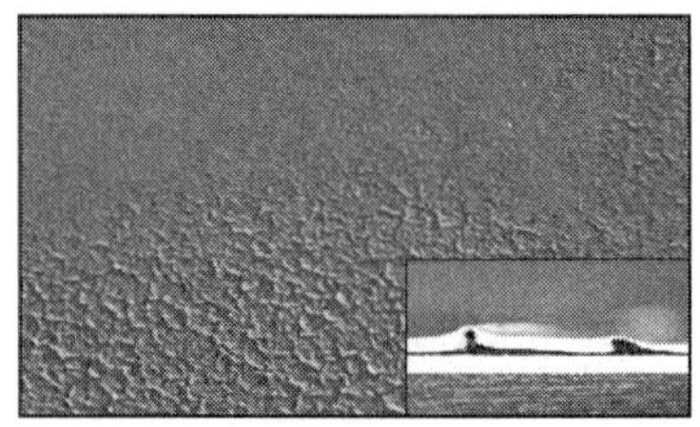

현상과 원인	현상	도막 표면에 도막박리제를 바른 것처럼 작은 주름이 많이 생긴다.
	원인	* 우레탄 도막이 경화되기 전 재 도장 시 발생한다. * 희석제가 구도막을 녹여서 발생한다.

발생요인	환경설비	* 용해력이 강한 희석제, 논브러싱 희석제를 과량 사용했다.
	작업재료	* 우레탄 도막이 형성되기 전에 재 도장을 하였다. * 상호성이 나쁜 제품(화학 반응이 나쁨)을 선택했다. * 경화제의 부족, 노화된 구도막의 제거가 부족했다.

대책과 처치	대책	우레탄 도장 직후 1~3시간 사이의 도장을 피하고, 용해력이 강한 희석제 사용을 억제한다.
	처치	발생한 부분은 박리한 다음 재 도장한다. 축문현상과 유사하다.

13. 균열(Hairline cracks)

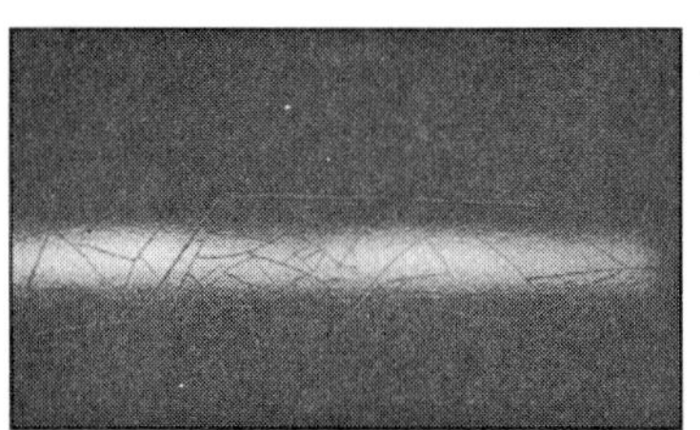

현상과 원인	현상	도막 표면층에 불규칙한 선을 그은 것같이 보인다.
	원인	* 온도, 빛, 물, 용제 등에 의해서 도막의 분자결합이 끊어져 일어난다. * 다양한 종류가 있다.

발생요인	환경설비	* 강한 자외선을 받았다. 용해력이 강한 신나를 사용했다. * 낮은 온도에서 도장하거나 주행하였다.
	작업재료	* 상호성이 나쁜 제품(화학 반응이 나쁨)을 선택했다. * 경화제량이 부족(잘못된 배합비율의 화학반응으로 균열이 발생) * 도장공정이 부적절하였다.

대책과 처치	대책	* 후막을 냉열싸이클 시험을 하여 균열이 생기면 후막을 피한다. * 각 공정의 배합비율을 준수하고, 충분히 건조시킨다.
	처치	발생한 부분은 박리한 다음 재 도장한다.

14. 백아화(Chalking)

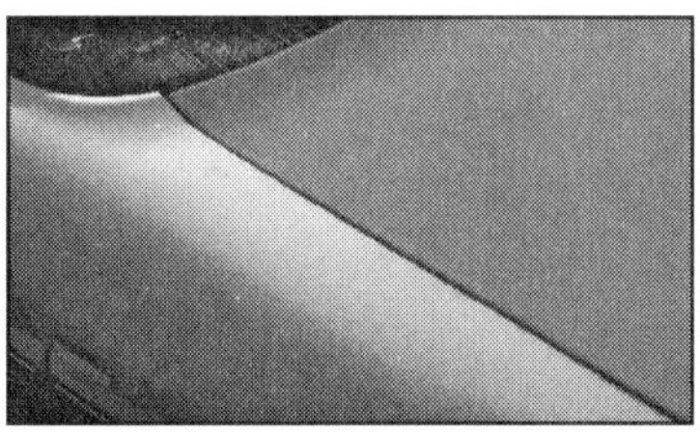

<table>
<tr><td rowspan="2">현상과 원인</td><td>현상</td><td>도막(안료)가 가루상으로 표면에 떠올라 광택이 없고 탈색된 것 같다.</td></tr>
<tr><td>원인</td><td>열, 빛, 물, 등에 의해 수지가 노화되어 안료가 표면에 가루로 노출된다.</td></tr>
</table>

<table>
<tr><td rowspan="2">발생요인</td><td>환경설비</td><td>* 강한 자외선을 받았다.
* 산성비를 맞고 강한 햇볕에 노출되어 주행하였다.</td></tr>
<tr><td>작업재료</td><td>* 내후성이 나쁜 안료(화학 반응이 나쁨)를 선택했다.
* 경화제를 잘못 사용(중·하도용 황변경화제 사용)하여 발생한다.
* 내후성이 나쁜 도료(알키드 에나멜계)를 사용하였다.</td></tr>
</table>

<table>
<tr><td rowspan="2">대책과 처치</td><td>대책</td><td>* 내후성이 나쁜 경화제나 수지나 안료의 사용을 피한다.
* 도료의 선택이 중요하며, 각 공정마다 배합비율을 준수한다.</td></tr>
<tr><td>처치</td><td>발생부분은 연마하여 제거하고, 깨끗이 탈지 후 재 도장한다.</td></tr>
</table>

제6장 도료 용도별 표면처리와 도장 시스템

도장은 소재(피도물)에 어떤 방법으로 어떻게 도장할 것 인가에 따라서 어떤 도료를 선택 할 것인지 그렇지 않으면 도료의 선택에 따른 도장을 어떻게 할 것인지를 결정해야 한다. 대부분 도장인들은 도장 계획을 수립할 때 고민하는 경우가 많이 있다.

무엇보다도 중요한 것은 품질을 확보하는 것으로 도장방법과 도료가 선택되어져야 한다.

앞에서 다룬 자동차보수도장 이외의 "도료 용도별 표면처리와 도장 시스템"을 참고하면 도장기술자로서 지식을 넓힐 수 있을 것이다.

이 장에서는 "플라스틱", "공업용", "목공용", "건축용", "중방식용" 도장 시스템에 대해서 설명하고자 한다.

6.1 플라스틱 도장 시스템

1. 플라스틱 도장의 목적

금속이나 목재에서 갖지 못하는 특수성(경량화, 내용제성, 내식성, 내약품성, 가공용이성 등)과 복잡한 성형도 용이하며, 원가절감을 목적으로 사용이 급증하고 있다.

플라스틱 소재로서는 외관, 내후성 등 품질을 보증하기 어려워 도료를 도장함으로서 외관의 향상과 표면개질을 통하여 특수성 향상과 고급질감, 고기능성, 고품질 부여로 부가가치를 향상시키기 위한 도장의 목적이 있다.

(1) 외관의 향상

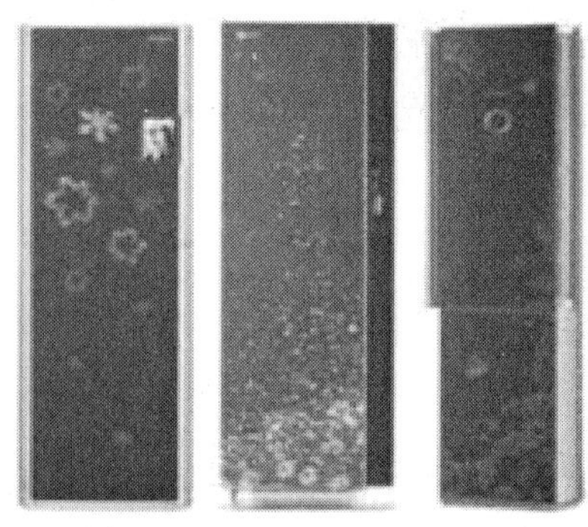

① 착색의 부여 또는 변경

② 의장성(衣匠, 모양, 표시, 메탈릭 도장 등)

③ 조합된 부자재와 외관의 통일성 부여

④ 광택도 조정

⑤ 소재의 상처 은폐(성형 시, 취급 시 발생되는 상처를 없앰) 및 외관 조정

(2) 표면 개질

① 내광성 및 내후성의 개선

② 표면 경도의 향상(내스크렛치성, 내마모성의 부여 등)

③ 특수 기능성 도료에 의한 기능성 부여에 의해서 대표되는 부가 가치 향상

2. 플라스틱 소재의 특성과 종류

플라스틱 소재의 특성과 종류는 다음과 같다.

a. 플라스틱 재료의 화학 조성, 구성하는 모노머의 종류, 분자 형태별 분류.

b. 성형의 형태와 성형 방법 별.

c. 용도, 사용 조건 및 기대하는 성능 효과 별.

d. 보강재, 착색재 등의 혼입 재료, 타 종류의 조합되는 재료 및 복합 구성 재료 별 등으로 구분할 수 있다.

(1) 플라스틱의 특성

가) 장점

① 자유로운 착색이 가능하고, 어떠한 형상의 것도 저렴한 가격으로 대량생산이 가능하다.

② 가볍고, 녹 발생이 없으며, 떨어뜨려도 상처 또는 변형이 거의 없다.

③ 내수성, 내약품성 등 화학적인 면의 저항성이 비교적 좋다.

④ 유리와 같이 투명한 것의 성형도 용이하다.

⑤ 후 가공성도 좋고, 전기적 특성도 좋다.

나) 단점

① 내열성이 일반적으로 낮고, 고온, 저온에서의 물성이 나쁘다.

② 하중에 의한 변형이 쉽다.

③ 유기계 용제류에 침해되기 쉽다.

④ 금속과 같은 연성이 없다.

⑤ 연소되기 쉬운 것이 많다.

(2) 플라스틱 소재의 분류

엔지니어링 플라스틱으로서 열경화성과 열가소성이 있다.

① 열경화성 강화 플라스틱류: 철 이상의 강도를 가지며, 환경공해 재활용(Recycling)성이 없는 결함이 있다.

② 열가소성 수지류 - 재활용성 용이하며, 복합화 등으로 기능적 물성을 보강할 수 있어 사용범위가 확대되고 있다.

a. 새로운 신소재의 개발(고기능성 부여)과 기존 사용되는 소재의 복합화에 따른 기능성을 부여할 수 있다.

b. 자동차의 경우 플라스틱 소재에 도금, 혼합(Blending)화, 복합화에 의한 표면개질 연구로 결점을 보완하여 날로 성장하고 있다.

(3) 플라스틱 소재의 개질

플라스틱 소재을 개질하는 방법은 다음과 같다.

① 폴리머의 혼합(Alloy) - 두가지 이상의 성분을 혼합하는 것을 말한다.

예 ABS(Acryl + Butadiene + Stylene), SBS수지 등

② 하이브리드(Hybrid)와 플라스틱 - 유기, 무기, 금속과 같은 재료(유리섬유, 탄소섬유, 수정 등) 융합한 소재이다.

③ 결정성의 플라스틱 - 결정화도가 큰 플라스틱 소재이다.

④ 난연성의 플라스틱 : 산소지수(OI) $= \frac{\text{산소의 함량}}{\text{산소} + \text{질소의 함량}} \times 100 = 21$ 이하이다.

3. 플라스틱의 주요 도장방법

일반적으로 에어스프레이가 가장 많이 사용되고 있으며, 도장 요령은 자동차 보수도장에서 습득한 기

술과 동일하며, 그 외 다음과 같은 특별한 방법도 있다.

(1) UV도장(Ultra violet coating)법

자외선(Ultra Violet Rays)을 조사하는 것에 의해 경화하는 UV 하드코트 도료를 이용해 실시하는 도장 방법이다.

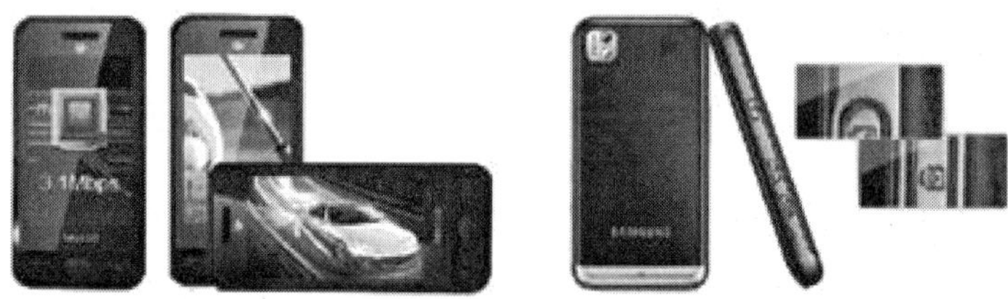

(2) 스파터링(Sputtering) 도장법

진공증착의 일종으로 진공 방(Chamber)에서 소재를 음극으로 하고 코팅재질을 양극으로 해서, 강한 전압을 걸어 방전을 이용해서 코팅재 원자가 소재의 표면에 달라 붙게 하는 방법이다.

참고적으로 "박막 제조 기술", "금속 표면처리" 자료를 보면 도움이 된다.

(3) 진공증착도장(Vacuum Evaporation Coating, Vacuum Deposition)

진공 중에서 금속을 가열하면 금속이 증발하고. 증발 분자를 증기온도보다 저온의 기본재에 부착시키면, 표면에서 증기가 응축되어 박막이 형성(0.05~0.1㎛)된다.

* 표면 광택-기본재의 거칠기나 증착시의 분위기에 따라 달라짐
- 언더코트(UnderCoat)재를 미리 도포하여 표면을 평탄하게 처리하고
- 기본재에서 방출되는 가스를 억제하기 위해 증착 시의 압력을 낮게 유지한다.
* 증착 막 내마모성 결여 - 톱코트(Top coat)제를 도포하여 보호막 형성이 필요하다.
* 언더코트제나 톱코트제의 착색 - 컬러 메탈라이징화가 용이하다.

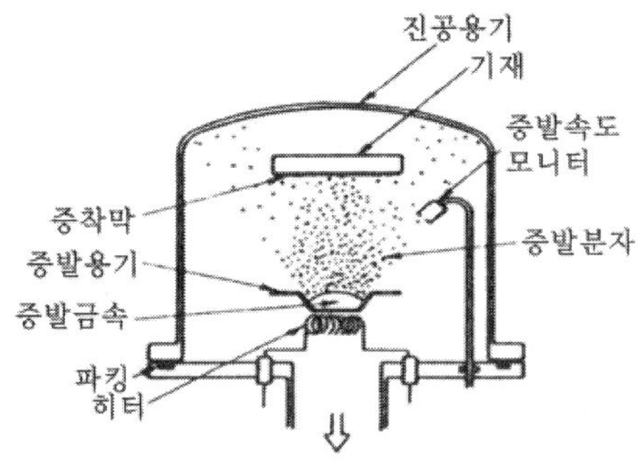

진공증착 원리 이해도

(4) 인몰드 코팅(In-Mold Coating)법

플라스틱 성형품의 내부에 유리섬유 강화 플라스틱이나 무기질 필러(Filler)를 배합한 플라스틱 등의 복합 플라스틱을 시작으로, RIM우레탄 등의 발포플라스틱 성형품은 도장 시에 기포나 크레이터링(Cratering) 등의 도막결함을 생성하기 쉽다. 이러한 경우 퍼티(Putty)로 메꾸고, 연마하여 프라이머 도장 등 많은 공정을 필요로 하며, 제품의 불량률이 높다. 따라서 공정의 단축 및 불량을 줄이기 위한 목적으로 금형 안에서 직접 성형품에 도장하는 『In-Mold Coating법(형내 피복법)』이 실용화되고 있다.

인몰드 코팅법에는 성형하는 금형에 미리 도료를 도포한 후에 성형하는 프리몰드 코팅법과 일단 성형품을 성형한 후에 금형을 조금 열고 도료를 주입해 다시 금형을 닫고 도료를 경화시키는 협의의 인몰드 코팅(In-Mold Coating)법이 있다.

프리몰드 코팅법은 FRP의 Resin Inject법에 사용하는 Gel Coat, RIM우레탄 성형(반경질)의 우레탄계 도료, SMC 성형의 분체도료 등이 해당되며, 협의의 인몰드 코팅은 SMC를 일단 성형한 후에 불포화폴리에스테르나 2액형 우레탄 도료를 주입해 금형의 열로 30~60초 경화한다.

스터링 휠, 혼캡(프리몰드 코팅법)

플라스틱이 성형될 때 금형 내에서 코팅(Coating)층이 형성되는 것으로 플라스틱 내부의 기포가 거의 완전히 내부로 들어가서 다음 공정의 상도도장 때에 열에 의해서 재 기포 발생현상을 일으키지 않는다. 따라서 인몰드 코팅(In-Mold Coating)법에 의해서 끓음 등의 방지로 평활성 및 상도 외관이 향상되고, 대폭적인 공정 감소와 불량률 감소가 가능하게 되었다.

(5) 아민 증기 경화법

『아민 증기 경화법』은 2액형 우레탄 도료가 아민 촉매에 의해서 급격히 경화 촉진되는 원리를 응용해서 개발된 것이다. 현재 오스트레일리아의 Vaporcure Inter-national Co.와 미국의 Ashland Chemical CO.의 2개사가 System 기술의 특허를 갖고 있다. Ashland Chemical사의 아민증기경화법에는 경화챔버(Chamber) 내에 아민 증기를 일정 농도로 채워 두고, 그 속에 2액형 우레탄 도료를 도장한 피도물을 넣고 2~3분에 경화시키는 방식(VPC : Vapor Permiation Cure)과 분무 공기 중에 아민증기를 일정농도에서 혼합해 도료의 무화입자에 흡착시켜서 경화시키는 방식(VIC : Vapor Injection Cure)의 2가지 방식이 있다. 이러한 방법에서는 다음과 같은 특징을 갖고 있다.

① 에너지 절감(상온건조이므로 가열이 불필요함)

② 생산성의 향상(단 시간에 경화하는 것으로 경화의 공정이 단축된다.)

③ 내열성이 낮은 소재에도 적용 가능하다.

④ 미세한 요철, 기포 등이 많은 소재에 기포 방지가 가능하다.

⑤ 어떠한 안료계에서도 적용 가능하다.

⑥ 모든 종류의 피도물에도 대응할 수 있다.

⑦ 막후가 자유롭게 조절 가능하다.

⑧ 장치의 초기 가격이 저렴하다.

VPC VIC 경화법의 용도는 PVC Sheet, Polyester Film을 시작으로 SMC 및 RIM 우레탄 등의 플라스틱 제품의 도장에 적합하다. 플라스틱 이외에서는 목공제품, 금속 제품(철, 알루미늄 주조품)에도 응용 가능하다.

최근 플라스틱의 도장, 도금, 진공증착등 표면 보호 도장품에 대한 물성 수준 향상의 요구는 점점 높아지고 있다. 이러한 경향에 뒤쳐지지 않기 위해서는 도장에 대한 관리방식을 확립해서 자료(Data)를 기록하고, 문제된 인자를 확인(Check) 가능하게 하여 도장에 관한 불만(Claim)을 미연에 방지하는 것이 절대적이다.

4. 소재의 표면처리와 도장시방

(1) 전처리의 목적과 필요성은 다음과 같다.

① 플라스틱 표면에 부착한 먼지, 이물질을 제거

플라스틱은 통상 전기의 부도체이기 때문에 대전에의해 여러 가지 종류의 부유물을 표면에 흡착하기 쉬워서 도장 시 불량의 원인이 되고 있으며, 도장실 급기의 청정화와 도장실에 들어오기 전에 정전기 제거장치에 의해 정전기를 제거해야 한다. 또한 탈지 등의 샤워세정을 할 때 먼지 및 오염물질을 함께 제거해야 한다.

② 이형제, 기름, 손으로부터의 염분등을 제거하기 위한 전처리

이것에는 트리클로로에탄 등에 의한 증기세정법, 세제에 의한 탈지법, 수성크리너 혹은 유기용제를 이용하는 방법 등이 경우에 따라 적절히 선정된다.

이 공정은 균일한 도장, 핀홀(Pin-hole), 크레터링(Cratering) 방지와 부착성 향상을 위한 전처리로도 겸용할 수 있다.

③ 부착성 부여를 위한 전처리

열가소성 플라스틱 중에서도 특히 폴리올레핀계의 것은 화학적으로 무극성이기 때문에 본질적으로 도막과의 부착성은 극히 나쁘다. 이것을 도장하는 경우에는 우선 부착성 부여를 위한 표면개질이 필요하다. 이것에는 화학약품에 의한 방법과 저온 프라즈마 처리에 의한 방법이 있다. 화학약품에 의한 것은 크롬산 등의 산화성 산에 의한 처리이고 저온 프라즈마는 표면의 부분적 변화를 일으키는 것으로 도막 부착성의 근거가 되는 극성기를 플라스틱 분자에 도입하고자 하는 것이다. 그런데로 아주 유효한 방법이지만 화학약품의 폐수처리, 프라즈마 처리의 생산성 또는 처리장치의 고가격 문제가 있어 일반 보급이 충분히 이루어지고 있지 않다.

이것과는 별도로 연구되고 있는 방향은 플라스틱을 중합할 때 모노머 중에 극성기를 갖는 모노머를 공중합시키는 등의 부착성을 갖는 도장에 적합한 플라스틱을 제조하는 방향으로도 연구가 많이 진행되고 있다.

플라스틱 소재는 다양하여 용제에 녹는 정도, 성분 등에 따라서 표면 처리와 도장시방이 다르므로 다음 페이지의 전처리방법과 소재별 표면처리와 도장시방의 도표를 참조하여 도장 계획을 수립하여야 한다.

※ 각종 플라스틱 소재에 대한 전처리 방법

구분 종류	전처리 방법						비 고
	연마	용제탈지 알콜, 탄화수소 용제	수성 크리너	약액처리 산 또는 알칼리 처리	건식처리 화염처리, 코로나 방전 프라즈마처리	프라이머 도장	
폴리에틸렌(PE)		○		○	○	○	극성이 작고 결정성이 높아서 전처리가 필요함. 전처리하면 도료 부착
폴리프로필렌(PP)		○		○	○	○	
폴리스티렌(PS)	○	○					극성, 결정성 모두 작아서 도료 중 용제에 주의 요함
아크릴수지 (PMMA)	○	○	○				PS용 도료와 동일함 탄화수소에 침해되지 않으나 알콜에는 침해되기 쉽다.
폴리염화비닐 (PVC)	○	○				○	가소제의 이행에 주의
A B S	○	○	○				일반적으로 도료와의 부착성은 양호 하지만 도료와 용제에 주의 요함
폴리카보네이트 (PC)	○	○	○				
폴리아마이드 (Nylon-6, 66)	○	○				○	결정성이 높고, 자기응집력이 커서, 도료의 부착성이 불량 - 인산, 가성소다 등으로 전처리, 프라이머 도장한다.
폴리아세탈 (POM)			○	○			Shatternazing법, Naptha-Sulponic Acid법으로 전처리 하면 일반도료의 부착이 가능하다.
페놀 수지(PF)	○	○	○				부착성이 비교적 양호함 광범위한 도료의 사용이 가능하다.
아미노 수지(AF)	○	○	○				
불포화 폴리 에스테르(UP)	○	○	○				유리섬유강화 성형품의 경우 표면이 거칠고, 구멍이 있는 결함이 많으므로 하도 및 Putty 도포 후 연마한다.
폴리우레탄 (PUR)	○	○	○			○	자동차를 중심으로 RIM이 가장 많으며, 전처리로 이형제 제거를 위해 TCE증기 탈지가 일반적이다.

※ 대표적인 플라스틱 소재별 표면처리와 도장시방

분류		플라스틱 소재명	약칭	표면처리	도장시방
열경화성		페놀(Phenol)수지(목분충진)	PF	알카리 유기용제	우레탄계 프라이머 + 색도료 + 투명 * 필히 프라이머 부착 확인할 것
		불포화폴리에스테르 수지	UP		
		우레탄(Urethane)수지	PUR		
열가소성	비결정성	염화비닐(Vinyl Chloride)수지	PVC	일콜계, 세척제	약용제형 우레탄 도료
		폴리스틸렌(Polystyrene)	PS		수용성 또는 약용제형 우레탄도료
		아크릴로니트릴 부타디엔 스틸 렌터 폴리머(Acrylonitrile Butadiene Sytene Terpolymer)	ABS		우레탄계 도료(1Coat)
		노닐(Polyphenylene Oxide)	PPO	알카리, 유기용제	폴리올레핀계 프라이머 + 색 + 투명 도장
	결정성	폴리 프로필렌(Polypropylene)	PP		
		폴리에틸렌테레프탈레이트 (Polyethylene Terephthalate)	PET		
		폴리카보네이트(Polycarbonate)	PC	알콜계	수용성 또는 약용제형 우레탄도료
		폴리에틸렌(Polyethylene)	PE	화염, 크로마처리	폴리올레핀계 프라이머 + 색 + 투명

6.2 공업도장 시스템

공업도장 시스템은 소재의 종류에 따라 설비가 갖추어져야 하며, 도장 작업공정이 설정되어야 한다. 소재별 표면처리는 소재에 따라 다르므로 세탁기용 도장 시방에 대해 알아본다.

1. 세탁기 부위별 도장시방

2. PCM 도료란?

(1) Pre-Coated Metal의 약자로 미리 도장된 강판을 지칭한다.

(2) 유럽이나 미국에서는 Coil Coating으로 불리며, Coil 뿐만 아니라 Sheet 도장도 포함시킨다.

(3) 선 도장 후 가공되는 System을 총칭하는 용어이다.

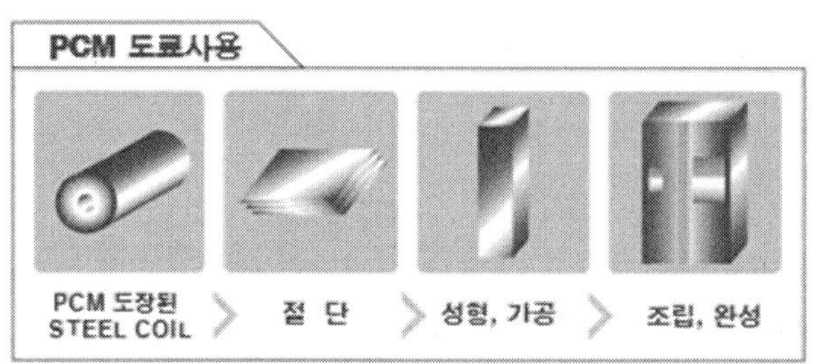

3. PCM 도료의 도장 방식

대표적인 도장방식이 3 Roll Full Reverse 방식으로 다음의 방법으로 강판에 도료가 도장된다.

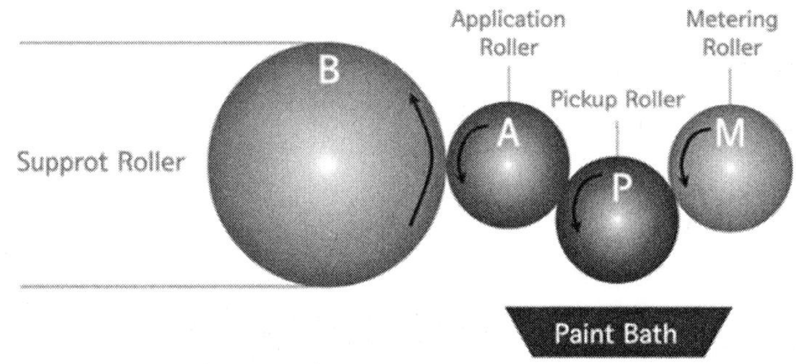

4. 분체도료의 정전도장

유기용제 등의 휘발성 용매를 사용하지 않는 분말형태의 친환경성 유기용제가 없는 무용제형 도료(VOC Free)를 도장하는 것으로 정전도장을 한다.

일반 블랜딩 도료

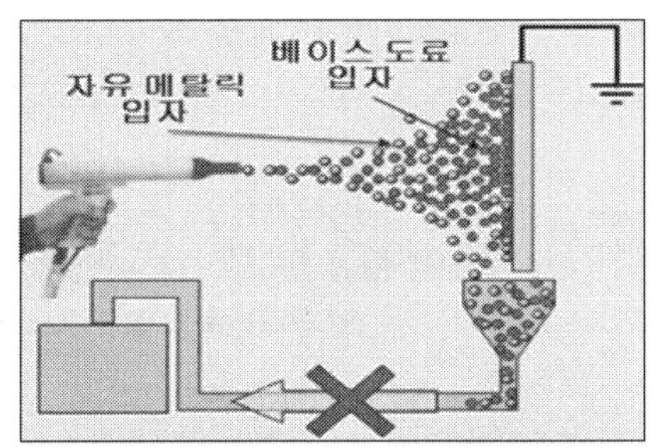

· 도막 결점(얼룩 및 뭉침, 코너 몰림) 발생
회수도료 사용 어려움(사용시 색상편차 큼)

본디드 메탈릭 도료

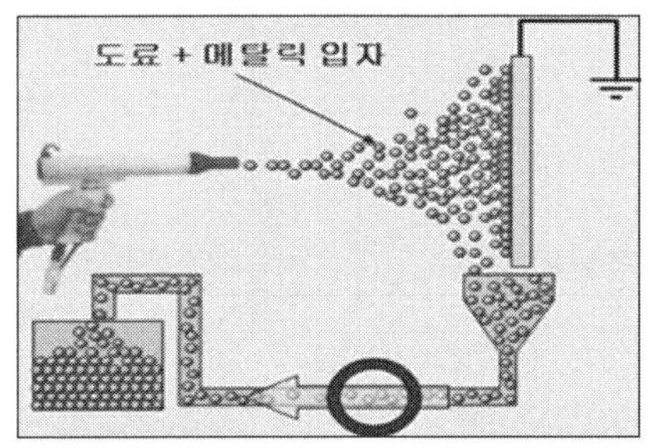

· 도막 결점(얼룩 및 뭉침, 코너 몰림) 없음
회수도료 사용 가능

6.3 목공도장 시스템

우리 주변에 목재로 사용되는 부분이 많이 있다. 이를 오래 보존하기 위해서는 필히 페인트 도장을 해야 한다. 목재를 소재로한 도장물은 가구, 피아노 등 악기류, 건축물 등 다양하지만 건축소재와 가구, 마루판용에 대해서 알아본다.

1. 목재용 건축소재의 표면처리와 도장시방

목재는 수분을 흡수하는 성질이 있으므로 수분 함량이 규정에 합격한 상태에서 도장하는 것이 올바른 방법이다. 수분이 다량 함유되어 있으면 건조 후 부풀음, 부착불량, 벗겨짐의 원인이 된다.

건축 외부의 목재에 대한 표면처리와 도장시방은 다음과 같다.

공정	적용 제품 계통	재 도장 간격 (25℃ 기준)	도장 횟수	이론도포 면적(㎡/ℓ)
표면처리	표면연마(강모, 샌드페이퍼)한 다음 유분, 수분, 먼지, 이물질(천) 등을 제거하고 건조시킨다. * 각 공정마다 연마철저(불량하면 부착불량 발생)			
상도 (하도)	수용성 공중합 특수수지계 (우드스테인)	30~40분 이후	2(1)	약 9(18)
(상도)	수용성 공중합 특수수지계 (우드상도 · 투명, 유색)	1~2시간 이후	2	약 5

2. 가구용 UV 도장시방

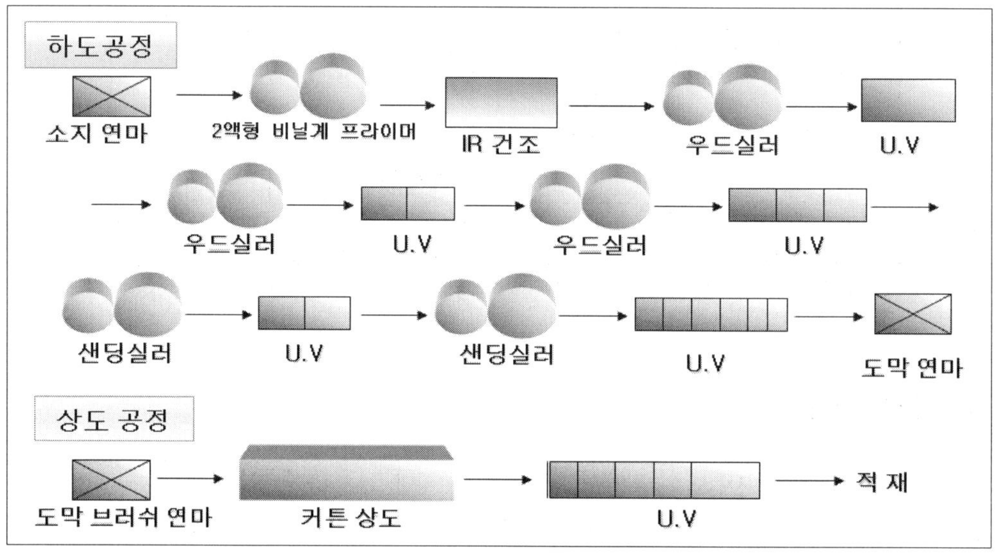

3. 마루판용 UV 도장시방

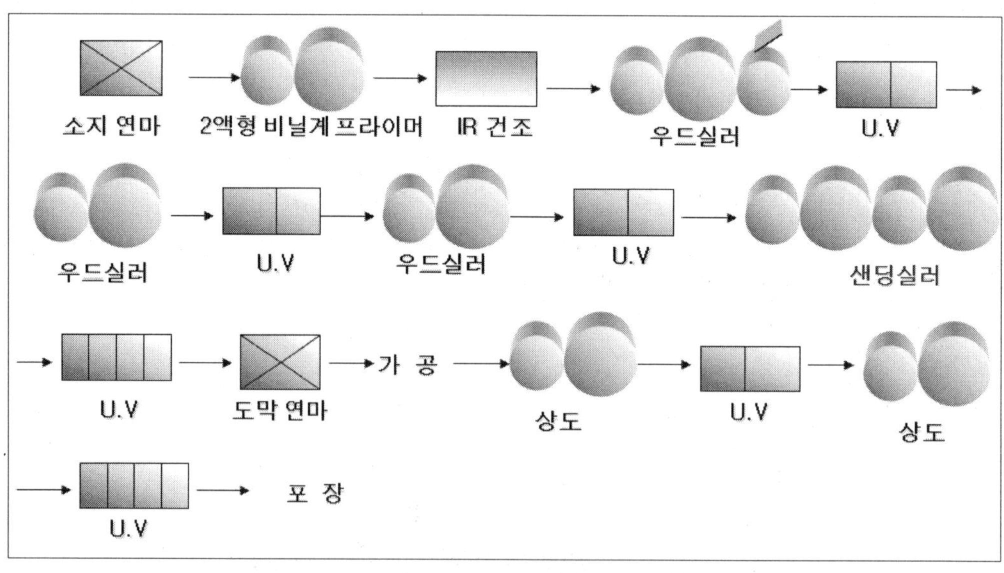

6.4 건축도장 시스템

우리들이 늘 함께하면서도 잘 인식하지 못하고 사는 것이 현실이지만 가정용도료가 출시되면서 인식이 바뀌어가고 있다.

우리가 살고 있는 집, 아파트의 최초 도장작업 시 도료의 선택도 중요하지만, 유지 보수관리를 위해서도 페인트의 선정은 건물의 수명을 연장하고 안정성을 위해서는 매우 중요하다. 따라서 아파트 위주의 소재처리와 도장 시방에 대해서 알아본다.

1. 건축 내 · 외부 수성도장

1) 소재처리

① 콘크리트 표면의 먼지, 기름, 불순물 등을 브러쉬로 제거한다.

② 균열 및 벽 사이 간격

 - 수성 고무퍼티, 실란트 등으로 메꿈을 실시한다.

③ 벽면 및 기타 모서리 부분의 떨어진 부분

 - 몰탈 플러스 + 시멘트로 충진 후 퍼티 작업한다.

④ 페인트가 묻지 말아야 할 곳

 - 마스킹 처리(신문지, 비닐 등)한다.

2) 도장 공정

① 하도도장 - 표면 보강재로 수성바인더 또는 에폭시계 프라이머를 도장한다.

② 색도장 - 은폐가 되도록 1~3회 도장한다.

2. 옥상 방수도장

1) 소재처리

방수처리가 잘못되면 물이 침투하여 콘크리트는 물론 속에 있는 철근을 부식(녹 발생)시키고 이동 경로에 따라 여러 세대가 물바다를 이룰 수 있다. 그러므로 도장시방에 따라서 규격을 준수하여 시공해야 한다.

① 콘크리트 소재는 충분히 양생(21℃에서 28일 이상 양생, PH 값 7~9 유지, 함수율 6% 이하) 시켜야 한다.

② 콘크리트 표면의 모래, 먼지, 유분, 부실한 시멘트 층 등 오염물질을 제거한다. 제거방법은 연삭기,

그라인더, 평삭기, 송풍기 등으로 실시한다.

③ 콘크리트 틈새 - 프라이머 도장 후 탄성우레탄 실란트로 메꿈을 한다.

④ 심한 갈라짐(Crack) 또는 신축 줄눈 - V-Cutting 후 백업제 충진, 하도도장, 우레탄 실란트로 메꿈작업을 한다.

⑤ 벽면과 바닥이 접히는 직각면 가장자리 - V-Cutting 후 우레탄 실란트로 메꾸고 들뜸을 방지한다.

⑥ 에어밴트 설치 - 침투한 수분을 외부로 배출할 수 있도록 설치한다.

에어밴드 작업공정은 다음과 같다.

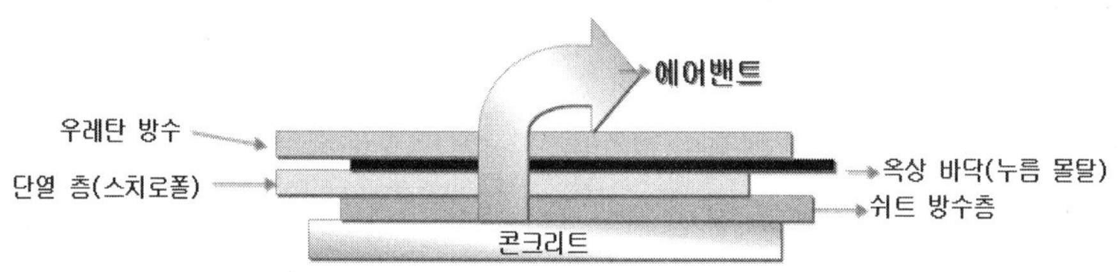

2) 옥상 방수 도장시방

물이 스며들어 철근을 녹슬게 하고, 콘크리트 벽이 갈라지는 현상을 막기 위해서 소재처리가 매우 중요하며 도료의 선택과 작업도 매우 중요하다.

또한, 도장시방의 규격을 준수해야 한다.

3. 상도 도장 : 60㎛ 이상

2. 중도 본 도장 : 우레탄계 2.5mm 정도(Total 3mm이상)
20℃ x 24시간 이상 72시간 이내

2. 중도 스크래핑 도장 : 우레탄계 0.5mm 정도, 20℃ x 24시간 이상

1. 하도 도장 : 우레탄계 하도 방수 코트 40㎛, 20℃ x 4시간 이상

3) 물탱크 내부 도장시방

주민의 식수원으로 사용하는 물탱크이므로 인체에 무해한 도료를 사용해야 한다.

(1) 친환경 도장시방(수용성)

2. 상도 도장 : 2액형 수용성 에폭시 상도, 60㎛ 이상

1. 하도 도장 : 2액형 수용성 에폭시계 프라이머, 3mm이상)
20℃ x 24시간 이상 72시간 이내

(2) 고급형 도장시방(유성)

2. 상도 도장 : 2액형 에폭시계 상도, 0.5mm 정도, 20℃ x 24시간 이상

1. 하도 도장 : 2액형 에폭시계 프라이머, 40㎛, 20℃ x 4시간 이상

4) 아파트 보수도장 시방

아파트 소재 및 도료의 수명에 따라 차이는 있지만 일반적으로 유지관리를 위해서는 5~6년을 주기로 외벽 도장을 실시한다.

(1) 재(보수) 도장의 필요성

① 아파트는 비, 바람, 자외선의 영향을 받아 도장 면의 크랙 및 균열이 발생하고, 도막의 박리 및 쵸킹현상에 의한 기능이 저하되므로 재 도장이 필요하다.

② 페인트 : 외관보호, 미장, 기능성 부여 등의 목적으로 도장하며, 도막의 수명 연장을 위해서 재 도장 꼭 필요하다.

* 아파트 재 도장 시기 : 보통 5~6년으로 재 도장을 하지 않으면 도막의 노후로 인해 건축물 보호가 되지 않고, 소지면 처리비용의 증가로 도장금액이 상승함

(2) 외부 재 도장

① 외부 갈라짐(Crack) 및 오염도장

a. 외부 물청소를 한다(페인트의 수명은 정확한 전처리가 중요하다.).

b. 잔 크랙은 와이어브러쉬, 붓으로 이물질을 제거하고 수용성 퍼티로 보수한다(크랙이 심할 경우 V컷팅을 하고 크랙 보수 후 탄성퍼티 및 조인트퍼티로 보수한다.).

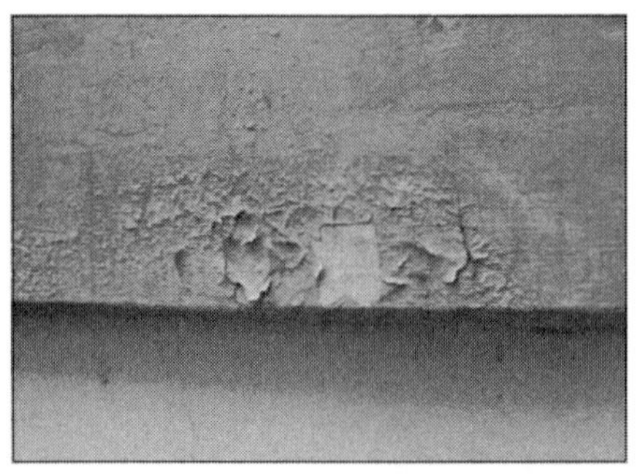

* 주의사항 : 샷시 홈 부위나 아파트 눈썹 부분의 오염이 특히 심하며 재 도장 후 추가오염을 발생시킬 수 있으므로 세심한 점검이 필요하다.

② 외부 철근 노출도장

녹 발생 부위는 와이어브러쉬, 녹 제거제 등으로 깨끗하게 제거 후 광명단이나 녹 방지용 프라이머로 녹 발생을 방지하고, 몰타르 또는 깊이에 따라 외부용 퍼티로 홈 메꾸고 외부도장을 한다.

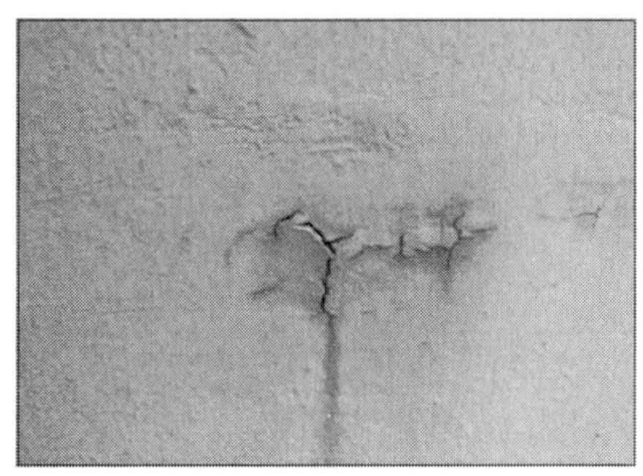

* 주의사항 : 몰타르 미 건조 시 도막박리의 영향이 있으므로 완전 양생 후 도장을 해야 한다.

③ 미장 박리(탈락)부위 도장

심하지 않으면 탄성퍼티로 방수처리 함.

심한 곳은 콘크리트 보강제인 몰탈 플러스 도포 후 미장처리하고, 충분히 양생한 후 외부 도장을 한다.

* 주의사항 : 몰타르 미 건조 시 도막 박리(탈락)의 영향이 있으므로 완전 양생 후 도장을 해야 한다.

④ 도막 쵸킹현상 발생도장

손으로 만져봐서 하얀 입자가 묻어나면 쵸킹 발생을 확인할 수 있으며, 도막 강화를 위해 반드시 수성 바인다를 도포하고 외부도장을 한다.

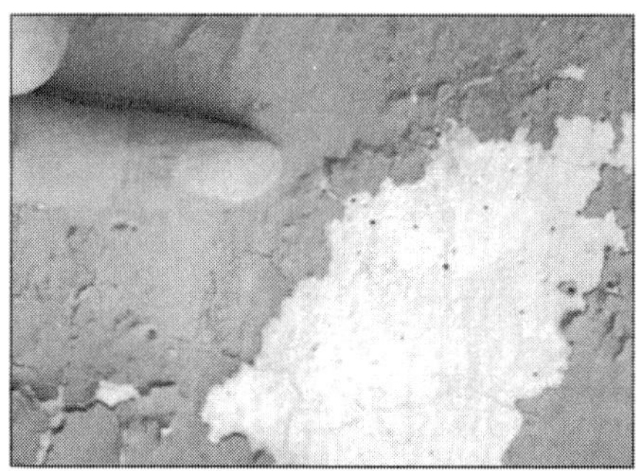

* 주의사항 : 쵸킹발생 도막을 충분히 보수하지 않으면 도장 후 도막 탈락 현상이 발생될 수 있으므로, 충분한 관리 감독이 필요하다.

⑤ 도막박리(탈락) 도장

도막이 박리(탈락)되어 사진과 같이 떨어지는 부분은 와이어브러쉬나 붓 등으로 완전히 제거 후 외부 도장을 한다.

* 주의사항 : 외부 수성 1급의 경우 강한 부착력으로 사진과 같은 도막박리(탈락) 부위를 발생시킬 수 있으므로 도막 상태에 따라 외부 수성 2급 제품을 추천한다.

⑥ 철재난간 및 걸레받이 도장

a. 철재난간 : 녹이 발생된 부분은 방청도장하고 누수성 DTM 에나멜 도료를 붓으로 세심하게 도장함(최고급 : 우레탄)

b. 걸레받이 : 계단 물청소 시 오염을 방지할 수 있도록 진한 색상의 유성계 세라믹 페인트 혹은 수성 광택도료 제품으로 선정하여 도장한다.

* 주의사항 : 1. 내부 도장의 경우 주민들이 공동으로 사용하는 공간으로 도장 시 "칠주의" 표시를 해두어 주민들의 피해를 사전에 방지한다.
2. 친환경 도료를 선택한다.

(3) 건축 외부페인트 추천 제품의 예시

구분	도료 계통	도장 시방
소재 처리	–	1. 들뜬 구도막, 시멘트몰탈 등을 완전히 제거한다. - 시멘트몰탈 떨어진 부분 : 보수작업을 실시한다. 2. 쵸킹, 오염된 부분 - 고압으로 수세 세척한다.
균열 보수	유성계 실란트	V컷팅, 이물질 완전제거 후 실링(균열 0.3mm 이상)
	수성 탄성 퍼티	먼지, 이물질 제거 후 실링(균열 0.3mm 이내)
하도	아크릴 에멀젼계	쵸킹 발생부위 충분히 침투 - 소지보강, 부착향상
상도	실리콘 변성아크릴, 아크릴 에멀젼계	보수부분 먼저 1회 도장 후 본 도장 작업 실시

(4) 건축 내부페인트 추천 제품의 예시

구분	도료 계통		도장 시방
소재처리			들뜬 구도막, 콘크리트 미장면, 구도막 등 박리 - 손 때, 먼지, 오염물질 완전 제거
균열보수 및 표면조정	유성계 실란트		V컷팅, 이물질완전제거 후 실링(균열 0.3mm 이상)
	아크릴 에멀젼계 퍼티		먼지, 이물질제거 후 평활메꿈(균열 0.3mm 이내)
벽면 및 천정	상도	아크릴에멀젼계	오염 발생 부위 낙서 방지용 - 수성 광택 도료
	중도	수성페인트	하도도장하여 완전건조 후 무늬가 고르게 도장
	하도	수성페인트	소재가 은폐되도록 도장

(5) 내산에폭시 바닥제 도료성상 및 도장시방

항 목		도료 성상 및 도장시방
색 상		녹색, 회색
광 택(60°, %)		유광(80 이상)
추천건조도막두께		2mm~3mm(2회 도장)
이론도포면적(2mm 기준)		약 0.33㎡/Kg
건조시간(20°C)	지 촉	5시간
	경 화	2일
도장 시스템	하 도	에폭시계 실러 투명
	중상도	내산 에폭시계

* 용도 : 산/알카리를 사용하는 실험실, 밧데리, 도금, 화학공장, 반도체, 전자부품 공장 등에 적합하다.

(6) 아파트 주차장 도장시방

최근에는 바퀴의 소음을 방지하기 위하여 엠보싱 타일의 사용이 증가하고 있다.

항 목		엠보싱(R)	레진 몰탈
색 상		녹색, 회색 및 주문색	투명 및 주문색
광 택(60˚, %)		유광(80 이상)	규사혼합 시 반광
추천건조도막두께		0.6mm~1.5mm	3mm~5mm
이론도포면적(2mm 기준)		약 1.2㎡/Kg	약 0.7㎡/Kg
건조시간(20℃)	지 촉	16시간	8시간
	경 화	48시간	24시간
도장 시스템	하 도	에폭시계 실러 투명	
	중상도	에폭시계, 우레탄계	

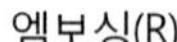
엠보싱(R)

메꿈용/미장용

주차장 램프(난슬립)

6.5 중방식 도장 시스템

성수대교가 무너진 것은 우리나라의 한 사람으로서 국가적 망신으로 마음 상한 일 중 하나이다. 복합적인 사건이지만 각 부분의 규정이 정확히 지켜질 때 안전은 보장된다.

도장 시방과 규격은 준수되어야 하므로 표면처리와 도장시방을 알아본다.

1. 표면처리

(1) 어느 도장시방이든 표면처리에 따라서 도막 수명과 부착성 등에 큰 영향을 미치게 된다.

(2) 이물질이 소재표면에 잔존 시 일어나는 결함은 다음과 같다.

- 도막의 밀착성 저해로 녹 발생
- 도막의 건조성 불량
- Blister, Cratering 등 발생
- 도막 박리 현상
- 외관 불량 등

(3) 품질보증과 관련하여 수명과 부착성에 기여하는 점유율은 표와 같으며, 표면처리가 얼마나 중요한지 알 수 있다.

수명 및 부착성 요인	기여율(%)
표면 처리	50
도장 횟수(1회 및 2회)	29
도료의 종류(동일계)	5
기타 요인	25

2. 표면처리 정도와 도막두께의 내구 년 수

도막이 내구력에 미치는 표면처리에 따른 도막 두께의 영향은 확실한 차이가 있으므로 도장시방에 의한 규정을 준수해야 한다.

표면처리방법	평균 내구 년 수	
	2회 도장	4회 도장
블라스트법	6.3년	10.3년
산 세정법	4.6년	9.6년
와이어브러쉬 법	1.2년	2.3년

또한 해안과 공장지대에서의 도막두께에 의한 내구 년 수도 차이가 있으므로 도장계획을 수립할 때 참조하여야 한다.

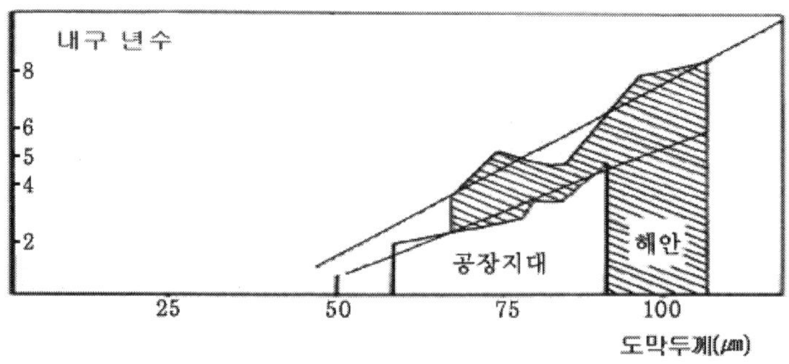

3. 철재면의 표면처리 규격

표면처리 방법에 대한 규격과 내용은 다음과 같다.

처리 방법	표면처리 규격		내 용
	SSPC	SIS	
용제 세척	SP1		용제, 증기, 유화제, 세척제 등에 의한 세척으로 유지, 먼지, 염과 같은 오염 물질을 제거하는 방법
수공구 세척	SP2	St2	수공구 치퍼, 연마지, 외이어브러쉬, 그라인더 등을 사용하여 녹, 흑피, 및 구도막을 제거하는 방법
동력공구 세척	SP3	St3	동력공구 치퍼, 연마지, 외이어브러쉬, 그라인더 등 사용하여 녹, 흑피, 및 구도막을 제거하는 방법
새철판의 화염처리	SP4		화염을 사용 녹, 느슨한 흑피를 제거한 후 와이어 브러쉬로 마무리, 작업위험도와 철재변형의 우려
완전 나금속 블러스트 세척	SP5	Sa3	모래, 그리트, 쇼트를 사용하여 보이는 녹, 흑피, 및 구도막을 블라스트 처리로 모두 제거(99% 이상)
일반블러스트 세척	SP6	Sa2	표면적의 ⅔ 이상까지 눈에 보이는 모든 이물질을 블러스트 처리(67~80%)
블러쉬 블러스트 세척	SP7	Sa1	단단히 부착된 흑피, 녹 및 구도막을 제외한 모든 이물질을 블러스트 처리
산처리	SP8		현장용으로 적합하지 않고 일정한 시설을 갖춘 실내 방법으로 산처리로 녹과 흑피를 완전히 제거
준나금속 블러스트 처리	SP10	Sa2.5	표면적의 95% 이상까지 눈에 보이는 모든 이물질을 블러스트 처리(95~99%)

* SSPC : 철강 구조물 도장 협회(Steel Structures Painting)
* SIS : 스웨덴 규격 협회(Swedish Standards Institution)

4. 철재류의 표면처리 등급 사진

표면처리등급(SIS)	A	B	C	D
전처리 전				
St2				
St3				
Sa1				
Sa2				
Sa2.5				
Sa3				

* 합격기준 : Sa2.5 이상 되어야 한다.

5. 도장 형태에 따른 도료의 도착효율

도장 방법에 따라 도착효율은 차이가 많지만 중방식 도장에서 가장 많이 사용하는 방법에 따른 도착효율과 정전분체도장과 비교는 다음과 같다.

도장방법	중방식 도착효율(%)		정전분체	
	단순구조물	복잡구조물	입자경(㎛)	도착효율(%)
붓, 롤러	95	85~90	20~25	90
에어스프레이	60	35	75~100	80
에어레스 스프레이	80	60	100~150	70

6. 중방식 도료의 도장공정

(1) 숍 프라이머(Shop primer) : 철재의 표면처리 후 본 도장 시공 전까지 녹 방지 목적과 표면처리 상태를 유지하기 위해서 도장한다.

- 방청도료 도막두께 5~20㎛으로 얇게 도장하지만 방청성이 우수하다.
- 사용되는 도료 : 에칭프라이머(웟시프라이머), 징크 숍프라이머(무기, 유기계)

(2) 하도 도료 : 부착력 및 방청성이 우수해야 하며, 중·상도 부착력이 우수하고 내식성과 내후성, 내약품성 등이 우수해야 한다.

* 방청 안료{광명단(Pb_3O_4), 징크크로메이트(ZPC, ZTC), 아연말(Zn), 아연화(ZnO), 알루미늄(Al), 산화철(Fe_2O_3), 운모상산화철(M.I.O) 등}을 사용하는 도료를 방청도료, 방청프라이머 또는 단순히 프라이머라고 한다. 도료에는 광명단 조합페인트(KSM6030), 에폭시계·염화고무계 프라이머 등이 있다.

(3) 중도 도료 : 하도와 상도의 중간에 도장되며, 하도의 역할을 도우며, 하도와 상도의 부착을 향상시키고 도막을 두껍게하여 산소의 투과성을 억제시키는 목적으로 사용한다. 주로 에폭시계 도료를 적용한다.

(4) 상도 도료 : 방청안료는 전혀 사용하지 않으며, 내후성과 품질조건, 환경조건에 적합하게 설계된 도료를 사용한다. 주로 사용되는 도료로 염화고무계, 우레탄계. 불소수지계 도료 등을 사용한다.

* 한국도로공사 규격에 적합한 강교도장 공정과 도막두께(275㎛)이다.

* 일반적으로 환경에 적합하게 추천되는 건조도막두께는 다음과 같다.
  A. 매우 약한 부식 조건 : 75㎛ 이상
  B. 일반적인 공업지대의 조건 : 125㎛ 이상
  C. 해안가, 강한 부식을 일으키는 조건 : 250㎛ 이상이다.

7. 도장규격(Coating specification)의 실예

상기의 조건들을 감안하여 도료제조회사에서 강교공사에 대한 규격을 다음과 같이 제시한 실예를 첨부하니 참조하기 바란다.

수신 : 주소 및 회사명 :
공사명 : 대표이사 :

도장 부위	전처리	도장 횟수	도장사양 품명	두께 (μm)	고형분 용적비	도포율(m²/ℓ)		소요량(ℓ/m²)		단가 (원/ℓ)	단위단가 (원/m²)	비 고
						이론치	실제치	이론치	실제치			
모든 STEEL PLATE	SSPC SP10	1	KCI ZINC1000 A101 THINNER	20	29	14.5	8.7	0.069 0.014	0.120 0.029	9.235 3,200	1,062 93	SHOP PRIMER
		1		20							1,155	
		1	SD ZINC1500 HK(N) A203 THINNER	75	65	8.67	5.55	0.115 0.023	0.18 0.045	20,222 3,500	3,640 158	무기질아연말 규격품
		1	SD ZINC1500 HK A203 THINNER	75	65	8.67	5.55	0.115 0.023	0.18 0.045	20,222 3,500	3,640 158	무기질아연말 저가형
		1	KCI ZINC100 G219 THINNER	15	49	32.67	5.55	0.031 0.006	0.18 0.045	15,000 3,200	2,700 144	에폭시아연말프라이머
강교 내외부 면도장		1	KCI EDMARINE ECO(H) D512 THINNER (MIST COAT포함)	100	65	6.50	4.42	0.154 0.031	0.226 0.057	5,800 3,200	1,311 182	후막형 에폭시계(65%)
		1	KCI EDMARINE ECO(HB) D512 THINNER	100	82	8.20	4.42	0.122 0.024	0.226 0.057	7,400 3,200	1,672 182	고고형분 후막형 애폭시 고형분(82%)
		1	KCI EDMARINE ECO(HD) D512 THINNER	100	70	7.00	4.42	0.143 0.029	0.226 0.057	6,700 2,800	1,514 160	고고형분 후막형 애폭시 고형분(70%)
		1	KCI EDMARINE EM100 D512 THINNER	75	60	8.00	4.48	0.125 0.025	0.223 0.056	7,240 3,200	1,615 179	에폭시프라이머
		1	ACRYLURETHANE HB G501 THINNER K-FLON#100 G101 THINNER	80 50	58 38	7.25 7.60	9.66 9.43	0.138 0.028 0.132 0.026	0.101 0.025 0.106 0.027	9.800 3.200 41,000 3,200	990 80 4,346 86	폴리우레탄계 불소수지도료

* 1. 실제소요량은 이론소요량의 약 40% Loss를 적용하여 계산되어 졌으나 피도물의 형태, 도장방법, 도장 조건 등의 요인에 의해서 증감될 수 있습니다.
* 2. 희석율은 도료소용량의 약 20%를 적용하여 계산하였습니다.
* 3. 유효기간 : 작성일로부터 3개월(작성일 : 2013. 11. 10)

PART Ⅳ

용어 해설

PART IV에서는 도료에 관한 용어와 도장에 관한 용어로 구분하여 도장 기술을 습득하는데 도움을 주고, 도장 기술자와 관련자들 상호간에 이해를 돕고자 한다.

제7장 도료와 도장 관련 용어 해설

7.1 도료 관련 용어

1) 가교(Crosslinking)

수지의 각 분자가 서로 손을 잡는 것과 같이 결합하는 것.

2) 가사시간(Pot life)

다액형 도료에서 경화제를 혼합한 것이 겔화 되지 않고 정상적으로 사용할 수 있는 시간.

3) 가소제(Plasticizer)

도막의 유연성을 주고, 굴곡성이나 충격성을 향상시키기 위해서 첨가하는 물질로 섬유소계 도료나 비닐계 도료에 잘 이용된다. 디부틸프탈레이트(DBP), 트리클레실포스페이트(TCP)는 대표적인 가소제이다.

4) 가열감량분(Volatile content)

도료를 가열하였을 때 공기 중으로 날아가서 감소할 수 있는 성분의양으로 휘발성분을 말한다.

5) 가열건조형 도료(Baking coating= Heated drying paint)

소재에 도장해서 가열하여 도막이 될 수 있도록 만든 도료로 가열온도는 일반적으로 100℃ 이상이며 단단하고 강한 도막을 만든다.

6) 가열잔분(Nonvolatile content)

도료를 가열하였을 때 용제류가 증발한 다음 남아있는 성분의 양으로 도막이 되는 성분의 양 즉 불휘발분(NV)이라고 한다.

7) 감산혼합색상(Substractive color mixture)

2가지 원색 이상의 색을 혼합하였을 경우 기본 색보다 어둡게 되는 색의 혼합을 말한다. 적, 황, 청을 감산혼합색상의 삼원색이라 한다.

8) 같은색(Tint color = 共色)

은폐력이 좋지 않은 색상을 도장할 때 은폐가 좋은 원색으로 조색한 유사한 색을 하도로 사용하지만 이 유사한 색을 같은 색이라 한다.

9) 건조(Drying, Curing)

도장한 도료가 액체로부터 고체로 변화해서 도막이 되는 것으로 건조의 형태에는 증발, 산화, 중합 등이 있고, 건조방법에는 자연, 강제, 가열이 있으며, 건조 상태는 지촉, 반경화, 경화의 3단계로 구분한다.

10) 겔화(Gelation)

액상의 물질이 불용성의 젤리 상으로 되는 것.

11) 경면광택도(Specular gross)

물체 표면에 들어가는 빛에 대해서 같은 각도로 반사되는 빛을 경면반사광이라고 한다. 규정한 기준면(굴절율 1.569의 유리 평면)의 반사광과의 비교를 경면광택도라고 하며, 물체면의 광택 정도를 나타낸다. 도막의 경우 들어가는 빛의 각도 60° 반사되는 빛의 각도를 60°로 계산하는 것이 많다. 이것을 60도 경면광택도라고 한다.

12) 고분자(High polymer)

분자로는 그 물체의 성질을 가진 최소의 단위로서 이분자의 크기를 분자량이라고 하며, 고분자는 수만의 분자량을 가지는 것으로서 각종의 수지는 이와같이 분자량이 큰 물질이다.

13) 고비점 용제(High boiling point solvent)

용제는 끓는점에 따라 저비점 용제(끓는점 100℃이하), 중비점 용제(끓는점 100~150℃), 고비점 용제(끓는점 150~200℃)로 분류된다. 고비점 용제는 증발이 느리고(건조가 느림) 도막의 레벨링을 좋게 한다. 벤질알코올, 다이아세톤알코올, 셀로솔브, 싸이크로헥사논, 미네랄스피릿트 등이 있다.

14) 고형분(Solid content)

도료 중의 도막이 되는 성분의 양 솔리드분이라고 한다. 기름, 수지, 안료 등 고형물질의 양

15) 광택(Gross)

물체의 표면에서 반사하는 광선의 많고 적음에 의해서 일어나는 시각의 속성으로 정반사 광이 많을 때 광택이 높다고 한다.

16) 기본 조색(Basic color matching)

조색을 할 때 2가지 원색을 혼합하여 원하는 색상과 근접하게 기본색을 만드는 것을 기본 조색이라 한다. 이 용어는 원색의 종류를 구별하는 경우에 사용된다.

17) 나드(NAD) 도료(Non aqueous dispersion coating)

비수분산 도료의 약자로 물 이외의 용매 중(탄화수소계 용제 등)에 폴리머 입자(아크릴 수지 등)를 분산시킨 도료. 고고형분, 저점도로 두껍게 도장할 수 있으며 용제에 의한 대기오염 공해가 적다. 자동차의 메탈릭 색상 마무리용 도료로 주목 받고 있다.

18) NBS 단위(NBS unit)

미국의 국가표준규격국(National Bureau of Standards)이 규정한 색상 차이의 단위

	NBS 색상 차이		색상 차이
단위와 색상 차이의 관계	0.0~0.5	………	근소한 차이(Trace)
	0.5~1.5	………	약간의 차이(Slight)
	1.5~3.0	………	눈에 띄는 차이(Noticeable)
	3.0~6.0	………	확실한 감지 차이(Appreciable)
	6.0~12.0	………	큰 차이(Much)
	12.0 이상	………	매우 큰 차이(Very much)

19) NC(Nitrocellulose)

초화면(질화면) - 폭약의 제조 원료

20) 녹 방지도료(Anti corrosive paint)

철강 표면에 녹이 발생하는 것을 억제하는 기능을 가진 도료로 도막의 녹 억제 기능은 ① 투수성이 적은 도막에 의해 공기 중에 수분이 금속 표면에 도달하는 것을 막고, ② 도막을 알카리성으로 해서 철 표면을 부동태화 하는 것으로 얻어진다. 또는 도막형성요소 자체에 녹 방지 기능을 주는 것도 있다.

21) 논 브러싱 신나(Non blushing thinner)

락카류를 도장할 때 도막의 피복(먼지와 같은 덩어리)을 방지할 목적으로 사용하는 신나로 고비점 용제가 배합되어 있다.

22) 도료(Paint)

물체 표면의 보호, 외관·형상의 변화, 기타의 목적으로 이용하는 재료의 한 종류로 유동상태에서 물체의 표면에 발라서 얇게 막을 만들어 시간이 지나면 달라붙은 다음 딱딱한 막이되어 연속해서 면을 뒤덮는 것. 분말의 상태로 칠을 넓히는 것(분체도료)도 있다.

23) 도막박리제(리무바 = Remover)

도막을 벗겨내기 위해서 사용되는 재료로 알카리형의 무기 박리제와 용제형의 유기 박리제가 있다.

24) 도막형성요소(Film forming elements)

도막을 형성하기 위한 주성분으로 우레탄 도료의 아크릴폴리올 수지나 폴리이소시아네이트, 아크릴 락카의 질화면(NC)나 알키드 수지, 아크릴 수지 등

25) 등유(Paraffin oil = kerosine)

석유원유를 분별증류해서 얻은 비점이 150~300℃의 고비점 탄화수소 혼합물로 유성 도료의 희석제로 이용된다.

26) 락카(Lacquer)

일반적으로 니트로셀룰로즈(NC) 락카(NC, 수지, 가소제을 용제에 녹여서 만든다)라고하나 넓게는 용제휘발형의 속건성 도료를 총칭해서 락카라고 한다.

27) 레벨링제(Levelling)

칠하여진 도료가 유동(流動)해서 자국, 오렌지필, 얼룩(물결) 등을 제거하고 평활하게 하는 것을 레벨링이라 부른다.

28) 밑바닥 색(Bottom color = 底色)

도막 면을 비쳐볼 때의 색상

29) 먼셀 표색계(Munsell system of color)

미국의 화가로 색채교육자인 A.H.Munsell(1858~1918)이 연구한 표색계로 색의 3속성을 색상(Hue), 명도(Value), 채도(Chroma)로 나타내고, 색을 감각적으로 순위 등급으로 나누고 분류 정리하였다.

색표는 1929년에 먼셀 칼라 북으로 발표했다. 이것을 1943년 미국광학회에서 조색하고 표색율의 척도 차이를 수정한 것을 수정먼셀표색계라고 일본 JIS Z8721(3속성에 의한 색의 표시 방법)도 따르고 있다.

30) 무기안료(Inorganic pigment)

광물성 안료라고 불리며 무기화합물로된 안료로 유기안료에 비해 은폐력이 우수하고 내후성, 내열성, 내용제성 등이 뛰어나지만 색의 선명도나 착색력은 나쁘다. 용도별로 착색안료, 체질안료, 방청안료 등으로 구분된다. 대표적인 무기질 착색안료는 다음과 같은 것이 있다.

계열	안료
흰색계	산화 티탄(TiO_2), 산화아연 등
적색계	철단(Bengala, 황토로 구운 적색안료), 크롬버밀리온
황색계	황연, 황토
다갈색	산화철분, 엄버(Umber)
녹색계	크롬그린(Chrome green)
청색계	감청, 군청
흑색계	흑연(Carbon black), 송연(소나무 그을음)

31) 무채색(Achromatic)

백색, 회색, 흑색과 같이 색상, 채도가 없는 색의 그룹이다. 중간색(Neutral color)이라고 말하며 먼셀 표색계에는 N 10은 순백색, N 0은 순흑색, N 5는 회색을 나타낸다.

32) 명도(Value)

색상의 밝기 정도를 나타낸다. 백색은 명도가 높고 흑색은 명도가 낮다.

33) 메탈릭 색상(Metallic color)

금속광택이 보이는 것 같이 만든 색상으로 논리핑(Nonleaping)형 알미늄 페이스트를 혼합해서 만든다.

34) 메쉬(Mesh=망사)

체 망의 칸 크기를 표시하는 단위로 한국에서는 목과 미크론(㎛) 단위를 함께 사용한다.

35) 멜라민수지도료(Melamine resin coating)

멜라민수지(멜라민과 포름알데히드와의 축합물)와 알키드수지 혹은 아크릴수지를 주성분으로 한 열경화형 도료이며, 자동차 외장의 도장용으로 광범위하게 사용되고 있다. 일반적으로 멜라민수지와 알키드수지를 주성분으로 한다.
이른바 아미노알키드수지도료의 것을 가리키는 경우가 많다.

36) 반경화건조(Tack free)

도료 건조 상태의 일종으로 도장한 면에 엄지손가락 중앙으로 살짝 눌러서 비튼다음 도막 표면에 긁힌 자국이 없는 상태를 말한다.

37) 보색(Complementary colors)

적색과 청녹색, 황색과 청자색과 같이 색상이 다른 두가지 색상을 일정 비율로 섞었을 때 무채색(회색)이 되는 경우에 이 두가지 색상은 상호 보색이라고 한다. 조색을 할 때 아주 맑은 도료의 색상을 만들 때에는 보색을 피해서 대비색을 잘 사용해야 한다.

38) 부식(Corrosion)

금속의 표면이 다양한 환경 속에서 화학적으로 반응해서 화합물을 만들고, 금속 자체가 소모되는 현상을 말한다.

39) 분산(Dispersion)

하나의 층을 만들고 있는 물질 중에 다른 물질이 미립자상(콜로이드상)으로 되어서 퍼져있는 현상이다. 용액 중에 액체가 분산되어 있는 것을 에멀전, 액체 중에 고체가 분산되어 있는 것을 서스펜션(Suspension)이라 한다. 또 수지 용액 중에 안료 등 고체입자를 균일하게 퍼져있게 한 것은 분산이다.

40) 불소수지도료(Fluoropolymer coatings = Fluorocarbon resin coatings)

폴리테트라플루우오로에틸렌(PTFE)의 대표인 불소수지는 매우 안정한 C-F 결합을 가지고 있으므로 자외선, 열, 약품 등에 대해서 극히 안정적이고, 또한 분극작용을 받기 어려운 것부터 표면의 비점착성, 마찰특성, 발수, 발유성 등의 특성을 나타낸다. 불소수지 가운데 도료용으로 쓰이고 있는 것은 불화비닐리덴(PVDF) 및 플로로올레핀비닐에테르계 공중합체(FEVE)의 두 종류가 있다
특히 FEVE가 개발된 후 자동차, 자동차보수, 건축관계의 외장에 사용되게 되었다. 이들 용도에 사용된 불소수지도료에는 멜라민 수지와 조합하여 사용된 열경화불소수지도료와 이소시아네이트를 경화제로 사용한 불소우레탄의 두 가지 형태가 있다.

41) 불포화폴리에스테르 수지 도료(Unsaturated polyester resin coating)

불포화폴리에스테르(무수말레인산과 같은 불포화 2염기산과 글리콜류를 축합시킨 것)를 스틸렌과 같은 중합성 모노머에 용해시켜 만든 수지용액을 전색제(Vehicle)로 한 도료이다.
이 수지액 이외에 중합을 위해 촉진제(나프텐산코발트 등)와 촉매(메틸에칠케톤퍼옥사이드 등)이 이용된다. 촉진제는 일반적으로 수지액에 혼합되어있으며, 이를 주제라고 하고 촉매는 경화제로 하여 2액형이라 한다.
도료 성분이 100% 도막이 되므로 두꺼운 도막을 얻을 수 있다. 목공용 후막형 도료와 판금 수정용 등 두껍게 부착하는 퍼티로 사용된다. 폴리에스테르수지 도료라고도 한다.

42) 산화(Oxidation)

어떤 물질이 산소와 화합해서 새로운 물질을 만드는 반응.

43) 산화 건조(Oxidative drying)

도료 중의 전색제가 공기 중의 산소를 흡수해서 산화중합을 일으켜서 건조하는 것.

44) 색감(Tinting shade)

착색 안료를 백색 안료에 혼합하여 섞었을 때 색의 변화는 정도를 말한다. 즉 적미, 황미, 청미가 있다고 한다.

45) 색상(Hue)

색의 3속성의 하나로 적, 황, 녹, … 등을 나타내는 속성

46) 색상 방향(Color direction)

보는 각도에 따라서 색이 다르게 보여지는 것으로 색상환에서 이웃하는 색상이며, 무채색은 사방으로 적용된다. 측면 톤(Flip tone)은 명암과 색상으로 구분된다.

47) 색의 허용차(Color tolerance)

사람의 눈은 ΔE 0.2 정도의 색상 차이를 인식할 수 있지만 도료를 조색할 때 색상차이는 ΔE 1.0 정도를 허용한다.

48) 서페이서(Surfacer)

중도 도료의 일종으로 도막 표면을 평활하게 하는 것이 목적이다. 유성 서페이서, 락카 서페이서 등이 있다.

49) 셀락(Shellac)

락구 벌레가 나무에 기생하면서 배출한 분비물을 채취하여 정제한 수지상의 물질로 메틸알코올, 에틸알코올로 녹여 세라믹 니스의 원료로 이용된다. 알키드에나멜도료 등의 색브리딩 방지제로도 사용되었고, 목재의 투명도장이나 목재의 진을 막는 것 등으로 이용되었으며 락구니스라고도 한다.

50) 셀룰로즈 아세테이트 부틸레이트(CAB)

Cellulose Acetate Butylate의 약자, 섬유소 수지로 린터(Linter), 펄프 등의 섬유에 빙초산, 무수초산을 넣어 황산을 촉매로 해서 에스테르화시켜 만든다. 아크릴 수지와 혼합 사용해서 아크릴락카를 만든다. 빛과 열에 강하고 내후성이 좋으며 변색(황변)이 되지 않는다.

51) 솔리드 색상(Solid color)

메탈릭 색상(금속상의 광택이 있는 색)에 대응어로 일반의 안료로 착색시킨 불투명한 도막의 색을 말한다.

52) 수용성 수지(Water soluble resin)

분자 내에 친수기를 많이 가진 수지상화합물이나 염기중화물의 중합체를 가진 수지로 물에 용해한다. 보통 사용되는 것은 알키드계, 페놀계, 아미노계, 아크릴계 수지이다.

53) 스틸렌(Styrene)

무색 투명의 강한 냄새를 가진 액체로 불포화폴리에스테르 수지의 용제로 사용하고 가교제 역할과 아크릴 수지 원료의 일부분으로 사용된다.

54) 아미노 수지(Amino resin)

1가 아미노(NH_2)를 함유한 메라민, 요소수지 등

55) 아미노 알키드 수지도료(Amino alkyd resin coating)

아미노 수지와 알키드 수지를 주성분으로 한 도료로 다음과 같이 분류된다.

열경화형	가열건조형 도료(자동차용 도료 등)
산경화형	상온건조형 도료(목공용 도료 등)

56) 아크릴 락카(Acrylic lacquer)

58)의 아크릴 수지 도료 참조

57) 아크릴 수지(Acrylic resin)

아크릴산 또는 메타아크릴산의 유도체를 중합시킨 수지로서 무색투명하고 광택, 내구성이 양호하고, 도료용으로 에멀전형, 락카형, 소부형 등에 변성시켜 사용한다.

58) 아크릴 수지 도료(Acrylic coating)

아크릴 수지를 주성분으로 한 도료로서 다음과 같이 분류된다.

용제형	열가소성	NC 변성 아크릴락카, CAB 변성 아크릴락카
	열경화성	가열건조형 아크릴 수지 도료
수성형	에멀전	아크릴 에멀전 페인트
	수용성	가열건조형 아크릴 수지도료(전착도료), 폴리우레탄 디스퍼전(PUD) 도료

59) 아크릴에나멜(Acrylic enamel)

아크릴 수지를 주성분으로 한 에나멜로 육지감, 광택이 우수하고, 경화제로서 이소시아네이트를 사용하지 않으므로 안전위생에는 좋지만 건조가 느리고, 재보수 도장성이 나쁘므로 널리 사용되지 않고 있다.

60) 안료(Pigment)

도료, 인쇄잉크, 화장품 등에 일정한 색을 나타내기 위해 착색하는 물질로 물, 기름, 용제에 녹지 않는 극세 입자의 가루이며, 무기 또는 유기화합물로 분말 자체로 물체에 착색시킬 수 있는 능력은 없지만 전색제(Vehicle)의 조력에 의해 물체에 고착하면서 물체 중에 미세하게 분산해서 착색한다.

안료에는 착색력이 큰 착색안료와 착색력이 거의 없는 체질안료로 구분된다. 체질안료는 도막의 보강, 증

량 등의 목적으로 사용된다. 굴절율이 큰 것은 은폐력이 크다.

61) 알코올계 용제(Alcohols/solvent)

용제로서 사용되어지는 알코올의 종류
- 메틸 알코올 · 부틸 알코올 · 이소프로필 알코올 등

62) 알키드 수지(Alkyd resin)

다가 알코올(글리세린 · 펜타에리스리톨 등)과 다염기산(프탈산 · 말레인산 등)으로 축합시켜 만든 수지. 산 성분의 일부는 지방산(아마인유 · 대두유 · 피마자유 등의 지방산)을 이용한 변성수지가 도료에 많이 사용된다. 변성된 유장의 길이에 따라 장유성 · 중유성 · 단유성으로 구분된다.

63) 알키드 수지 도료(Alkyd resin coating)

알키드 수지를 주성분으로 한 도료로 프탈산 수지 도료라고도 한다.
알키드 수지에 함유한 지방산의 종류, 함유량 등에 따라서 다음과 같이 분류된다.

상온건조형	장유성	합성수지 조합페인트(건축 · 선박 · 일반용 등)
	중유성	알키드수지 에나멜(자동차 · 기계용 등)
	단유성	각종 하도(Primer)도료 · 락카에나멜

가열건조형	중유성	가열건조형 알키드에나멜(프탈산에나멜)
	단유성	가열건조형 하도(Primer)도료

64) 에스테르(Ester)

산과 알코올과의 반응에 의해 물을 분리해서 만든 화합물 또는 이론적으로 이들에 대응하는 구조를 가진 화합물을 말한다.

65) 에스테르 껌(Ester gum)

송진(Rosin)을 다가알코올(글리세린 등)로 에스테르화시켜 만든 수지.
송진보다 건조성, 부착성, 경도가 좋아진다. 바니쉬, 락카 등에 사용된다.

66) 에스테르계 용제((Esters/solvent)

용제로서 사용되는 에스테르 류의 총칭으로 산에 알코올을 반응시켜 만든다.
초산에틸, 초산부틸, 황산에틸 등

67) 에칭프라이머(Etching primer)

81) 웟시프라이머 내용 참조

68) 에테르계 용제(Ethers/solvent)

용제로서 사용되는 에테르류의 총칭으로 디부틸에테르, 에틸렌글리콜, 모노에틸에테르 등

69) 에폭시 수지(Epoxy resin)

분자 중에 2개 이상의 에폭시 기를 가진 수지로 에피클로로비토린과 비스페놀의 축합물이 대표적이다. 내수성, 내약품성, 내식성 등이 우수하여 매우 광범위하게 사용되고 있다.

70) 에폭시 수지 도료(Epoxy resin coating)

에폭시 수지를 주성분으로 한 도료로 에폭시 수지 단독 또는 다른 수지와 혼합, 변성에 의해 매우 특별한 도료를 만들 수 있다. 중방식 도료, 내약품 도료, 칩내면용 도료 등에 이용되고 있다.

71) 연색(Color rendering)

조명에 의해 물체색을 보는 방법을 말한다. 같은 색상을 햇빛에 볼 때와 백열등이나 형광등의 빛으로 보았을 때 색상이 많이 다르게 보인다.
이 색상의 차이가 큰 정도를 연색성이 나쁘다(크다)고 말한다.

72) 열가소성(Thermoplastic)

열을 가하면 연화되고, 냉각하면 딱딱해지는 것을 반복하는 성질로 상온건조형 도료의 도막은 대부분 열가소성이다.

73) 열경화성(Thermosetting)

수지 등이 가열시키면 경화해서 용제에 녹지도 않고 열에 연화되지도 않는 원래의 유연한 상태로 돌아갈 수 없는 성질로 가열건조형 도료, 촉매경화 도료 등의 도막은 열경화성이다.

74) 오일 서페이서(Oil surfacer)

락카에나멜이나 프탈산수지에나멜을 매끄럽게 상도도장하기 위해 사용하는 중도용 도료로 장유성 바니쉬에 안료를 분산시켜 만든다.

75) 오일 퍼티(0il putty)

소재 표면의 작은 기공, 요철을 메꾸고 평활하게 하는 페이스트 상 도료로 장유성 바니쉬에 많은 안료를 분산시켜 만든다.

76) 오일 프라이머(Oil primer)

락카에나멜이나 프탈산수지에나멜을 마무리 도장하기 위해 사용하는 하도용 도료로 녹 방지 성능과 도막의 부착성을 좋게 한다. 장유성 바니쉬에 방청안료를 분산시켜 만든다.

77) 용제(Solvent)

도막형성요소에서 빠지는 것이라고 할 수 있는 휘발성의 액체로 도료의 유동성을 증가시키기 때문에 이용한다. 대부분 유기용제이지만 물(수계도료의 경우)도 이용된다. 유기용제는 다음과 같이 분류된다.

화학구조에 의한 분류	지방족탄화수소계류, 방향족탄화수소계류, 알코올류, 케톤류, 에스테르류, 에테르류 등

용해성에 의한 분류	진용제, 조용제, 희석제

비점에 의한 분류	저비점 용제, 중비점 용제, 고비점 용제
극성에 의한 분류	극성 용제, 비극성 용제

78) 우레탄 수지(Urethane resin)

폴리이소시아네이트(이소시아네이트 기를 가진 화합물)와 폴리올(활성수소를 가진 화합물)과의 반응 생성물로 도료, 섬유, 접착제, 조형물 등에 사용되어 진다.

79) 우레탄 수지 도료(Urethane resin coating)

우레탄 결합을 도막 중에 형성하는 모든 도료를 말한다. 일반적으로 다음의 3종류가 이용되고 있다.

폴리올 경화형(2액형)	대표적인 우레탄 도료
습기경화형(1액형)	우레탄 도료에 준하나 내마모성이 크다
유(油)변성형(1액형)	성능이 약하고 우레탄화유, 우레탄화 알키드라고 말한다.

80) 원색(Full shade)

한가지 안료를 전색제에 분산시킨 도료로서 완전한 도료로 만든 것을 말한다.
이와 유사한 것으로 도료로 완전한 조정을 하지 않고 착색제로서 사용하는 것을 조색제라 하며, 조색제는 수지를 첨가하여야 도료로서의 기능을 발휘할 수 있다.

81) 웢시프라이머(Wash primer)

철(강판), 경금속, 아연강판 등 소재처리에 사용하는 도료로 1액형과 2액형으로 되어 있고 1액형은 비닐부치랄과 인산용액으로 되어있으며, 2액형은 주제가 비닐부티랄 징크크로메이트 용액으로 도장할 때에 첨가제(인산용액)를 넣어서 사용한다. 성분의 일부분(인산 등)이 금속과 반응해서 도막의 부착성을 향상시킨다. 에칭프라이머 · 프리트레이트먼트프라이머라고도 말한다.

82) 유기안료(Organic pigment)

유가화합물로 이루어진 안료로 염료를 체질안료 위에 착색시켜 물에 녹지 않는 형태로 한 것. 무기안료에 비해 색조는 선명하고 착색력은 크지만, 은폐력이 나쁘다. 내후성, 내열성, 내용제성 등은 열악하지만 최근 들어 기술의 발전에 따라 이 결점이 해결되고 있다. 적색안료로는 퀴나크리돈레드, 황색은 판저옐로우, 청색에는 프탈로시아닌부루 등의 약칭이 있다.

83) 유연성(Flexibility)

외부의 힘으로 휘는 것을 견딜 수 있는 성질로 유연성이라고 한다.

84) 유채색(Chromatic)

적, 황, 청 등의 색감을 가진 색을 말한다.

85) 은폐력(Hiding power)

도막이 밑바닥의 색을 감추는 것을 말한다. 일반적으로 색을 내는 도막 두께를 의미한다.

86) 응집(Flocculation)

안료가 전색제 중에 분산되어 있는 상태에서 안료끼리 뭉쳐지는 것을 말한다.
안료가 응집되면 착색력이 나빠지고 심하게 되면 색상이 달라지고 티가 발생하게 된다. 카본블랙과 부루계통의 발생이 쉽다.

87) 이소시아네이트 기(Isocyanate group)

이소시안산에스테르(Isocyanic acid ester)에 함유한 1가 원자단으로-N=C=O의 구조 물질로 알코올류, 아민류와 같은 활성 수소를 함유한 화합물과 쉽게 반응하고, 우레탄 결합을 만든다. 우레탄 수지도료의 경화제에는 이소시아네이트 기를 가진다.

* 모노머의 이소시아네이트는 인체에 유해하므로 취급 시 안전 위생면에서 주의해야 한다.

88) 전색제(Vehicle)

도료 가운데 안료를 분산시키고 있는 액상의 성분을 말한다. 바꿔 말하면 도막형성 성분(기름, 수지, 섬유소계 등)과 용제성분을 나타낸다. 도료의 성질은 전색제의 종류에 의해서 지배되는 것이 많다.

89) 전착(Electrodeposition)

물에 분산한 도료를 탱크에 넣어 그 중에 피도물을 침적시켜 하나의 극으로 하고 이것과 반대되는 극과의 사이에 직류 전류를 통해서 피도면의 표면에 도료를 전기적으로 석출시켜서 도막을 형성하는 것을 전착이라고 하며, 피도물이 양극이면 아니온 전착, 반대로 음극이면 카치온 전착이다.

90) 전착도료(Electrodeposition coating)

전착 도장에 사용되는 도료로 수지로서는 수용화한 페놀변성말레인화유(油) 에폭시 수지, 아크릴 수지, 폴리부타디엔 수지 등이 사용되어진다. 전착도료는 자동차, 가전제품 등의 프라이머로 광범위하게 사용된다.

91) 젖은 색(Wet color)

안료가 액체로 젖어있을 때의 색으로 도료에는 건조전의 도막의 색을 말한다.

92) 조건등색(Metamerism)

분광 분포가 다른 2개의 색이 어떤 광원에서는 똑같아 보이고 다른 광원에서는 다른 색으로 보여 지는 것이다. 이처럼 한 조건을 가지고 같은 색상으로 보여지는 현상을 조건등색(Metamerism)이라고 한다. 안료의 종류에 따라서 조건등색이 일어날 수 있으므로 조색할 때에 주의가 필요하다(청색 또는 황색 계통의 안료는 조건등색을 일으킬 수 있는 것이 많다.)

93) 중합(Polymerization)

동일 화합물 2개 이상의 분자가 결합해서 분자량이 큰 화합물을 만드는 현상

94) 중합건조(Polymerization drying)

도료 중의 전색제(Vehicle)가 가열, 촉매, 경화제 등에 의해 중합하여 경화건조하는 것. 에폭시 수지 도료, 우레탄 수지 도료, 불포화폴리에스테르 수지 도료 등은 중합 건조한다.

95) 지방족 탄화수소 용제(Aliphatic hydrocarbons/solvent)

석유계 탄화수소 용제라고도 말하며, 석유 원유의 분류에 의해서 만든다. 미네랄스피리트, 등유 등

96) 지촉건조(Set to touch)

도료의 초기 건조 단계를 표시하는 용어로 도막에 손끝을 가볍게 대었을 때 접착성은 있지만 도막이 손끝에 묻어나지 않는 상태를 말한다.

97) 진용제(True/solvent)

용해력에 따라서 진용제, 조용제, 희석제로 분류된다. 진용제는 섬유소, 수지 등을 녹이지만 조용제는 단독으로 그들을 녹일 수 없지만 진용제와 병용하면 용해력을 증대 하는 성질이 있다. 희석제도 단독으로는 용해력이 없지만 신나 성분의 증량, 과도한 용해력을 조절, 증발속도의 조절 등의 목적으로 사용된다.

98) 질화면(Nitrocellulose/NC)

질산섬유소, 질산셀룰로즈라고 한다. 린터(linter), 펄프 등의 섬유를 초산, 황산의 혼합물로 초화시켜 만든다. NC 락카의 주원료이다.

99) 착색안료(Color pigment)

도료에 색을 내기 위해 사용되는 안료로 무기안료와 유기안료가 있다.

100) 착색력(Tinting strength)

원색을 넣어서 색감이 변하는 그 효과 정도를 착색력이라고 한다.

101) 채도(Chroma)

색의 3속성 중 하나로 색의 선명한 정도를 말한다. 색의 탁도, 포화도, 순도라고도 한다.

102) 천연수지(Natural resin)

나무 또는 곤충(벌레)에서 분비되는 덩어리 모양의 물질 혹은 이것이 묻어져 반화석 상태로 되어있는 것도 있다. 송진(Rosin), 셀락, 다마르(Dammar), 코펄(Copal), 호박(옛날 수지가 땅속에서 화석 같이 된 것) 등

103) 첨가혼합색상(Additive mixture of color)

2종 이상의 색을 혼합했을 때 기본 색보다 밝아지게 되는 것 같은 색의 혼합이다. 색광의 혼합, 칼라TV 색의 혼합이 이것이다.

적색, 녹색, 청(자)색은 첨가혼합색의 삼원색이라고 한다.

104) 체질안료(Filler extender)

기름이나 수지에 혼합하면 반 투명으로 되는 무기질 안료로 프라이머, 퍼티, 서페이서 등에 분산시켜 도막의 보강, 증량(육지감을 좋게) 등의 목적으로 사용된다.
소광제로도 사용되는 것도 있으며, 황산바륨, 탄산칼슘, 실리카, 탈크 등

105) 촉진내후성 기기(Weather-o-meter)

도막이 옥외에서의 내구성을 인공적으로 시험하는 기기로 탄소아크등 2개를 이용해서 자외선을 발생시켜서 도막에 비추고, 먼저 120분 동안에 102분 사이에 18분간 물을 뿌린다. 반복적으로 200시간 실시하여 1년간 자연 폭로한 것으로 간주한다.
이밖에 썬사인탄소아크 등 크세논 등을 광원으로 한 것도 있다.

106) 탄화수소계 용제(Hydrocarbon solvent)

① 석유벤젠, 등유 등의 석유계 탄화수소(지방족 탄화수소)
② 톨루엔, 크실렌 등의 콜타르계 탄화수소(방향족 탄화수소)
③ 테레핀유 등의 식물계 탄화수소가 있다.

107) 투명락카(Clear lacquer)

안료가 없는 투명한 락카

108) 케톤계 용제(Ketones/solvent)

용제로 이용되는 케톤류을 말하며 메칠에칠케톤(MEK), 싸이크로헥사논, 아세톤, 메칠이소부칠케톤(MIBK) 등.

109) 퍼티(Putty)

소재의 패인 곳, 깨진 곳, 구멍 등의 결함을 메꾸어서 면이 평활하게 될 수 있게 하는 후막형(두껍게 도포) 도료로 안료분이 많으며, 페이스트 상으로 되어 있다.
유성퍼티, 락카퍼티, 에폭시퍼티, 우레탄퍼티, 에멀전퍼티 등이 있으며, 특히 건조가 빠르고 한 번에 두껍게 도포할 수 있는 불포화폴리에스테르 수지 퍼티(폴리에스테르 퍼티라고도 함)가 있다.

110) 포드 컵(Ford cup)

액체가 밖으로 흘러나오는 점도계의 일종으로 미국의 포드자동차 회사에서 처음 사용했으므로 이름이 포드 컵이다. 도료의 점도 측정에는 포드 컵 No.4번이 채용되고 있다. 도료 100㎖을 유출구경 4㎜로 흘러내렸을 때 유출시간을 초(Sec)로 점도를 나타낸다. 이와 유사한 이와다 컵도 있다.

111) 포리싱콤파운드(Polishing compound)

도막을 연마하고 광택(윤)을 내기 위해서 이용하는 재료로 큰입자, 중간입자, 작은입자, 극세입자, 초극세입자 등이 있다.

112) 프라이머(Primer)

소재에 직접 도장해서 소재면에대한 도막의 부착성이나 녹 발생 억제를 강화하는 것을 목적으로 한 하도도료.

113) 프라이머 서페이서(Primer surfacer)

중도(서페이서, surfacer)의 성질도 겸비한 소제에 도장할 수 있는 도료.

114) 프탈산 수지(Phthalic acid resin)

무수프탈산과 글리세린 등의 다가 알코올을 반응시켜 유(油) 혹은 지방산을 이용하여 변성한 수지이다.

115) 확산 반사((Diffused reflection)

물체 표면에 들어간 빛이 그 표면에서 영상을 만들지 않도록 한 상태에서 반사시키는 과정을 말한다.

116) 확산 반사율(Diffused reflectance)

확산 반사에 따른 반사된 빛과 들어간 빛에 대한 비율로 일반적으로 들어간 빛의 각도는 45° 받은 광의 각도는 0°로 계산한다. 이것을 45° 0° 확산반사율이라고 한다.

117) 확산 햇빛(Diffused daylight)

도막 외관의 색상을 비교할 때 표준 광원으로 해가 뜬 3시간 후부터 해가 지기 3시간 전까지 햇빛의 직사광선을 피한 북쪽 창에서의 빛을 말한다.
인공적인 "표준광원 C"가 있다.

118) 희석제(Diluent)

용제의 용해력에 의한 분류의 하나로 진용제, 조용제, 희석제라고 부른다.
희석제 자체로는 수지 등을 녹일 수 있는 힘은 없지만, 신나 성분의 증량 또는 용제가 밑의 도막을 과도하게 용해하는 것을 방지하기도 하고 증발속도를 조절하기도 하는 목적으로 사용된다. 신나를 희석제라고도 부른다.

7.2 도장 관련 용어

1) 2C 1B(Two coats one bake)

도장을 2번 도장한 다음 가열건조를 1회하는 것을 의미, 공정 간소화의 한가지 수단이다. 자동차 도장 시스템에서 도입하여 메탈릭 에나멜을 도장한 직후에 투명을 도장하고 1회 가열건조하여 경화시킨다.

2) 가이드코팅(Guide coating)

안내 도료라고 한다. 서페이서 등 중도 도박의 연마를 쉽게 하기 위해 중도 도장한 색과 다른 색의 도료를 도장하는 것이다. 가이드코트가 남아 있으면 연마가 안되고 평활하지 않다고 판정한다.

3) 가장자리(Feather edge)

자동차 보수도장을 할 때 상처 난 도막의 주위를 새의 깃털 형태로 넓게 갈아서 금속 면, 하지 층, 상도 층의 단 차이가 나지 않도록 매끄러운 모양으로 갈아서 나타난 도막의 얼룩을 말한다.

4) 강제건조(Forced drying)

건조를 빠르게 하기 위해서 적외선 혹은 열풍으로 피도물을 가열하는 것을 80℃ 이하에서 행하는 것이다. 120℃ 이상 행하는 것은 가열건조라고 한다.

5) 건조(Drying)

도막의 건조상태를 나타내는 용어로 흔히 지촉건조에서 경화건조에 도달하는 과정을 말한다.

6) 걸레(Waste)

면 거즈, 걸레를 뜻한다.

7) 결로(Condensation=Dewing)

습도가 높은 환경에 금속판 등을 놓으면 금속 표면의 습도가 온도차에 의해 이슬점 이하가 되어 금속 표면에 수분이 입자가 되어 응집한다. 이것을 결로라 한다. 교량이나 건축물 도장에서는 아침저녁으로 잘 나타나는 현상이다. 결로한 표면에 도료를 도장하면 도막의 백화(Blushing), 분화구(Crater), 벗겨짐(Peeling) 등의 결함이 발생할 수 있다.

8) 계량 조색(Weighing color matching)

미리 계량된 배합을 기본으로 원색 또는 조색제를 계량해서 조색하는 것으로 무게비와 부피비가 있으며 대부분이 무게비로 되어있다.

9) 공기불어대는 건(Air Dust gun)

압축공기를 뿜어내어 도장 전에 티끌, 먼지를 에어더스트 건으로 날려버리고, 수(水) 연마 후에 물을 건조시키는데 사용한다.

10) 공기불어내기(Air blowing)

압축공기를 뿜어내면서 도장할 표면의 물자국이나 수분을 날려 보내서 제거하는 것. 금속 표면처리 후에 탕세하고 수세할 때 물자국이나 수연마 후에 수분을 제거할 때 행한다.

11) 공기 압축기(Air compressor)

에어 컴프레샤 - 에어 스프레이용 압축공기를 만드는 기계로서 스프레이 중 항상 3~5 kg/㎠의 공기압을 유지할 수 있는 성능을 가진 것이 필요하다.

12) 공기 연마기(Air sander)

압축공기를 동력원으로 한 연마기. 수(水) 연마 시 사용해도 누전의 위험이 없다.

13) 공기 캡(Air cap)

스프레이 건의 도료 노즐을 덮고 있는 캡으로 도료가 흐를 때 공기를 불어넣어 미립화하고 동시에 스프레이 패턴을 크고 작게 방향(가로, 세로)을 조절한다. 소공(보통 4구멍)과 다공(구멍이 6개 이상)형이 있으며 다공일수록 도료의 미립화 성능이 우수하다.

14) 공연마(Dry sanding)

도막에 물이나 휘발유를 묻히지 않고 연마지만으로 연마하는 것.

15) 광택내기 연마(Polishing)

락카 도장 등의 최종 공정으로 도막을 연마해서 광택을 내는 방법으로 연마제로는 포리싱콤파운드, 왁스 등이 이용되고 있다.

16) 교반기(Agitater)

조색할 때 조색제을 균일하게 보관, 사용 관리하고 희석할 때 이용하는 동력기.

17) 그물코 줄(Surform)

특수강으로 만든 가늘고 긴 막대기 모양의 줄(File)을 말한다. 판금용 퍼티의 반경화되었을 때 갈아내는 도구이다.

18) 근적외선(Near infrared)

적외선에는 햇빛이나 고온의 물체에서 나오는 강력한 열작용을 가진 방사선으로 0.75~1000㎛까지의 것이지만, 이중에서 1.5㎛ 이하의 것이 근적외선이라 부른다.

19) 내수 연마지(Waterproof sand paper)

내수 종이에 연마 입자를 접착시킨 것으로 수연마나 가솔린 연마에 사용한다.

20) 노즐(Nozzle)

스프레이 건의 선단에 있는 도료의 유출구.

21) 더블액션연마기(Double action sander)

타원과 정원의 2중 회전을 하는 연마기로 보통 회전식 연마기보다 효율이 좋다.

22) 더스트 프리(Dust free)

도막에 먼지가 붙지 않을 정도로 건조한 상태를 말한다.

23) 도장(Coating)

도료를 이용해서 물체의 표면을 마무리하는 작업의 전체를 말하며, 도장의 목적은 물체의 보호와 외관을 아름답게 하는 것이 주목적이라 할 수 있다.

24) 도장계(Coating system)

도장의 목적을 만족시키기 위해서 하도부터 상도까지 도막의 조합을 말한다.

25) 도장공정(Coating process)

도장을 하기 위해서 보조 작업을 포함한 구체적인 작업 순서.

26) 도장시방서(Coating specification)

도장의 시방을 규정한 설계서.

27) 드레인(Drain)

고인 물, 혹은 그것을 배출하는 것을 말한다. 압축공기 중에는 수분을 함유하고 있어 저장 공기탱크나 공기 청정기 중에도 쌓이므로 이것을 정기적으로 배출하지 않으면 안된다.

28) 디스크 연마기(Disc sander)

원판상의 원회전 연마기로 압축 공기 또는 전기로 운전한다.

29) 마스킹(Masking)

도료를 도장하지 않는 부분을 종이 등으로 덮개를 하는 것으로 양생이라고도 한다.

30) 마스킹 테이프(Masking tape)

색을 도장할 부분을 나누거나 칠을 하지 않을 부분을 구분하여 마무리 등에 이용하는 점착성의 테이프이다.

31) 메꿈(밀봉=Sealing) 효과(effect)

하지나 구도막 등 하층 도막이 상도도료의 용제에 침식되어 쪼글쪼글 해지는 것을 막는 효과. 보통 베리어코트(Burrier coat)나 2액형 중도를 도장해서 차단한다.

32) 물 세척(Washing)

탈지, 녹 제거 등의 화학적 처리나 수(水)연마 뒤에 하는 청소 공정으로 보통 물로 샤워한다. 수세가 불충분하면 도막에 부풀음(Blister)의 원인이 된다.

33) 미스트 스프레이(Mist spray)

안개와 같이 도료를 도장하는 것. 메탈릭에나멜 등 한번에 두껍게 도장하면 메탈릭 얼룩이나 흐름이 생기므로 처음에는 분사를 얇게, 드물게 분사, 수분 후에 본 도장을 한다. 버린 칠이라고도 한다.

34) 베이스 코트(Base coat)

색도료를 일반적으로 베이스코트라고 한다. 수용성의 경우는 워터베이스라 한다.

35) 부분 보수(Fade out = spot repair)

상처난 부분과 상처 부위의 10~15㎝ 이내의 주변만 보수 도장하는 것으로 가장 고도의 기술이다. 자동차 보수도장에서는 전체도장(All paint), 부품 도장(Part coating), 숨김도장(Blending = 부품 도장을 할 때 이색을 감추려고 옆 부품에도 날려 도장하여 이색이 없도록 하는 기술), 부분보수도장(Fade out)으로 구분된다.

36) 부품도장(Part coating)

경계선이 잘라져 있는 부품을 그 경계선 내 전체를 도장하고, 숨김도장(Blending)을 하지 않는 보수도장 방법이다. 휀다 1개, 범퍼 1개, 문짝 1개 등 판넬 단위로 도장하며, 블럭 도장이라고도 한다.

37) 불투명 마무리(Clear blend finish)

솔리드 색상, 메탈릭 색상에 투명을 넣어서 도장하는 마무리 방법.

38) 상도 도료(Top coat)

도장 공정 중에서 마지막 도장하는 도료로 색상도료와 투명류가 있다. 내구성과 미관을 아름답게 유지하는 것을 목적으로 한다.

39) 생 소재(Substrate=생지)

목재, 강판, 콘크리트 등 도장하기 전의 물체. 소지라고도 한다.

40) 셋팅 터임(Setting time)

도료를 바른 후 상온에서 잠깐 방치해서 용제나 물 등을 날려 보내는 것으로 도장 직후에 가열하면 기포가 발생하기 쉽다.

41) 송진포(Tack cloth/부직포)

불건성 바니쉬를 침투시킨 면포(gauze)로 도장 직전에 피도면의 먼지, 티 등을 깨끗이 닦아내는데 이용한다.

42) 수세식 스프레이 부스(Water spray booth)

스프레이 부스 내에 수막과 물 샤워를 설치해서 스프레이 더스트를 세정하고, 배기하는 장치로 부스내의 오염이 적고 화재에 대한 걱정이 없다.

43) 수연마(Wet sanding)

내수연마지, 지석, 연마회 등을 이용한다. 물을 축이면서 도막을 갈아낸다. 감김이 없이 평활하게 갈아낸다.

44) 수절건조(Dry off)

금속의 표면처리 후나 도막의 수연마 후에 수분을 신속하게 잡기 위해서 가열 건조하는 것. 적외선로나 열풍로가 이용되고 있다.

45) 스페튤라(Spatula)

퍼티 등 각종 도료를 젖거나 덜어낼 때 사용하는 철 또는 알미늄, 플라스틱 소재로 만든 30cm 정도의 긴 자와 같이 만든 용구로 퍼티 작업 시 사용하는 것과 다르다.

46) 스프레이 건(Spray gun)

도장할 때 사용하는 권총 모양(Pistol 형태)의 기기로 에어스프레이 건(흡상식, 중력식, 압송식), 에어레스 스프레이 건, 정전스프레이 건 등이 있다.

47) 스프레이 더스트(Spray dust)

도장할 때 일어나는 도료의 분무 가스.

48) 스프레이 부스(Spray booth)

도장할 때에 일어나는 스프레이 더스트의 비산을 막고 송풍기로 실외로 배기하는 장치로 건식 스프레이 부스와 수세식 스프레이 부스가 있다.

49) 스프레이 점도(Spray viscosity)

도장할 때에 적당한 상태로 희석한 도료의 점도

50) 스프레이 패턴(Spray pattern)

스프레이 건을 정지한 상태에서 작동할 때에 얻어지는 도장요령을 말한다. 에어스프레이 건에서는 타원형, 긴 타원형 모양으로 조절하는 것에 따라 자유롭게 변화 시킨다. 에어레스 스프레이의 경우는 노즐 팁을 교체하는 것에 따라 도장의 형상을 변화 시킬 수 있다. 건식은 격벽판(baffle board)이나 여과장치(arrester=filter)에 스프레이 더스트를 흡착시키는 것이며, 습식은 물 커텐 및 샤워로 스프레이 더스트를 세정하고 배기하는 것이다.

51) 신차도막(O.E.M Coating film)

일반적으로 140℃ 정도의 열로 가열한 것으로 솔리드 색상(단칠)은 열경화 아미노알키드 수지도료, 메탈릭 색상은 열경화 아크릴 수지도료가 대부분이다.

52) 압송 도료 탱크(Pressurized paint tank)

같은 도료를 대량 사용하는 경우에 이용하는 가압식 탱크로 호스로 스프레이 건에 연결해서 연속적으로 스프레이를 할 수 있다.

53) 압송식 스프레이 건(Pressure feed type spray gun)

압송 도료 탱크로부터 호수를 따라서 건에 도료가 보내져 스프레이를 할 수 있도록 되어있는 형식의 스프레이 건으로 중력식과 흡상식 스프레이 건에 비해 많은 량의 도료를 연속적으로 분사시키는 것이 가능하므로 양산 공장에서 많이 사용한다.

스프레이 건에 컵이 달려있지 않아서 상하・좌우의 방향에서도 스프레이 작업이 가능 조작성이 좋다. 도료의 분사량이 많기 때문에 흡상식과 중력식 건 보다 도료 미립화을 위해 공기량이 많아야한다.

54) 에어 드라이어(Air dryer)

제습기로 압축 공기 중에 수분을 제거하는 것으로 콤프레샤와 에어트랜포머 중간에 설치한다.

55) 에어레스 스프레이(Airless spray)

압축 공기에 의존하지 않고 도료 자체에 고압을 걸어서 작은 노즐에서 도료를 무화하고 뿜어내어 도장하는 방식. 에어스프레이에 비해 도료의 분출량이 압도적으로 많아 도장 능률이 좋다. 또 오버 스프레이에 의한 도료의 손실이 적고 고점도의 도료도 스프레이 할 수 있다. 선박, 철골 등 중방식 도장에 널리 사용되고 있다.

56) 에어 스프레이(Air spray)

압축 공기에 의해 도료를 안개처럼 뿜어내어 도장하는 방식. 건조가 빠른 락카 도료 도장 방법으로 발달하였다. 능률이 좋고 균일한 도막면을 얻을 수 있지만, 오버스프레이에 의한 도료의 손실이 크다. 배기부스가 필요하다.

57) 에어 트랜스포머(Air transformer)

압축 공기의 압력을 조절하고 동시에 수분, 기름 등을 분리 제거하는 기기. 에어스프레이의 경우 콤프레샤와 스프레이 건 중간에 설치하는데 건으로부터 10m 이내가 좋다.

58) 여과기(Strainer)

도료를 사용하기 전에 티, 이물질을 거르는 것으로 종이 또는 헝겊과 철망으로 되어있다. 종류는 그물망이 있는 종이, 헝겊, 플라스틱, 철망 등의 재료가 있다.

59) 연마(Sanding)

생지, 하지, 도막 등을 연마지로 갈아서 평활하게하고, 또 먼지 등 이물질을 제거하고 청소하는 것.

60) 연마지(Sand paper)

나무질, 도막 등을 연마하는 연마 재료로 연마 입자를 종이에 부착시킨 것으로 공연마용과 수(水)연마(내수연마지)용이 있다. 연마 입자에는 석류석(Garnet, 기호G), 알미늄옥사이드(Aiuminium oxide, 기호A), 탄화규소(Silicon carbide, 기호C) 등이 이용된다. C가 날카롭고 양도 많이 이용된다. 입자는 #2000번에서 16번까지 있고, 숫자가 클수록 입자(정입도)가 작다.

61) 오버 스프레이(Over spray)

목적물에 도착하지 않고 헛되게 공중에 떠다니는 도료 더스트(안개 상태)이다.
에어스프레이는 오버스프레이 량이 많고, 에어레스 스프레이는 적다.

62) 오비탈 연마기(Orbital sander)

궤도 운동을 하는 연마기. 전후 운동의 연마기 보다 평활면을 얻기가 쉽고 효과가 좋다.

63) 울 분첩(Wool buff)

콤파운드할 때 사용할 양모제 분첩(Buff)

64) 원색도료(Primary paint)

한 가지 안료만으로 착색시킨 도료.

65) 원색배합표(Color matching formulation)

지정된 색상을 만들기 위해 필요한 원색 또는 조색제의 배합비율(%)을 표현한 것. 이 데이터를 기재한 것이지만 원색배합표 또는 계량조색 배합표라고 한다.

66) 원적외선(far-infrared radiation)

적외선은 태양이나 고온의 물체에서 나오는 강한 열 작용을 가진 방사선으로 파장 0.75~1000㎛까지의 것이지만, 이중에서 1.5㎛ 이상의 것이 원적외선이라 부른다. 원적외선 건조설비는 이 원적외선을 가진 에너지를 이용한 것이다.

67) 웻트 온 웻트(Wet on wet)

연속도장, 더블도장이라 한다. 도료를 도장(스프레이 도장)한 다음 잠깐방치(Setting) 해서 용제를 대부분 날려 보낸 다음 연속해서 한 번 더 도료를 도장하는 것을 말한다. 두꺼운 도막을 얻으려면 자동차 도장에서는 이방식이 잘 채용된다.

68) 웻트 코트(Wet coat)

스프레이 도장한 도막이 용제가 있어 유전(流展)하고 물에 젖은듯한 매끄러운 도막이 되는 것

69) 음이온 전착(안이온 전착 = Anionic electrodeposition)

전착 도장법으로 차체(Body)에⊕ 도료에⊖ 전기를 주는 방식이며, 이와 반대로 전하를 주는 것을 양이온(카치온 = Kation) 전착이라 한다.

음이온 전착에서는 전처리와 화성피막이 도료 중에 용출해서 감소하기 때문에 방청력은 양이온 전착보다 약하다.

70) 점도(Viscosity)

유동하는 물체의 내부에 일어나는 저항을 점도라 한다. 점도는 유체에 가해지는 전단응력과 전단속도에 비율로 나타낸다. 이 비율은 전단응력에 무관계로 일정할 때 이것을 뉴톤 액체라 한다. 이것이 본래의 점도이다. 도료의 점도는 도장 작업성에 관계하고 신나로 희석해서 점도 조정한다.

71) 정반(Putty mixing plate)

퍼티와 경화제 등을 연속으로 섞기 위해서 사용하는 판넬로 치정반, 상정반, 평정반 등 여러 가지가 있다.

72) 정전 도장(Electrostatic coating)

도료와 물체 사이에 정전압을 걸어 도료의 무화를 물체에 당겨 붙게 도장하는 방법으로 도료의 손실이 적은 것이 특징이다. 회전 컵(cup)식, 회전원판식, 에어스프레이식 등이 있다.

73) 주걱(헤라)

퍼티 등 페이스트상의 도료를 도포하기 위해 사용하는 용구로 고무, 나무, 금속, 플라스틱 주걱 등이 있으며, 스페튤라라고도 한다.

74) 초벌도장(The first painting)

본 도장을 하기 전에 날려 얇게 도장하는 것. 분화구(creter)의 확인 등을 목적으로 1회 도장한다.

75) 터치업(Touch up)

부분적으로 보수 도장하는 것.

76) 콤파운드(Compound)

도막 표면의 광택을 내거나 티를 제거하기 위한 연마제로 거친 것, 중간 것, 가는 것, 극세, 초극세 미립자 등이 있다.

77) 페이퍼 공급 장치(Paper dispenser)

마스킹용 롤 페이퍼와 마스킹 테이프를 동시에 셋트로 하여 페이퍼를 잡아당기면 동시에 테이프가 붙어 나오는 종이를 붙이는 기계

78) 표면처리(Surface preparation)

소재 표면의 녹을 제거하거나 청소, 혹은 재 도장할 때 구도막을 박리하는 작업을 표면처리라 한다. 즉 탈지, 녹 제거, 화성피막 등의 처리하는 것을 말한다.

79) 플래쉬 오프 타임(Flash off time)

도장 직후에 도막에 공기 등을 불어주어서 용제 등을 휘발시키는 것.

80) 하도(Undercoat)

상도(Top coat)에 대해서 프라이머 서페이서의 하도 도장으로 하도도료 또는 하도 도막을 말한다. 그밖에 방청, 방음, 방수를 위해 차량의 휠하우스(Wheel house) 내면에 도장할 도료도 하도(Undercoat)라

고 부른다.

81) 화성피막처리(Chemical pretreatment)

화학약품을 이용해서 금속 표면을 처리하고, 녹지 않는 염(塩)류의 피막을 생성시키는 방법. 생성된 화합물을 화성피막이라 한다. 치밀한 금속면에 잘 밀착시켜 방청력이 있는 균일한 연속 피막이 된다. 이 위에 도장을 하면 도료의 밀착력이 좋고 내식성이 우수한 도장방법이 된다. 철강에는 인산아연염, 인산철염, 알미늄에는 인산염이나 크롬산염의 처리제가 사용된다.

82) 휘발유 연마(Gasoline sanding)

도막에 휘발유를 묻혀서 내수연마지로 연마하는 것. 연마할 때 연마지의 감김이 적다.

7.3 도료 도장 결함의 관련 용어

1) 갈라짐(균열, Cracking)

하지 도막까지 거북이 등처럼 깊이 도막이 갈라지는 것을 균열이라고 하며 다음과 같이 분류된다.

① 극히 섬세한 얕은 갈라짐 → 헤어 크랙(Hair cracking)
② 섬세한 얕은 갈라짐 → Checking
③ 조금 굵게 남은 갈라짐 → 잔금(Crazing)
④ 깊은 갈라짐 → 갈라짐(Cracking)
⑤ 악어와 같이 심한 갈라짐 → 악어가죽균열(Alligatering)

2) 광택소실(Blooming)

도막이 물을 흡수해서 광택이 없어지게 되는 것.

3) 귤껍질(Orange peel)

도막 결함의 일종으로 유자껍질, 귤껍질이라고 부른다. 도막이 매끄럽게 되지 않고 귤껍질의 표면과 비슷하게 요철(凹凸)이 생긴 현상.

4) 기포(Pinhole)

도막에 바늘로 찌른 것 같은 작은 구멍, 가죽의 털구멍과 같은 구멍이 있는 현상. 하지 면에 이미 작은 구멍이 있거나 셋팅 간격이 없이 급격히 열을 주는 것이 주원인이다.

5) 리버링(Livering)

도료가 저장 중에 곤약상으로 엉기어서 생기는 현상을 말한다.

6) 리프팅(Lifting)

톱 페인트 코트가 칠해지거나 건조하는 동안 표면이 비틀리거나 주름지는 것을 이른다. 분사 후 주름이 발생할 위험이 있는 시간대(時間帶)를 리프팅 존(lifting zone) 이라고 한다.

7) 메탈릭얼룩(Metallic mottling)

메탈릭 색 도료를 도장할 때 알미늄 입자가 균일하게 흩어지지 않고, 얼룩무늬가 있는 현상.

8) 박막(Thin film)

평활했던 도막이 시간이 경과하는 것에 따라 칠이 빨리는 부분이 있어서 도막 표면이 불균일하게 되는 것.

9) 백아화(Chalking)

도장(塗裝)한 도막(塗膜)이 장시간 외기에 노출(비, 바람에 노화)되어 안료가 표면에 떠올라 분말 상태로 떨어지기 쉽게 되는 현상. 도막 표면이 삭아서 벗겨질 것 같은 분말.

10) 백화(Blushing)

도막이 희게 유백하고, 초기에는 광택이 나지 않는 현상으로 락카 등 속건성 도료를 습도가 높을 때 도장하면 생기기 쉽다. 도막에서 용제가 증발할 때 주변의 공기가 차서 이슬이 되어 도막 표면에 침투하는 것이 원인이다.

도료의 성분에 낮은 끓는 점, 친수성의 용제가 많을 때 일어나기 쉽다. 논브러싱 신나 또는 증발이 느린 신나를 사용하면 방지할 수 있다.

11) 벗겨짐(peeling)

도막과 도막 사이에서 일어나는 박리 현상으로 하도도막이 경화되어 있거나 하도 도막이 오염되어 있으면 부착 장애가 일어나는 것에 의해 생길 수 있다. 하도 도막을 연마지로 거칠게 연마하고 용제를 뿌려서 표면을 깨끗하게 하여 상도 도장을 하면 방지할 수 있다.

12) 부풀음(Blistering)

도막의 일부가 하지에서 떨어져 좁쌀에서 팥 크기로 솟아오르는 것. 친수성 물질(땀, 지문, 연마찌꺼기)이 남아있는 하지 면에 내수성이 나쁜 도료를 상도로 칠한 것을 장기간 고온 하에 방치하면 부풀음이 생기기 쉽다.

13) 분화구(Cratering)

도막 표면에 달 표면의 분화구 형태같이 보이는 현상으로 도막에 기름, 실리콘, 먼지, 수분 등이 달라붙었을 때 혹은 스프레이 시 공기 중에 수분, 기름, 등을 함유하고 있을 때 움푹 파인 작은 구멍들이 생기는 것이다.

14) 브론징(Bronzing)

도막에 타마벌레 모양의 금속광택이 나타나는 현상. 유기성의 적색, 청색, 녹색계통의 안료 등에서 발생하기 쉽다.

15) 사상 부식(Filiform corrosion = 실같은 녹)

도막 밑에서 곰팡이처럼 사상에 발생한 녹. 표면처리가 부족할 때 발생한다.

16) 색 떠오름(Flooding)

도막의 색이 상층과 하층에서 불균일하게 되는 현상 즉 도료에는 색깔이 다른 여러 종류의 안료가 배합되어 있으므로 건조과정에서 도막의 안료가 분리되어 색깔이 변하는 일이 많다. 이러한 도막 표층의 안료조성과 내부의 조성이 다르기 때문에 색깔이 달라지는 것을 색 떠오름 이라한다. 안료의 비중이 다른 것이 주원인이다.

17) 색번짐(Bleeding)

하도 또는 하지의 색이 상도 도장한 도료에 녹아서 상도 도막에 떠오르는 것으로 브리드(Breed)라고도 한다.

18) 색 분리(color separation)

안료의 분산이 나쁘고, 도막이 색 얼룩을 일으키는 것. 뜨는 얼룩, 색 얼룩이라 한다.

19) 수적(Water spot)

건조 부족이나 도막의 내수성이 나쁘다. 물에 의한 반점이 생기는 현상.

20) 씨싱(Cissing, 하지끼)

달 표면에서 관찰되는 분화구상의 움푹한 것이 도면에 생기는 현상을 패임, 크레이터링이라 하는데, 크레이터링 중에서 특히 피도물 표면이 크게 노출되어 있는 것을 말한다. 도료를 칠한 후 바로 도료가 푹 꺼지고 하지 면에 부착하지 않고, 도막의 여기저기에 구멍이나 움푹 패인 곳이 생기는 현상. 피도면의 기름, 실리콘 왁스, 수분 등 이물질이 존재하고 있는 것이 주원인이다.

21) 연마자국(Sanding mark)

도막을 연마지로 연마한 후에 남은 연마자국.

22) 용제 갈라짐(Solvent cracking)

연마한 면에 도료를 도장했을 때 도료 중의 용제가 연마자국으로 침투되어 갈라짐을 일으키는 현상. 또, 플라스틱의 표면에 용제가 접촉하면 전체 면에 미세하게 갈라짐이 일어날 수도 있다. 이와같이 용제의 침투에 의해서 도막이나 생지가 갈라지는 현상을 솔벤트 크랙이라고 한다.

23) 은폐불량(Lack of hiding)

도막의 은폐력이 낮아서 하지의 색이 노출되어 보이는 현상. 도막두께 불량이라고도 한다.

24) 응집(Flocculation)

도료 중이나 도막 중에서 안료의 분산이 나쁘고, 일종의 응집체를 만들어 색이 변해져 보이는 현상

25) 주름(Wrinkle)

도막에 오글쪼글한 상 등의 주름을 만드는 것. 유성도료를 후막으로 도장하면 표면건조가 먼저 되어 주름이 되기 쉽다.

26) 증점(Gelation)

도료가 변질해서 젤리상으로 고체화 하는 것. 도료의 장기 저장 중 특히 고온에서의 저장 중에 일어나기 쉽다.

27) 잔금(Crazing)

도막면에 생긴 작은 실금. 얇게 깨진 것(chalking) 보다 작거나 크다.

28) 찌그러짐(Dent)

도막에 생긴 작게 패인 굴곡

29) 칩핑(Chipping)

도막이 작은 합판으로 되어 벗겨지는 현상

30) 침전(Caking)

도료의 저장 중에 변질해서 점도가 상승하고, 양과자 상과 같이 고체화 하는 것. 수지와 안료, 금속분과의 화학 반응에 의한 것이 많다. 도료의 안료분이 침강하여 케이크와 같이 고화하는 것과 또 도료 전체가 고체화하여 용제에 녹지않는 경우는 「도료의 겔화」라 한다.

31) 퇴색(Fading)

색이 바래는 것.

32) 표면 건조(Surfacer dry)

도장한 도막의 상층만이 건조 상태가 되고, 하층은 부드러운 점착성이 있어 미건조 상태로 되어 있는 것. 유성도료를 두껍게 도장했을 때 일어나기 쉽다.

33) 피막(Skinning)

도료가 용기 중에서 공기와 접촉되는 표면에 껍질이 생기는 현상으로 산화 건조형 도료의 경우 생기기 쉽다. 방지하기 위해서는 용기의 뚜껑을 완전히 닫을 것.

34) 헤어 크랙(Hair cracking)

머리카락과 같은 미세하게 도막이 갈라지는 것을 말한다.

35) 황변(Yellowing)

탐, 혹은 색이 태웠다고 말한다. 도막의 색이 황미를 띠는 것. 투명 마감이나 백색 계통의 도막에서 일어나기 쉽다. 햇볕의 직사, 고온 또는 어두운 곳, 다습한 곳에서 일어나기 쉽다.

36) 흐름(Sagging)

칠한 도료가 유동(움직이는)해서 도막이 불균일하게 고여서 흐름을 일으키는 현상.

충북 충주시 산척면에서 1953년 출생. 산척초등학교 졸업
성균관대학교 공과대학 화학공학과 졸업
건설화학공업(주)/제비표페인트 32년 근무(임원으로 정년퇴직)
- 자동차 보수도료 연구 25년, 자동차보수도료사업본부장 7년
- 연구개발 대상 수상
- 유공사원상 3회 수상
서울 자동차정비사업협동조합 감사패 수상
경기도 자동차정비사업조합 감사패 수상
서울 미래산업과학고등학교 자문위원
서울 신진자동차고등학교 자문위원
한국 도료영업자협의회(도영회) 22대, 23대 회장 역임
한국 페인트잉크협동조합(kpic) 전문 강사
국가 직무능력표준(NCS) 개발위원
한국폴리텍 II대학 화성캠퍼스 자문위원 및 강사
저서 : 자동차판금 도장실무(동신출판사, 1989년)
자동차 도장뉴스(계간지, 통권 33호 ; 1993~1999년)

자동차 보수도장과 조색의 실무 지식

지 은 이 | 이상덕
펴 낸 이 | 김형근
펴 낸 곳 | 도서출판 기한재
신 주 소 | 경기도 파주시 회동길 56
구 주 소 경기도 파주시 교하읍 문발리 535-11
(파주출판문화정보산업단지)
전 화 | 031)955-0900~2
팩 스 | 031)955-0100
등 록 | 1990년 3월 15일 제2-968호
발 행 | 2015년 1월 15일 1판 1쇄
정 가 | 20,000원

Published by Kihanjae Co.
ISBN 978-89-7018-748-8
http://www.kihanjae.com
E-mail : kihanjae@hanmail.net